土木建筑工程
技术与计量

周 浩 梁文东 宋 彬◎主编

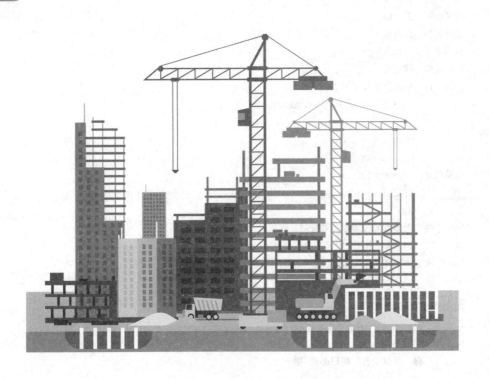

四川科学技术出版社

图书在版编目 (CIP) 数据

土木建筑工程技术与计量 / 周浩, 梁文东, 宋彬主
编 . -- 成都 : 四川科学技术出版社, 2023.11
　ISBN 978-7-5727-1156-5

　Ⅰ. ①土… Ⅱ. ①周… ②梁… ③宋… Ⅲ. ①土木工
程 - 建筑造价管理 Ⅳ. ①TU723.3

　中国国家版本馆CIP数据核字(2023)第241628号

土木建筑工程技术与计量

TUMU JIANZHU GONGCHENG JISHU YU JILIANG

主　　编　周　浩　梁文东　宋　彬

出 品 人　程佳月
责任编辑　王　娇
助理编辑　张雨欣
封面设计　中知图印务
责任出版　欧晓春
出版发行　四川科学技术出版社
　　　　　成都市锦江区三色路238号　邮政编码 610023
　　　　　官方微博 http://weibo.com/sckjcbs
　　　　　官方微信公众号　sckjcbs
　　　　　传真　028-86361756
成品尺寸　170 mm × 240 mm
印　　张　15.25
字　　数　305 千
印　　刷　天津市天玺印务有限公司
版　　次　2024年1月第1版
印　　次　2024年1月第1次印刷
定　　价　65.00元

ISBN 978-7-5727-1156-5

邮　　购　成都市锦江区三色路238号新华之星A座25层　邮政编码:610023
电　　话　028-86361770

■　版权所有　翻印必究　■

前　言

　　土木工程是人类赖以生存的重要物质基础,其在为人类文明发展做出巨大贡献的同时,也在消耗大量资源和能源,可持续的土木工程结构是实现人类社会可持续发展的重要途径之一。随着我国具有国际水平的超级工程结构的建设不断增多,施工控制及施工力学不断走向成熟,并不断应用到工程的建设之中为工程建设服务。土木工程在施工中,往往根据每一个小项目的特点和施工性质单独施工,所以为了确保工程顺利施工,必须科学组织、精心安排各项施工工序。土木工程施工具有流动性、固定性、协作性、综合性、多样性等特点。土木工程施工的时候可能会涉及工程、建筑、水利等学科,具有很强的综合性。

　　本书按施工顺序,先后介绍了土方工程、地基与基础工程、钢筋混凝土工程、砌筑工程、结构安装工程、防水工程、建筑装饰与节能工程,运用技术知识解决实际问题,注重理论联系实际,实现了理论与实践的结合,具有较高的实用价值,对于土木工程的施工具有一定的指导意义。作者在本书的编写过程中,结合工程实际,力求专业面宽、知识面广、适用面大、系统性强,同时力求符合新标准、新规范和有关技术规程,并着眼于解决土木工程施工的关键和施工组织的主要矛盾,综合论述了施工工艺管理和工艺操作要点,阐明了各工种工程的施工方法和特殊工艺施工的技术。取材上力图反映国内外先进技术水平和管理水平,文字上深入浅出,通俗易懂,在保证全面、系统的同时,体现适用性、完整性和时代特征。

　　本书体现我国当前建设工程造价计量与计价技术和管理的最新精神,反映我国工程计量与计价的最新动态。本书介绍了完整的建筑工程定额计价及工程量清单、清单报价书的编制,实用性强。建筑工程计量与计价是一门实践性很强的学科,本书在编写过程中以工学结合为手段,始终坚持实用性和可操作性原则,为读者搭设自主学习的平台,便于读者学习理解和掌握。本书可作为工程造价、工程管理、土木工程等专业的指导用书,也可供广大的土木工程专业院校的教师、学生参考学习。

由于时间所限,本书难免存在不足之处,望读者批评指正。

周 浩 梁文东 宋 彬

目 录

第一章　土方工程

第一节　土方工程概述

一、土的分类

土的种类繁多,其工程性质直接影响土方工程施工方法的选择、劳动量和工程的费用。只有根据工程地质勘察报告,充分了解各层土的工程特性及其对土方工程的影响,才能选择正确的施工方法。

土按开挖难易程度划分,可以分为八类,见表1-1。表1-1中一至五类为土;六至八类为岩石。

表1-1　土的分类

土的分类	土的名称	坚实系数	密度/(t·m⁻³)	开挖方法及工具
一类土（松软土）	砂土、粉土、冲积砂土层、疏松的种植土、淤泥（泥炭）	0.5～0.6	0.6～1.5	用锹、锄头挖掘
二类土（普通土）	粉质黏土,潮湿的黄土,夹有碎石、卵石的砂;粉土混卵（碎）石,种植土,填土	0.6～0.8	1.1～1.6	用锹、锄头挖掘,少许用镐翻松
三类土（坚土）	软及中等密实黏土,重粉质黏土,砾石土,干黄土,含有碎石、卵石的黄土,粉质黏土,压实回填土	0.8～1.0	1.75～1.9	主要用镐,少许用锹、锄头挖掘,部分用撬棍
四类土（砂砾坚土）	坚硬密实的黏性土或黄土,含有碎石、卵石的中等密实的黏性土或黄土,粗卵石,天然级配砂石;软泥灰岩	1.0～1.5	1.9	整个先用镐、撬棍,后用锹挖掘,部分用楔子及大锤

土的分类	土的名称	坚实系数	密度/(t·m⁻³)	开挖方法及工具
五类土（软土）	硬质黏土,中等密实的页岩、泥灰岩、白垩土,胶结不紧的砾岩,软石灰及贝壳石灰石	1.5～4.0	1.1～2.7	用镐或撬棍、大锤挖掘,部分使用爆破方法
六类土（次坚石）	泥岩、砂岩、砾岩,坚实的页岩、泥灰岩,密实的石灰岩,风化花岗石、片麻岩及正长岩	4.0～10.0	2.2～2.9	用爆破方法开挖,部分用风镐
七类土（坚石）	大理石;辉绿岩;玢岩;粗、中粒花岗石,坚实的白云岩、砂岩、砾岩、片麻岩,石灰岩,微风化的安山岩,玄武岩	10.0～18.0	2.5～3.1	用爆破方法开挖
八类土（特坚石）	安山岩,玄武岩,花岗片麻岩,坚实的细粒花岗石、闪长岩、石英岩、辉长岩、辉绿岩、玢岩、角闪岩	18.0～25.0	27～3.3	用爆破方法开挖

注:坚实系数相当于普氏岩石强度系数。

二、土的性质

(一) 土的基本物理性质指标

土的基本物理性质指标是指固、液、汽三相的质量与体积之间的相互比例关系及固、液两相的相互作用表现出来的性质。土的基本物理性质指标在一定程度上反映了土的力学性质,所以物理性质是土最基本的工程特性。

土的干密度越大,表示土越密实。工程上常把土的干密度作为评定土体密实程度的标准,以控制填土压实质量。

对于同一类土,孔隙率越大,孔隙体积就越大,从而使土的压缩性和透水性都增大,土的强度降低。故工程上也常用孔隙率来判断土的密实程度和工程性质。

(二) 土的工程性质指标

1. 土的可松性

土的可松性是指土经挖掘以后,组织破坏、体积增加的性质。松土以后虽经回填压实,但仍不能恢复成原来的体积。土的可松性程度是挖填土方时,计算土方机械生产率、回填土方量、运输机具数量,进行场地平整规划竖向设计、土方平衡调配的重要参数,一般以可松性系数表示。

2. 土的渗透性

土的渗透性是指土体被水透过的性质,通常用渗透系数K表示。渗透系数K表示单位时间内水穿透土层的能力,以m/d表示。根据渗透系数不同,土可分为透水性土(如砂土)和不透水性土(如黏土)。土的渗透性影响施工降水与排水的速度。

3. 土的压缩性

取土回填、填压以后,土均会压缩,一般土的压缩性以土的压缩率表示。填方需土量一般可按填方截面增加10%~20%土方量考虑。

4. 土石的休止角

土石的休止角是指在某一状态下的岩土体可以稳定的坡度。

三、土方工程施工的特点

土方工程施工要求标高、断面准确,土体有足够的强度和稳定性,土方量少,工期短,费用低。但土方工程施工具有面广量大、劳动繁重、施工条件复杂等特点。因此,在进行土方工程施工前,首先要对土方工程进行调查研究,了解土壤的种类和工程性质,土方工程的施工工期、质量要求及施工条件,施工地区的地形、地质、水文、气象等资料,以便编制切实可行的施工设计,拟订合理的施工方案。为了减轻繁重的体力劳动,提高劳动生产率,加快工程进度,降低工程成本,在组织土方工程施工时,应尽可能采用先进的施工工艺和施工组织,以实现土方工程施工综合机械化。

第二节　场地平整施工

一、场地平整

场地平整就是将自然地面改造成人们所要求的地面。

场地设计标高应满足规划、生产工艺、运输、排水、最高洪水水位等要求,力求使场地内土方挖填平衡且土方量最小。

建筑工程项目施工前需要确定场地设计平面,并进行场地平整。场地平整的一般施工工艺程序如下:现场勘察→清除地面障碍物→标定整平范围→

设置水准基点→设置方格网,测量标高→计算土石方挖填工程量→平整土石方→场地碾压→验收。

场地平整过程中应注意以下工作:①施工人员应到现场进行勘察,了解地形、地貌和周围环境,确定现场平整场地的大致范围;②平整前应将场地内的障碍物清理干净,然后根据总图要求的标高,从水准基点引进基准标高,作为确定土方量计算的基点;③应用方格网法和横断面法计算出该场地按设计要求平整开平挖和回填的土石方量,做好土石方平衡调配,减少重复挖运,以节约运费;④大面积平整土石方宜采用推土机、平地机等机械进行,大量挖方宜用挖掘机进行,用压路机进行填方压实。

二、场地设计标高确定

涉及较大面积的场地平整时,合理确定场地的设计标高,对减少土方量和加快工程进度具有重要的经济意义。一般来说,确定场地标高时,应遵循以下原则:①满足生产工艺和运输的要求;②尽量利用地形分区或分台阶布置,分别确定不同的设计标高;③场地内挖、填方平衡,土方运输量最少;④有一定的泄水坡度(大于或等于2%),使之能满足排水要求;⑤考虑最高洪水位的影响。

场地设计标高一般应在设计文件中予以规定,当设计文件中对场地设计标高没有规定时,可按下述步骤进行确定。

(一)初步计算场地设计标高

初步计算场地设计标高的原则是使场地内挖、填方平衡,即场地内挖方总量等于填方总量。计算场地设计标高时,应首先根据要求的精度将场地的地形图划分为边长为10～40 m的方格网,然后求出各方格角点的地面标高。地形平坦时,设计标高可根据地形图上相邻两等高线的标高,用插入法求得;地形起伏较大或无地形图时,可在地面用木桩打好方格网,再用仪器直接测出。

(二)调整场地设计标高

原计划所得的场地设计标高 H_0 仅为理论值,实际上,还需考虑以下因素对其进行调整。

1. 土的可松性的影响

由于土具有可松性,一般填土会留有多余,需相应提高设计标高。设 Δh 为土的可松性引起的设计标高增加值,则设计标高调整后的总挖方体积 V'_w 应为

$$V'_w = V_w - F_w \times \Delta h \tag{1-1}$$

总填方体积 V'_t 应为

$$V'_t = V'_w K'_p = \left(V_w - F_w \Delta h \right) K'_p \tag{1-2}$$

此时,填方区的标高也应与挖方区一样提高 Δh,即

$$\Delta h = \frac{V'_t - V_t}{F_t} = \frac{\left(V_w - F_w \Delta h \right) K'_p - V_t}{F_t} \tag{1-3}$$

式中, V_w——按理论设计标高计算的总挖方体积;

V_t——按理论设计标高计算的总填方体积;

F_w——按理论设计标高计算的挖方区总面积;

F_t——按理论设计标高计算的填方区总面积;

K'_p——土的最后可松性系数。

当 $V_t=V_w$ 时,移项整理简化得

$$\Delta h = \frac{V_w \left(K'_p - 1 \right)}{F_t + F_w K'_s} \tag{1-4}$$

故考虑土的可松性后,场地设计标高调整为

$$H'_0 = H_0 + \Delta h \tag{1-5}$$

2. 场地挖方和填方的影响

场地内大型基坑挖出的土方、修筑路堤填高的土方,以及经过经济比较而将部分挖方就近弃于场外或就近从场外取土用于填方等做法均会引起挖土方、填土方量的变化。必要时,也需调整设计标高。为了简化计算,场地设计标高调整值 H'_0 可近似确定为

$$H'_0 = H_0 \pm \frac{Q}{na^2} \tag{1-6}$$

式中, H_0——所计算场地的设计标高;

Q——场地根据 H'_0 平整后多余或不足的土方量;

n——方格数;

a——场地划分的方格网边长。

3. 场地泄水坡度的影响

当按调整后的统一设计标高 H'_0 进行场地平整时,整个地表面均处于同一水平面,但实际上由于排水的要求,场地表面需有一定的泄水坡度。还需根据场地泄水坡度的要求(单向泄水或双向泄水),计算出场地各方格角点实际施工所用的设计标高。

三、土方调配

(一) 土方调配的原则

土方工程量计算完毕后,即可着手对土方进行平衡与调配。土方的平衡与调配是土方规划设计的一项重要内容。对挖土的利用、堆弃和填土这三者之间的关系进行综合平衡处理,达到既使土方运输费用最低又能方便施工的目的。土方调配的原则如下:①挖填方平衡和运输量最小。这样可以降低土方工程的成本。若仅限于场地范围内的挖填方平衡,一般很难满足运输量最小的要求,因此还需根据场地及其周围地形条件综合考虑,必要时可在填方区周围就近借土,或在挖方区周围就近弃土,这样才能做到经济合理。②近期施工与后期利用相结合。当工程分期、分批进行施工时,先期工程的土方余额应结合后期工程的需要而考虑其利用数量与堆放位置,以便就近调配。堆放位置的选择应为后期工程创造良好的工作面和施工条件,力求避免重复挖运。③尽可能与大型地下建(构)筑物的施工相结合。当大型建(构)筑物位于填土区而其基坑开挖的土方量较大时,为了避免土方的重复挖填和运输,该填土区可暂时不予填土,待地下建(构)筑物施工之后再行填土。为此,在填方保留区附近应有相应的挖方保留区,或将附近挖方工程的余土按需要合理堆放,以便就近调配。④调配区大小的划分应满足主要土方施工机械工作面大小(如铲运机铲土长度)的要求,使土方机械和运输车辆的效率能得到充分发挥。

总之,进行土方调配,必须根据现场的具体情况、有关技术资料、工期要求、土方机械与施工方法,并结合上述原则综合考虑,以做出更加经济合理的调配方案。

(二) 土方调配图表的编制

场地土方调配,需做成相应的土方调配图表,其编制的方法如下:①划分调配区。调配区划分应与房屋或构筑物的位置相协调,满足工程施工顺序和分期分批施工的要求,使近期施工与后期利用相结合。调配区的大小应能使土方机械和运输车辆的功效得到充分发挥。②当土方运距较大或场区内土方不平衡时,可根据附近地形,考虑就近借土或就近弃土,每一个借土区或弃土区均可作为一个独立的调配区。③计算土方量。按前述计算方法,求得各调配区的挖土方量、填土方量,并标注在图上。④计算调配区之间的平均运距。平均运距即挖方区土方重心到填方区土方重心之间的距离,因而确定平均运距需先求出各个调配区土方重心,将重心标于相应的调配区图上,按比例尺测算出每对调配区之间的平均距离。⑤确定土方最优调配方案。最优调配方案的确定是以线性规划为理论基础的。⑥绘制土方调配图、调配平衡表。

第三节 排水降水施工

一、集水井排水法

集水井排水法又称明沟排水法,一般包括基坑外集水排水和基坑内集水排水。

(一) 基坑外集水排水

基坑外集水排水要求在基坑外场地设置由集水井、排水沟等组成的地表排水系统,避免坑外地表水流入基坑。集水井、排水沟宜布置在基坑外一定距离处,有隔水帷幕时,排水系统宜布置在隔水帷幕外侧且距隔水帷幕的距离不宜小于0.5 m;无隔水帷幕时,基坑边从坡顶边缘开始计算。

(二) 基坑内集水排水

基坑内集水排水要求根据基坑特点,沿基坑周围合适位置设置临时明沟和集水井,临时明沟和集水井应随土方开挖过程实时调整。土方开挖结束后,宜在坑内设置明沟、盲沟和集水井。基坑采用多级放坡开挖时,可在放坡平台上设置排水沟。对于面积较大的基坑,还应在基坑中部增设排水沟。当排水沟从基础结构下穿过时,应在排水沟内填碎石形成盲沟。

(三) 集水井基本构造

排水法一般每隔30~40 m设置一个集水井。集水井截面大小一般为0.6 m×0.6 m~0.8 m×0.8 m,其深度随挖土深度增大而增大,并保持低于挖土面0.8~1.0 m,井壁可用砖砌、木板或钢筋笼等简易加固。挖至坑底后,井底宜低于坑底1 m,并铺设碎石滤水层,防止井底土扰动。基坑排水沟一般深0.3~0.6 m,底宽不小于0.3 m,沟底应有一定坡度,以保持水流畅通。

若基坑较深,可在基坑边坡上设置2或3层明沟及相应的集水井,分层阻截地下水。分层明沟排水中排水沟与集水井的设计及基本构造与普通明沟排水相同。

二、流砂及其防治

由于集水井排水法设备简单和排水方便,应用较为普遍,但当开挖深度大、地下水水位较高且土质不好时,如用集水井排水法降水开挖,当挖至地下水水位以下时,有时坑底下面的土会呈流动状态,随地下水涌入基坑,这种现象称为流砂。发生流砂现象时,土完全丧失承载力,施工条件恶化,难以开挖至设计深度。流砂严重时,会引发基坑侧壁塌方,附近建筑物下沉、倾斜甚至倒塌。总之,流砂现象对土方施工和附近建筑物都有很大危害。

(一) 流砂的产生原因

地下水的水力坡度大,即动水压力大,而且动水压力的方向(与水流方向一致)与土的重力方向相反,故土不仅受水浮力的作用,也受动水压力的作用,因而有向上"举"的趋势。当动水压力等于或大于土的重力时,土颗粒处于悬浮状态,并随地下水一起流入基坑,即产生流砂现象。

(二) 流砂的防治

流砂防治的原则是"治砂必治水",其途径有三条:①减小或平衡动水压力;②截住地下水流;③改变动水压力的方向。流砂防治的具体措施如下:①在枯水期施工。枯水期地下水水位低,坑内外水位差小,动水压力小,不易发生流砂。②打板桩法。将板桩打入坑底下面一定深度,增加地下水从坑外流入坑内的渗流长度,以减小水力坡度,从而减小动水压力,防止流砂产生。③水下挖土法。即不排水施工,它使坑内水压与坑外地下水压相平衡,消除动水压力。④井点降低地下水水位法。采用轻型井点等降水方法,地下水渗流向下,水不致渗流入坑内,增大土料间的压力,从而有效防止流砂形成。此方法应用广且较可靠。⑤地下连续墙法。在基坑周围先浇筑一道混凝土或钢筋混凝土的连续墙,以支撑土壁、截水并防止流砂产生。此外,在含有大量地下水土层或沼泽地区施工时,还可以采取土壤冻结法。对位于流砂地区的基础工程,应尽可能用桩基或沉井施工,以减少防治流砂所增加的费用。

三、井点降水法

人工降低地下水水位就是在基坑开挖前,预先在基坑周围或基坑内设置一定数量的滤水管(井),利用抽水设备连续不断地从中抽水,使地下水水位降至坑底以下并稳定后才开挖基坑,并在开挖过程中仍不断抽水,使地下水水位稳定于基坑底面以下,从而使所挖的土始终保持干燥,从根本上防止流砂现象发生。值得注意的是,在降低基坑内地下水水位的同时,基坑外一定范围内的地下水水位也下降,从而引起附近的地基土产生一定的沉降,施工时应考虑该因素的影响。井点降水一般应持续到基础施工结束且土方回填后。对于高层建筑的地下室施工,井点降水停止后,地下水水位回升,会对地下室产生浮力,所以井点降水停止时应进行抗浮验算,确定地下室及上部结构的质量满足抗浮要求后才能停止井点降水。

井点降水法可设置轻型井点、喷射井点、电渗井点、管井井点、深井井点等,施工时可根据土的渗透系数、降低水位的深度、工程特点、设备条件、周边环境、经济技术比较等因素确定,必要时需组织专家进行论证。实际工程中,轻型井点和管井井点应用较广。

(一) 轻型井点降水法

轻型井点降水法就是沿基坑四周每隔一定距离埋入直径较小的井点管(下端为滤管)至含水层内,井点管上端通过弯联管与集水总管相连,利用抽水设备将地下水从井点管内不断抽出,地下水水位降至基坑底面以下。

1. 轻型井点设备

轻型井点设备由管路系统和抽水设备组成。管路系统包括滤管、井点管、弯联管和集水总管。滤管为进水设备,必须埋入含水层。滤管长 $1.0 \sim 1.5$ m,直径为 $38 \sim 51$ mm,管壁上钻有直径 $12 \sim 19$ mm 的呈梅花状排列的滤孔,滤孔面积为滤管表面面积的 $20\% \sim 25\%$。管壁外包两层孔径不同的滤网,内层为细滤网,采用 $30 \sim 50$ 孔/cm² 的钢丝布或锦纶丝布;外层为粗滤网,采用 $8 \sim 10$ 孔/cm² 的塑料或纺织纱布。为使水流畅通,在管壁与滤网之间用细塑料管或铁丝绕成螺旋状将两者隔开。滤网外面用带孔的薄铁管或粗铁丝网保护。滤管下端为一塞头(铸铁或硬木),上端用螺纹套管与井点管连接(或与井点管一起制作)。

井点管是直径为 $38 \sim 51$ mm、长 $5 \sim 7$ m 的钢管,上端通过弯联管与集水总管相连。弯联管一般采用橡胶软管或透明塑料管,后者能随时观察井点管出水情况。

集水总管一般是直径为 $100 \sim 127$ mm 的钢管,每节长 4 m,其间用橡胶管连接,并用钢箍卡紧,以防漏水。总管上每隔 0.8 m 或 1.2 m 设有一个与井点管连接的短接头。

常用的抽水设备有真空泵、射流泵和隔膜泵井点设备。

一套抽水设备的负荷长度(集水总管长度)为 $100 \sim 120$ m,常用的 W5 和 W6 型干式真空泵的最大负荷长度分别为 100 m 和 120 m。

2. 轻型井点布置

轻型井点布置应根据基坑的形状与大小、地质和水文情况、工程性质、降水深度等来确定。

（1）平面布置

当基坑（槽）宽小于 6 m 且降水深度不超过 6 m 时，可采用单排井点，布置在地下水上游一侧，两端延伸长度以不小于槽宽为宜。如宽度大于 6 m 或土质不良、渗透系数较大，宜采用双排井点，布置在基坑（槽）的两侧。

当基坑面积较大时，宜采用环形井点，非环形井点考虑运输设备入道，一般在地下水下游方向布置成不封闭状态。井点管和基坑壁的距离一般可取 0.7～1.0 m，以防局部发生漏水。井点管间距为 0.8 m、1.2 m、1.6 m，由计算或经验确定。井点管在总管四角部分应适当加密。

（2）高程布置

轻型井点的降水深度，理论上可达 10.3 m，但由于管路系统的水头损失，其实际的降水深度一般不宜超过 6 m。

3. 轻型井点计算

井点系统的设计计算必须建立在可靠资料的基础上，如施工现场地形图、水文地质勘查资料、基坑的设计文件等。设计内容除井点系统的布置外，还需确定井点的数量、间距及井点设备的选择等。

根据地下水有无压力，水井可分为无压井和承压井。当水井布置在具有潜水自由面的含水层中（即地下水水面为自由水面）时，称为无压井；当水井布置在承压含水层中（含水层中的地下水充满在两层不透水层间，含水层中的地下水水面具有一定水压）时，称为承压井；当水井底部达到不透水层时称为完整井，否则称为非完整井。

4. 施工工艺流程

轻型井点的施工工艺流程：放线定位→铺设总管→冲孔→安装井点管、填砂砾滤料、上部填黏土密封→用弯联管将井点管与总管接通→安装抽水设备→开动设备试抽水→测量观测井中地下水水位变化的情况。

5. 井点管埋设

井点管埋设一般采用水冲法进行，借助高压水冲刷土体，用冲管扰动土体助冲，将土层冲成圆孔后埋设井点管。整个过程可分为冲孔与埋管。冲孔的直径一般为 300 mm，以保证井管四周有一定厚度的砂滤层；冲孔深度宜比滤管底深 0.5 m 左右，以防冲管拔出时部分土颗粒沉于底部而触及滤管底部。

井孔冲成后，应立即拔出冲管，插入井点管，并在井点管与孔壁之间迅速填灌砂滤层,以防孔壁塌土。砂滤层的填灌质量是保证轻型井点顺利抽水的关键,一般宜选用干净粗砂,填灌要均匀,并填至滤管顶上 1～1.5 m,以保证水流畅通。井点填砂后,需用黏土封口,以防漏气。

井点管埋设完毕后,需进行试抽,以检查有无漏气、淤塞现象,出水是否正常。如有异常情况,应检修好。

(二) 喷射井点降水法

当基坑开挖较深或降水深度大于 8 m 时,必须使用多级轻型井点才可达到预期效果,但需要增大基坑土方开挖量、延长工期并增加设备数量,因此不够经济。此时宜采用喷射井点降水法,该方法在渗透系数为 3～50 m/d 的砂土中应用最为有效,在渗透系数为 0.1～2 m/d 的粉质砂土、粉砂、淤泥质土中效果也较显著,其降水深度可达 20 m。

1. 喷射井点设备

根据喷射井点工作时使用液体或气体的不同,分为喷水井点和喷气井点两种。其设备主要由喷射井管、高压水泵(或空气压缩机)和管路系统组成。喷射井管由内管和外管组成,在内管下端装有升水装置喷射扬水器与滤管相连。在高压水泵作用下,具有一定压力水头(0.7MPa～0.8 MPa)的高压水经进水总管进入井管的内外管之间的环形空间,并经扬水器的侧孔流向喷嘴。由于喷嘴截面突然缩小,流速急剧增加,压力水由喷嘴以很高流速喷入混合室,将喷嘴口周围空气吸入,空气被急速水流带走,该室压力下降造成一定真空度。此时地下水被吸入喷嘴上面的混合室,与高压水汇合,流经扩散管时,由于截面扩大、流速降低而转化为高压水,沿内管上升经排水总管排于集水池内,此池内的水一部分用水泵排走,另一部分供高压水泵压入井管用。如此循环不断,将地下水逐步抽出,降低了地下水水位。高压水泵宜采用流量为 50～80 m³/h 的多级高压水泵,每套能带动 20～30 根井管。

2. 喷射井点布置与使用

喷射井点的管路布置、井管埋设方法及要求与轻型井点相同。喷射井管间距一般为 2～3 m,冲孔直径为 400～600 mm,深度应比滤管深 1 m 以上。使用时,为防止喷射器损坏,需先对喷射井管逐根冲洗,开泵时压力要小一些(小于 0.3 MPa),以后再逐渐开足,如发现井管周围有翻砂、冒水现象,应立即关闭井管并对其进行检修。工作水应保持清洁,试抽 2 d 后应更换清水,此后视水质污浊程度定期更换清水,以减轻工作水对喷射嘴及水泵叶轮等的磨损。

(三) 管井 (深井) 井点降水法

管井井点降水法即沿基坑每隔一定距离设置一个管井,或在坑内降水时每隔一定范围设置一个管井,每个管井单独用一台水泵不断抽取管井内的地下水以降低水位,当降水深度较大时可采用深井泵。管井井点具有排水量大、降水效果好、设备简单、易于维护等特点,适用于轻型井点不易处理的含水层颗粒较粗的粗砂、卵石土层,以及渗透系数较大、含水率高且降水较深(一般为 8 ~ 20 m)的潜水或承压水土层。

第四节　土方边坡与基坑支护

一、土方边坡

(一) 边坡坡度和边坡系数

边坡坡度以土方挖土深度 h 与边坡底宽 b 之比来表示,即

$$土方边坡坡度 = \frac{h}{b} = \frac{1}{m} \tag{1-7}$$

边坡系数以土方边坡底宽 b 与挖土深度 h 之比 m 表示,即

$$土方边坡系数 = m = \frac{b}{h} \tag{1-8}$$

边坡可以做成直线形边坡、折线形边坡及阶梯形边坡。

若边坡较高,土方边坡可根据各层土体所受的压力,做成折线形或阶梯形,以减少挖填土方量。土方边坡坡度的大小主要与土质、开挖深度、开挖方法、边坡留置时间的长短、边坡附近的各种荷载状况及排水情况有关。

(二) 土方边坡放坡

为了防止塌方,保证施工安全,在边坡放坡时要放足边坡,土方边坡坡度的留设应根据土质、开挖深度、开挖方法、施工工期、地下水水位等因素确定。当地质条件良好、土质均匀且地下水水位低于基坑(槽)或管沟底面标高时,挖方边坡可做成直立壁不加支撑,但其挖方深度不宜超过表1-2规定的数值。

表1-2　土方挖方边坡可做成直立壁不加支撑的最大允许挖方深度

m

土质情况	最大允许挖方深度
密实、中密的砂土和碎石类土(充填物为砂土)	≤1

续表

硬塑、可塑的粉土及粉质黏土	≤1.25
硬塑、可塑的黏土和碎石类土(充填物为黏性土)	≤1.5
坚硬的黏土	≤2

注:当挖方深度超过表中规定的数值时,应考虑放坡或做成直立壁加支撑。

(三) 边坡支护方法

支护为一种支挡结构物,在深基坑(槽)、管沟不放坡时,用来维护天然地基土的平衡状态,保证施工安全并顺利进行,减少基坑开挖土方量,加快工程进度,同时,在施工期间不危害邻近建筑物、道路和地下设施的正常使用,避免拆迁或加固。常见的边坡护面采取的措施有薄膜覆盖法、挂网法(挂网抹面)、喷射混凝土法(混凝土护面)和土袋或砌石压坡法。

1. 薄膜覆盖法

对基础施工期较短的临时性基坑边坡,可在边坡上铺塑料薄膜,在坡顶及坡脚用草袋或编织袋装土压住或用砖压住,或在边坡上抹2~2.5 cm厚水泥浆保护。为防止薄膜脱落,在上部及底部均应搭盖并不少于80 cm,同时,应在土中插适当锚筋连接,在坡脚设排水沟。

2. 挂网法(挂网抹面)

对基础施工期短、土质较差的临时性基坑边坡,可垂直坡面楔入直径为10~12 mm、长40~60 cm的插筋,纵、横间距1 m,上铺20号钢丝网,上、下用草袋或聚丙烯扁丝编织袋装土或砂压住,或再在钢丝网上抹2.5~3.5 cm厚的M5水泥砂浆(配合比为水泥:白灰膏:砂子=1:1:1.5),并在坡顶、坡脚设排水沟。

3. 喷射混凝土法(混凝土护面)

对邻近有建筑物的深基坑边坡,可在坡面垂直楔入直径为10~12 mm、长40~50 cm的插筋,纵、横间距1 m,上铺20号钢丝网,在表面喷射40~60 mm厚的C15细石混凝土直到坡顶和坡脚;也可不铺钢丝网,在坡面铺上直径为4~6 mm、有250~300个孔的钢筋网片,浇筑50~60 mm厚的细石混凝土,表面抹光。

4. 土袋或砌石压坡法

对深度在5 m以内的临时基坑边坡,应在边坡下部用草袋或聚丙烯扁丝编织袋装土堆砌或砌石压住坡脚。边坡高在3 m以内,可采用单排顶砌法;边坡高在5 m以内,水位较高,可用两排顶砌或一排一顶构筑法保持坡脚稳定。同时,应在坡顶设挡水土堤或排水沟,防止冲刷坡面;在底部做排水沟,防止冲坏坡脚。

二、基坑(槽)支护(撑)

开挖基坑(槽)时,如地质条件及周围环境许可,较经济的开挖方式为放坡开挖。但在建筑稠密地区施工,或有地下水渗入基坑(槽)时,往往不可能按要求的坡度放坡开挖,就需要进行基坑(槽)支护,以保证施工的顺利和安全,并减少对相邻建筑、管线等产生不利影响。

(一) 一般沟槽的支护方法

1. 间断式水平支撑

两侧挡土板水平放置,用工具式或横撑借木楔顶紧,挖一层土,支顶一层。

适用于能保持直立壁的干土或天然湿度的黏土类土,地下水很少,深度在2 m以内。

2. 继续式水平支撑

挡土板水平放置,中间留出间隔,并在两侧同时对称设立楞木,再用工具式或横撑上、下顶紧。

适用于能保持直立壁的干土或天然湿度的黏土类土,地下水很少,深度在3 m以内。

3. 连续式水平支撑

挡土板水平连续放置,不留间隙,在两侧同时对称设立楞木,上、下各顶一根撑木,端头加木楔顶紧。

适用于较松散的干土或天然湿度的黏土类土,地下水很少,深度为3~5 m。

4. 连续或间断式垂直支撑

挡土板垂直放置,连续或留有适当间隙,每侧上、下各水平顶一根枋木,再用横撑顶紧。

适用于土质较松散或湿度很高的土,地下水较少,深度不限。

5. 水平垂直混合支撑

沟槽上部设连续或水平支撑,下部设连续或垂直支撑。

适用于沟槽深度较大,下部有含水土层的情况。

6. 斜柱支撑(斜撑)

水平挡土板钉在柱桩内侧,柱桩外侧用斜顶支撑,斜撑底端支在木桩上,在挡土板内侧回填土。

适用于开挖面积较大,深度不大的基坑或使用机械挖土的情况。

7. 锚拉支撑

水平挡土板支在柱桩内侧,柱桩一端打入土中,另一端用拉杆与锚桩拉紧,在挡土板内侧回填土。

适用于开挖面积较大,深度不大的基坑或使用机械挖土而不能安设横撑的情况。

8. 短桩横隔支撑

打入小而短的木桩,一部分打入土中,另一部分露在地面,钉上水平挡土板,在背面填土。

适用于开挖宽度大的基坑或部分地段下部放坡不够的情况。

9. 临时挡土墙支撑

沿坡脚用砖、石叠砌或用草袋装土砂堆砌,使坡脚保持稳定。

适用于开挖宽度大的基坑或部分地段下部放坡不够的情况。

(二) 一般深基坑的支护方法

1. H形钢桩、横挡板支撑

沿挡土位置预先打入钢轨、工字钢或H形钢桩,间距为1~1.5 m,边挖方边将3~6 cm厚的挡土板塞进钢桩之间挡土,并在横向挡板与型钢桩之间打入楔子,使横板与土体紧密接触。

适用于地下水较低,深度不是很大的一般黏性土或砂土层。

2. 钢板桩支撑

在开挖基坑的周围打钢板桩或钢筋混凝土板桩,板桩入土深度及悬臂长度应经计算确定,如基坑宽度很大,可加水平支撑。

适用于一般地下水,深度和宽度不是很大的黏性砂土层。

3. 钢板桩与钢构架结合支撑

在开挖的基坑周围打钢板桩,在柱位置上打入暂设的钢柱,在基坑中挖土,每下挖3~4 m,装上一层构架支撑体系,挖土在钢构架网格中进行,也可不预先打入钢柱,边挖边接长支柱。

适用于在饱和软弱土层中开挖较大、较深基坑,以及钢板桩刚度不够的情况。

4. 挡土灌注桩支撑

在开挖基坑的周围,用钻机钻孔,现场灌注钢筋混凝土桩,达到强度后,在基坑中间用机械或人工挖土,下挖1 m左右装上横撑,在桩背面装上拉杆与已设锚桩拉紧,继续挖土至要求深度。将桩间土方挖成外拱形,使之起土拱作用。如基坑深度小于6 m,或邻近有建筑物,也可不设锚拉杆,采取加密桩距或加大桩径处理。

适用于开挖较大、较深(大于6 m)基坑,临近有建筑物,不允许支护,背面地基有下沉、位移的情况。

5. 挡土灌注桩与土层锚杆结合支撑

同挡土灌注桩支撑，但在桩顶不设锚桩锚杆，而应挖至一定深度，每隔一定距离向桩背面斜下方用锚杆钻机打孔，安放钢筋锚杆，用水泥压力灌浆，达到强度后，安上横撑，拉紧固定，在桩中间进行挖土，直至设计深度。如设2层或3层锚杆，可挖一层土，装设一次锚杆。

适用于大型较深基坑，施工期较长，邻近有高层建筑，不允许支护，邻近地基不允许有任何下沉位移的情况。

6. 地下连续墙支护

在开挖的基坑周围先建造混凝土或钢筋混凝土地下连续墙，达到强度后，在墙中间用机械或人工挖土至要求深度。当跨度、深度很大时，可在内部加设水平支撑及支柱。用于逆作法施工，每下挖一层，将下一层梁、板、柱浇筑完成，以此作为地下连续墙的水平框架支撑，如此循环作业，直到地下室的底层土全部挖完，浇筑完成。

适用于开挖较大、较深（大于10 m）、有地下水、周围有建筑物或公路的基坑，作为地下结构的外墙一部分，或用于高层建筑的逆作法施工，作为地下室结构的部分外墙。

7. 地下连续墙与土层锚杆结合支护

在开挖基坑的周围，先建造地下连续墙支护，在墙中部用机械配合人工开挖土方至铺杆部位，用锚杆钻孔机在要求位置钻孔，放入锚杆，进行灌浆，待达到强度，装上锚杆横梁，或锚头垫座，然后继续下挖至要求深度，如设2层或3层锚杆，每挖一层装一层，采用快凝砂浆灌注。

适用于开挖较大、较深（大于10 m）、有地下水的大型基坑，周围有高层建筑，不允许支护有变形，采用机械挖方，要求有较大空间、不允许内部设支撑的情况。

8. 土层锚杆支护

沿开挖基坑（或边坡）每2～4 m设置一层水平土层锚杆，直到挖土至要求深度。

适用于在较硬土层或破碎岩石中开挖较大、较深基坑，邻近有建筑物必须保证边坡稳定的情况。

9. 板桩（灌注桩）中央横顶支撑

在基坑周围打板桩或设挡土灌注桩，在内侧放坡挖中间部分土方到坑底，先施工中间部分结构至地面，然后利用此结构为支撑向板桩（灌注桩）支水平横顶撑，挖除放坡部分土方，每挖一层支一层水平横顶撑，直至设计深度，最后建造该部分结构。

适用于开挖较大、较深的基坑,支护桩刚度不够,又不允许设置过多支撑时。

10. 分层板桩支撑

在开挖厂房群基础周围先打支护板桩,然后在内侧挖土方至群基础底标高,再在中部主体深基础四周打二级支护板桩,挖主体深基础土方,施工主体结构至地面,最后施工外围群基础。

适用于开挖较大、较深基坑,当中部主体与周围群基础标高不相等而又无重型板桩的情况。

第五节　土方填筑与压实

一、填方压实质量标准

填方的密度要求和质量指标通常以压实系数 λ_c 表示。压实系数为土的实际干土密度 ρ_d 与最大干土密度 $\rho_{d\max}$ 的比值。最大干土密度 $\rho_{d\max}$ 是在最佳含水率时,通过标准的击实方法确定的。密实度要求由设计根据工程结构性质和使用要求确定。

压实填土的最大干土密度和最佳含水率,宜采用击实试验确定,当无试验资料时,可按式(1-9)计算,即

$$\rho_{d\max} = \eta \frac{\rho_w d_s}{1 + 0.01 w_{op} d_s} \tag{1-9}$$

式中,$\rho_{d\max}$——分层压实填土的最大干土密度;

η——经验系数,黏土取0.95,粉质黏土取0.96,粉土取0.97;

ρ_w——水的密度;

d_s——土粒相对密度;

w_{op}——填料的最佳含水率,可按当地经验取值或取 $w_p + 2$(w_p 为土的塑限)。

每层摊铺厚度和压实遍数,视土的性质、设计要求和使用的压实机具性能,通过现场夯实(碾压)试验确定。

二、土方填料与填筑要求

(一) 土方填料的要求

1. 土方填料的要求

土方填料应符合设计要求,设计无要求时应符合以下规定。

碎石类土、砂土和爆破石碴(粒径不大于每层铺土厚的2/3),可用于表层下的填料。

含水率符合压实要求的黏性土,可用作各层填料。

淤泥和淤泥质土一般不能用作填料,但在软土地区,经过处理后,含水率符合压实要求的,可用作填方中次要部位的填料。

填方土料含水率的大小直接影响夯实(碾压)质量,在夯实(碾压)前应进行预试验,以得到符合密实度要求的最佳含水率和最少夯实(碾压)遍数。含水率过小,夯压(碾压)不实;含水率过大,则易成橡皮土。

土料含水率一般以手握成团、落地开花为宜。若含水率过大,则应采取翻松、晾干、风干、换土回填、掺入干土或其他吸水性材料等措施。若土料过干,则应预先洒水润湿,每1 m³铺好的土层需要补充的水量按式(1-10)计算,即

$$V = \frac{\rho_w}{1 + w}\left(w_{op} - w\right) \tag{1-10}$$

式中,V——单位体积土需要补充的水量;

w——土的天然含水率(保留两位小数);

w_{op}——土的最优含水率(保留两位小数);

ρ_w——填土碾压前的密度。

当土料含水率小时,也可采取增加压实遍数或使用大功率压实机械等措施;当气候干燥时,须加快施工速度,减少土的水分散失;当填料为碎石类土时,碾压前应充分洒水湿透,以提高压实效果。

(二) 土方的填筑要求

人工填筑要求:①从场地最低部分开始,由一端向另一端自下而上分层铺填。用打夯机械夯实时,每层虚铺厚度不大于25 cm。采取分段填筑,交接处应填成阶梯形。②墙基及管道应在两侧用细土同时均匀回填、夯实,防止墙基及管道中心线产生位移。③回填用打夯机夯实,两机平行时间距不小于3 m,在同一路线上,前后间距不小于10 m。

机械填土要求:①推土机填土。自下而上分层铺填,每层虚铺厚度不大于30 cm。推土机运土回填,可采用分堆集中、一次运送的方法,分段距离为

10～15 m,以减少运土漏失量。用推土机来回行驶进行碾压,履带应重复宽度的1/2。填土程序应采用纵向铺填顺序,从挖土区至填土区段,以40～60 m的距离为宜。②铲运机填土。铺填土区段长度不宜小于20 m,宽度不宜小于8 m,铺土应分层进行,每次铺土厚度不大于50 cm,铺土后,空车返回时应将地表面刮平。③汽车填土。自卸汽车成堆卸土,配以推土机摊平,每层厚度不大于50 cm,汽车不能在虚土层上行驶,卸土推平和压实工作须分段交叉进行。

三、填土压实方法

填土压实方法有碾压法、夯实法和振动压实法三种。此外,可利用运土工具将填土压实。

(一) 碾压法

碾压法是利用机械滚轮的压力压实土壤,达到所需的密实度。碾压机械有平碾、羊足碾等。平碾又称光碾压路机,是一种以内燃机为动力的自行压路机。平碾按重量等级分为轻型(30 kN～50 kN)、中型(60 kN～90kN)和重型(100 kN～140kN)三种。平碾适用于压实砂类土和黏性土。羊足碾一般无动力,靠拖拉机牵引,有单筒和双筒两种。根据碾压要求,羊足碾又可分为空筒、装砂和注水三种。羊足碾虽然与土接触面积小,但对单位面积土产生的压力比较大,土壤压实的效果好。羊足碾适用于对黏性土的压实。

碾压机械压实填方时,行驶速度不宜过快,一般平碾行驶速度被控制在24 km/h以内,羊足碾为3 km/h以内,否则会影响压实效果。

(二) 夯实法

夯实法是利用夯锤自由下落的冲击力来夯实土,主要用于小面积回填。夯实法分为人工夯实和机械夯实两种。

人工夯实用的工具有木夯、石夯等。夯实机械有夯锤、内燃夯土机和蛙式打夯机。蛙式打夯机是常用的小型夯实机械,轻便灵活,适用于小型土方工程的夯实工作,多用于夯打灰土和回填土。夯锤是借助起重机悬挂重锤进行夯土的机械。夯锤底面面积为0.15～0.25 m²,质量在1.5 t以上,落距一般为2.5～4.5 m,夯土影响深度大于1 m,适用于夯实砂性土、湿陷性黄土、杂填土及含有石块的土。

(三) 振动压实法

振动压实法将振动压实机放在土层表面,借助振动机使压实机械振动,土颗粒发生相对位移而达到紧密状态。这种方法主要用于非黏性土的压实。若使用振动碾进行碾压,可使土受到振动和碾压两种作用,碾压效率高,适用于大面积填方工程。对于密度要求不高的大面积填方,在缺乏碾压机械时,可采用推土机、拖拉机或铲运机,结合行驶、推(运)土、平土来压实。

四、影响填土压实质量的因素

填土压实质量与许多因素有关,其中主要影响因素为压实功、土的含水率及铺土厚度。

(一) 压实功

填土压实后的干密度与压实机械在其上施加的功有一定关系。在开始压实时,土的干密度急剧增加,待到接近土的最大干密度时,压实功虽然增加许多,但土的干密度几乎没有变化。因此,在实际施工中,不要盲目增加压实遍数。

(二) 土的含水率

在同一压实功条件下,填土的含水率对压实质量有直接影响。较为干燥的土的颗粒之间的摩擦力较大,因而不易压实。当土具有适当含水率时,水起到润滑作用,土颗粒之间的摩擦力减小,从而易压实。相比之下,严格控制最佳含水率,要比增加压实功效果好得多。当含水率不足且洒水困难时,适当增大压实功,可以得到较好的压实效果;当土的含水率过大时,增大压实功必将出现弹簧现象,压实效果较差,造成返工浪费。因此,在土基压实施工中,关键是控制最佳含水率。各种土的最佳含水率和所获得的最大干密度,可由击实试验取得。

(三) 铺土厚度

土在压实功的作用下,压应力随深度增加逐渐减小,其影响深度与压实机械、土的性质和含水率有关。铺土厚度应小于压实机械压土时的作用深度,但其中涉及最优土层厚度问题:铺得过厚,要压多遍才能达到规定的密实度;铺得过薄,则要增加机械的总压实遍数。恰当的铺土厚度能使土方更好地压实且使机械耗费功最小。

实践经验表明:土基压实时,在机具类型、土层厚度及行程遍数已确定的条件下,压实操作时宜按先轻后重、先慢后快、先边缘后中间的顺序进行。压实时,相邻两次的轮迹应重叠轮宽的1/3,保持压实均匀、不漏压,对于压不到的边角,应辅以人力或小型机具夯实。在压实过程中,应经常检查含水率和密实度,以达到规定的压实度。

第六节　土方工程机械化施工

一、推土机

推土机是在履带式拖拉机的前方安装推土铲刀(推土板)制成的。按铲刀的操纵机构不同,推土机可分为索式和液压式两种。

推土机能单独完成挖土、运土和卸土工作,具有操纵灵活、运转方便、所需工作面较小、行驶速度较快等特点。推土机主要适用于一至三类土的浅挖短运,如清理或平整场地,开挖深度不大的基坑,回填、推筑高度不大的路基等。此外,推土机还可以牵引其他无动力的土方机械,如拖式铲运机、松土器、羊足碾等。

推土机推运土方的运距一般不超过100 m,运距过长,从铲刀两侧流失的土过多,则会影响其工作效率。经济运距一般为30~60 m,铲刀刨土长度一般为6~10 m。为提高生产率,推土机可采用下述方法施工。

(一) 下坡推土

推土机顺地面坡势沿下坡方向推土,借助机械向下的重力作用,增大铲刀切土深度和运土数量,提高推土机能力,缩短推土时间,作业效率一般可提高30%~40%;但坡度不宜大于15°,以免后退时爬坡困难。

(二) 槽形推土

当运距较远、挖土层较厚时,利用已推过的土槽再次推土,可以减少铲刀两侧土的散漏,作业效率可提高10%~30%。槽深以1 m左右为宜,槽间土埂宽约为0.5 m。推出多条槽后,再将土埂推入槽内,然后运出。

此外,推运疏松土壤且运距较大时,还应在铲刀两侧装置挡板,以增加铲刀前土的体积,减少土向两侧的散失。在土层较硬的情况下,可在铲刀前面装置活动松土齿,当推土机倒退回程时,即可将土翻松,减少切土时的阻力,从而提高切土运行速度。

(三) 并列推土

对于大面积的施工区,可用2或3台推土机并列推土。推土时,两铲刀宜相距15~30 cm,这样可以减少土的散失且增大推土量,作业效率提高15%~30%;但平均运距不宜超过75 m,也不宜小于20 m,且推土机数量不宜超过3

台,否则会使推土机倒车不便、行驶不一致,反而影响作业效率。

(四) 分批集中,一次推送

当运距较远而土质比较坚硬时,切土的深度不大,宜采用多次铲土、分批集中、一次推送的方法,使铲刀前保持满载,以提高作业效率。

二、铲运机

铲运机是一种能综合完成挖、装、运、填的机械,对行驶道路要求较低,操纵灵活,效率较高。铲运机按行走机构的不同,可分为自行式铲运机和拖式铲运机两种;按铲斗操纵方式的不同,可分为索式和油压式两种。

铲运机一般适用于含水率不大于27%的一至三类土直接挖运,常用于坡度在20°以内的大面积场地平整,大型基坑的开挖、堤坝,路基的填筑等,不适于在砾石层、冻土地带和沼泽地区使用。坚硬土开挖时要用推土机助铲或用松土器配合。拖式铲运机的运距以不超过800 m为宜,当运距在300 m左右时效率最高;自行式铲运机的行驶速度快,可用于稍长距离的挖运,其经济运距为800~1 500 m,但不宜超过3 500 m。

(一) 铲运机的开行路线

铲运机的基本作业是铲土、运土、卸土三个工作行程和一个空载回驶行程。在施工中,挖填区的分布情况不同,为了提高生产率,应根据不同的施工条件(工程大小、运距长短、土的性质、地形条件等),选择合理的开行路线和施工方法。挖填区分布不同,应根据具体情况选择开行路线,铲运机的开行路线种类如下。

1. 环形路线

地形起伏不大、施工地段较短时,多采用环形路线。从挖方到填方按环形路线回转,每一次循环只完成一次铲土和卸土,挖填交替。当挖填之间的距离较短时,可采用大环形路线一个循环完成多次铲土和卸土,该操作可减少铲运机的转弯次数,提高工作效率。作业时应时常按顺时针或逆时针方向交换行驶,以避免机械行驶部分单侧磨损。

2. "8"字形路线

施工地段加长或地形起伏较大时,多采用"8"字形路线。采用这种开行路线,铲运机在上、下坡时斜向行驶,受地形坡度限制小;一个循环中两次转弯的方向不同,可避免机械行驶的单侧磨损;一个循环完成两次铲土和卸土,减少了转弯次数及空车行驶距离,从而缩短了运行时间,提高了生产率。

(二) 铲运机的作业方法

1. 下坡铲土法

铲运机利用地形进行下坡铲土，借助铲运机的重力，加深铲斗切土深度。采用这种方法可缩短铲土时间，但纵坡坡度不得超过25°，横坡坡度不得超过5°，而且铲运机不能在陡坡上急转弯，以免翻车。

2. 跨铲法

铲运机间隔铲土，预留土埂。这样，在间隔铲土时形成一个土槽，可减少向外撒土量；铲土埂时，可使铲土阻力减小。一般土埂高不大于300 mm，宽度不大于拖拉机两履带间的净距。

3. 推土机助铲法

地势平坦、土质较坚硬时，可用推土机在铲运机后面顶推，以加大铲刀切土能力，缩短铲土时间，提高生产率。推土机在助铲的空隙可兼做松土或平整工作，为铲运机创造作业条件。

4. 双联铲运法

当拖式铲运机的动力充足时，可在拖拉机后面串联两个铲斗进行双联铲运。对坚硬土层，可用双联单铲，即一个土斗铲满后，再铲另一土斗；对松软土层，则可用双联双铲，即两个土斗同时铲土。

三、单斗挖土机

单斗挖土机是土方开挖的常用机械。单斗挖土机按行走装置可分为履带式和轮胎式两类；按传动方式可分为索具式和液压式两种；按工作装置可分为正铲、反铲、拉铲和抓铲四种。使用单斗挖土机进行土方开挖作业时，一般需自卸汽车配合运土。

(一) 正铲挖土机

正铲挖土机挖掘能力强，生产率高，适用于开挖停机面以上的一至三类土，正铲挖土机与运土汽车配合能完成整个挖运任务，可用于开挖大型干燥基坑、土丘等。

正铲挖土机的挖土特点是"前进向上，强制切土"，根据开挖路线与运输汽车相对位置的不同，一般有以下两种开挖方式。

1. 正向开挖，侧向卸土

正铲向前进方向挖土，汽车在正铲的侧向装土。此方法铲臂卸土回转角度最小（小于90°），装车方便，循环时间短，生产效率高，用于开挖工作面较大、深度不大的边坡、基坑（槽）、沟渠、路堑等，是最常用的开挖方法。

2. 正向开挖,后方卸土

正铲向前进方向挖土,汽车停在正铲后方。此方法开挖工作面较大,但铲臂卸土回转角度较大(约为180°),且汽车要侧向行车,增加工作循环时间,使生产效率降低(若回转角度为180°,效率约降低23%;若回转角度为130°,效率约降低13%),其用于开挖工作面较小且较深的基坑(槽)、管沟、路堑等。

(二) 反铲挖土机

反铲挖土机适用于开挖停机面以下的土方,一般反铲挖土机的最大挖土深度为4~6 m,经济合理的挖土深度为3~5 m。其挖土特点是"后退向下,强制切土",挖土能力比正铲小,适用于开挖一至三类土,需要汽车配合运土。

反铲挖土机的开挖可以采用沟端开挖法和沟侧开挖法。

1. 沟端开挖法

反铲挖土机停于基坑或基槽的端部,后退挖土,向沟侧弃土或装车运走。其优点是挖土方便,挖掘深度和宽度较大。

2. 沟侧开挖法

反铲挖土机停于基坑或基槽的一侧,向侧面移动挖土,能将土体弃于沟边较远的地方,但挖土机的移动方向与挖土方向垂直,稳定性较差,且挖土的深度和宽度均较小,不易控制边坡坡度。因此,只在无法采用沟端开挖法或所挖的土体无须运走时采用此方法。

(三) 拉铲挖土机

拉铲挖土机的土斗用钢丝绳悬挂在挖土机长臂上,挖土时土斗在自重作用下落到地面切入土中。其挖土特点是"后退向下,自重切土"。其挖土深度和挖土半径均较大,能开挖停机面以下的一至二类土,但不如反铲动作灵活准确。拉铲挖土机适用于开挖较深、较大的基坑(槽)、沟渠,挖取水中泥土、填筑路基、修筑堤坝等。

履带式拉铲挖土机的挖斗容量有0.35 m³、0.5 m³、1 m³、1.5 m³、2 m³等数种,其最大挖土深度为7.6 m(W3-30)~16.3 m(W1-200)。

拉铲挖土机的开挖方式与反铲挖土机的开挖方式相似,可沟侧开挖也可沟端开挖。

(四) 抓铲挖土机

机械传动抓铲挖土机是在挖土机臂端用钢丝绳吊装一个抓斗。其挖土特点是"直上直下,自重切土"。其挖掘力较小,能开挖停机面以下的一至二类土,适用于开挖软土地基基坑,特别是其中窄而深的基坑、深槽、深井,采用抓铲效果理想。抓铲也可用于疏通旧有渠道以及挖取水中淤泥等,或用于装卸碎石、矿渣等松散材料。抓铲还可采用液压传动操纵抓斗作业,其挖掘力和精度优于机械传动抓铲挖土机。

四、土方开挖机械的选择

土方开挖机械的选择主要是确定类型、型号和台数。挖土机械的类型根据土方开挖类型、工程量、地质条件及挖土机的适用范围确定;其型号根据开挖场地条件、周围环境、工期等确定;最后确定挖土机台数和配套汽车数量。挖土机的数量应根据所选挖土机的台班生产率、工程量大小和工期要求进行计算。

第七节 土方工程计量

一、土石方工程套定额需要注意的主要问题

(一) 人工土、石方

运余松土或挖堆积期在一年以内的堆积土,除按运土方定额执行外,另增加挖一类土的定额项目(工程量按实方计算,若为虚方则按工程量计算规则的折算方法折算成实方)。取自然土回填时,按土壤类别执行挖土定额。

支挡土板不分密撑、疏撑,均按定额执行,实际施工中材料不同均不调整。

桩间挖土按打桩后坑内挖土相应定额执行。桩间挖土指桩(不分材质和成桩方式)顶设计标高以下及桩项设计标高以上 0~50 m 的挖土。

(二) 机械土、石方

土、石方体积均按天然实体积(自然方)计算;推土机、铲运机推、铲未经压实的堆积土,按三类土定额项目乘以系数0.73。

机械挖土工程量按机械实际完成工程量计算。机械确实挖不到的地方,用人工修边坡、整平的土方工程量(最多不得超过挖方量的10%)按人工挖一般土方套价,人工乘以系数2。机械挖土、石方单位工程量小于2 000 m³或在桩间挖土石方,按相应定额乘以系数1.10。

机械挖土均以天然湿度土壤为准,含水率达到或超过25%时,定额人工、机械乘以系数1.15;含水率超过40%时另行计算。

本定额用于自卸汽车运土,对道路的类别及自卸汽车吨位已分别进行综合计算。

自卸汽车运土按正铲挖掘机挖土考虑,如系反铲挖掘机装车,则自卸汽车运土台班量乘以系数1.10;拉铲挖掘机装车,自卸汽车运土台班量乘以系数1.20。

二、土石方工程定额工程量计算的一般规则

土方体积以挖凿前的天然密实体积(m³)为准。虚方指未经碾压、堆积时间不长于1年的土壤。

挖土以设计室外地坪标高为起点,深度按图示尺寸计算。如实际自然地面标高与设计地面标高不同,工程量在竣工结算时调整。

按不同的土壤类别、挖土深度、干湿土分别计算工程量。干土与湿土的划分应以地质勘察资料为准,无资料时以地下常水位为准:常水位以上为干土,常水位以下为湿土。采用人工降低地下水位时,干湿土的划分仍以常水位为准。

在同一槽、坑内或沟内有干、湿土时,应分别计算,但使用定额时,按槽、坑或沟的全深计算。

桩间挖土不扣除桩的体积。

三、平整场地工程量计算

平整场地工程量按建筑物外墙外边线每边各加2 m,以面积计算。

四、沟槽、基坑土石方工程量计算

(一) 沟槽、基坑划分

底宽小于或等于7m且底长大于3倍底宽的为沟槽。套用定额计价时,分别按底宽3～7 m或3 m以内,套用对应的定额子目。

底长小于或等于3倍底宽且底面积小于或等于150 m²的为基坑。套用定额计价时,分别按底面积20～150 m²或20 m²以内,套用对应的定额子目。

若沟槽底宽大于7 m或基坑底面积大于150 m²以上,按挖一般土方或挖一般石方计算。

(二) 沟槽工程量按沟槽长度乘以沟槽截面积计算

沟槽长度的外墙按图示基础中心线长度计算,内墙按图示基础底宽加工作面宽度之间净长度计算。沟槽宽按设计宽度加基础施工所需工作面宽度计算。突出墙面的附墙烟囱、垛等体积并入沟槽土方工程量内。

(三) 挖沟槽、基坑,一般土方需放坡时,以施工组织设计规定计算

沟槽、基坑中土类别不同时,分别按其土壤类别、放坡比例以不同土类别厚度分别计算。计算放坡时,在交接处的重复工程量不扣除。原槽、坑用作基础垫层时,放坡自垫层上表面开始计算。

沟槽、基坑需支挡土板时,挡土板面积按槽、坑边实际支挡板面积(即每块挡板的最长边与挡板的最宽边之积)计算。

第二章　地基与基础工程

第一节　基坑验槽与地基加固处理

一、基坑验槽

验槽的方法以观察为主,对于基底以下的不可见部位辅以夯、拍或轻便勘探共同完成。

(一) 观察法

检验槽壁、槽底的土质情况,验证基槽开挖深度,初步验证基槽底部土质是否与勘察报告相符,观察槽底土质结构是否受到人为破坏;验槽时应重点观察柱基、墙角、承重墙下或其他受力较大部位,如有异常,要会同勘察、设计等有关单位进行处理。

检验基槽边坡是否稳定,是否有影响边坡稳定的因素存在,如地下渗水、坑边堆载或近距离扰动等(对于难鉴别的土质,应采用洛阳铲等工具挖至一定深度仔细鉴别)。

检验基槽内有无旧的房基、洞穴、古井、掩埋的管道、人防设施等,如存在上述问题,应沿其走向进行追踪,查明其在基槽内的范围、延伸方向、长度、深度及宽度。

在进行直接观察时,可用袖珍式贯入仪作为辅助手段。

(二) 钎探法

钎探是用锤将钢钎打入坑底以下的土层内一定深度,根据锤击次数和入土难易程度来判断土的软硬情况及有无古井、古墓、洞穴、地下掩埋物等。

钢钎的打入方式分为人工和机械两种。

根据基坑平面图,依次编号绘制成钎探点平面布置图。

按照钎探点顺序号依次进行钎探施工。

打钎时,同一工程应钎径一致、锤重一致、用力(落距)一致。每贯入30 cm(通常称为一步),记录一次锤击数,每打完一个孔(点),将相关数据填入钎探记录表内,最后进行统一整理。

分析钎探资料:检查其测试深度、部位,以及测试钎探器具是否标准,记录是否规范,认真分析钎探记录各点的测试击数,分析钎探击数是否均匀,对偏差大于50%的点位,分析原因,确定范围,重新补测,对异常点采用洛阳铲进一步核查。

钎探后的孔要用砂灌实。

(三) 轻型动力触探法

遇到下列情况之一时,应在基底进行轻型动力触探:①持力层明显不均匀;②局部有软弱下卧层;③有浅埋的坑穴、古墓、古井等,直接观察难以发现;④勘察报告或设计文件规定应进行轻型动力触探。

当工程结构的荷载较大,地基土质又较软弱(强度不足或压缩性大),不能作为天然地基时,可针对不同情况,采取各种人工加固处理的方法,提高地基承载力,增加稳定性。

二、地基处理方法

常用的地基处理方法有换填垫层法、强夯法、预压法、深层搅拌法、挤密法、化学加固法等,可根据地基加固的原理,采取不同的加固方法。

(一) 换填垫层法

将地基中一定厚度的软弱土层挖除,分层填筑中粗砂或砂砾石、灰土、黏性土,或其他性能稳定、无侵蚀性的材料,并分层压实或振(夯)实至要求的密实度,该地基处理的方法称为换填垫层法。换填垫层法还包括低洼地域筑高(平整场地)或堆填筑高(道路路基)。

1. 适用条件

当软弱土地基的承载力或变形满足不了建(构)筑物的要求,而软弱土层厚度又不大时可采用换填垫层法。

2. 适用范围

换填垫层法适用于淤泥、淤泥质土、湿陷性黄土、素填土、杂填土地基,以及暗沟、暗塘的浅层处理,处理深度一般控制在3 m以内,也不宜小于0.3 m。

3. 换填材料和施工方法

在施工中换填材料通常选用"砂加石"和"三七灰土":①开挖软弱土的方法主要有挖掘机挖除法、推土机挖除法、人工挖除法等;②换填垫层施工应分层铺设,分遍压(振)实,填料的含水量应控制在最佳含水量范围内;③换填压实的施工方法有机械碾压法、重锤夯实法、平板振动法等,应根据换填材料的性能选择压实机械。

同一建筑物下地基垫层设计厚度不同时,在厚度突变处或分段施工交接处应做成阶梯搭接或斜坡搭接,并按先深后浅的顺序进行垫层施工,搭接处应夯压密实。

(二) 强夯法

强夯属高能量夯击,是用起重机械将大吨位夯锤(一般为 80 kN ~ 300 kN)起吊到 6 ~ 30 m 高度后,自由落下,给地基土以强大冲击能量的夯击,使土中产生冲击波和很大的冲击应力,迫使土层孔隙压缩,在夯击点周围产生裂隙,形成良好的排水通道,孔隙水和气体逸出,使土粒重新排列,经时效压密达到固结,从而提高地基承载力,降低其压缩性。强夯法是一种常用的深层地基处理方法。其特点为施工方法和设备简单,施工速度快,功效高;节约原材料,较为经济;适用土质范围广,可取得较高的承载力,一般地基强度可提高 2 ~ 5 倍;沉降变形小,压缩量可降低 2 ~ 10 倍;加固影响深度可达 10 m,但振动影响较大。强夯法适用于加固碎石土、砂土、低饱和度粉土、黏性土、湿陷性黄土、素填土、杂填土,以及工业废渣、垃圾地基的处理。当强夯所产生的振动对周围建筑物、设备,以及其他设施有影响时,不得采用强夯法施工。必要时,应采取防振、隔振措施。

强夯施工技术参数:①锤重和落距是影响夯击能和加固深度的重要因素,直接决定单击的夯击能。锤重一般不小于 80 kN,落距不宜小于 6 m。②单位夯击能应综合考虑地基土类别、结构类型、荷载大小、要求加固处理的深度等因素,并通过现场试夯确定。单位夯击能过小,加固效果差;单位夯击能过大,不仅浪费能源,增加费用,而且对于饱和黏性土,还会破坏其土体结构,形成橡皮土,降低强度。③夯击点布置一般根据基础布置、地基土性质和要求加固深度确定,有等边三角形、等腰三角形或正方形布置等。加固土层厚、土质差、透水性差、含水率高的黏性土时,夯点间距宜大;加固土层薄、透水性强、含水率低的砂质土,间距则宜小些。④强夯顺序可为先周边后中间。⑤夯点的夯击次数是指单个夯点一次连续夯击的次数,一般为 3 ~ 10 击。⑥夯击遍数根据地基土的性质确定,一般情况下,采用点夯 2 或 3 遍。⑦2 遍夯击之间应有一定的间隔时间。⑧强夯处理范围应大于建筑物基础范围,每边超出基础外缘的宽度宜为设计加固处理深度的 1/2 ~ 2/3,且不宜小于 3 m。

(三) 预压法

预压法是在建筑物建造前,对建筑场地进行预压,使土体中的水排出,地基逐渐固结沉降,同时强度逐步提高。

预压法适用于处理淤泥、淤泥质土、冲填土等饱和黏性土地基。其常见的处理方法有:袋装砂井堆载预压法、塑料排水板堆载预压法、真空预压法。

1. 袋装砂井堆载预压法

袋装砂井堆载预压法是将砂先装入砂袋中,再将砂袋置于井中。井径一般为 70～120 mm,间距为 1.5～2.0 m。此方法不会产生缩颈、断颈现象,透水性好,费用低,施工速度快。

2. 塑料排水板堆载预压法

塑料排水板堆载预压法即将塑料排水带用插排机插入软土层中,组成垂直和水平排水体系,然后堆载预压,土中孔隙水沿塑料带的沟槽上升溢出地面,从而使地基沉降固结。

3. 真空预压法

真空预压法是在需要加固的软土地基表面先铺设砂垫层,然后埋设垂直排水管道,再用不透气的封闭膜使其与大气隔绝,薄膜四周埋入土中,砂垫层内埋设的吸水管道,用真空装置进行抽气,使其形成真空,增加地基的有效应力。

抽真空时,先后在地表砂垫层及竖向排水通道内逐步形成负压,使土体内部与排水通道、垫层之间形成压差。在此压差作用下,土体中的孔隙水不断由排水通道排出,从而使土体固结。

真空预压的原理主要反映在以下方面:①薄膜上面承受压力大小等于薄膜内外压差的荷载;②地下水位降低,相应增加附加应力;③封闭气泡排出,土的渗透性加大。真空预压是将覆盖于地面的密封膜下抽真空,使膜内外形成气压差,黏土层产生固结压力。该法是在总应力不变的情况下,通过减小孔隙水压力增加有效应力的方法。

4. 深层搅拌法

深层搅拌法是利用水泥作为固化剂,特制的搅拌机械,在地基深处就地将软土和固化剂强制搅拌,固化剂和软土之间产生一系列物理化学反应,使软土硬结成具有整体性、水稳定性和一定强度的地基,与天然地基形成复合地基,从而提高地基承载力,增大变形模量。深层搅拌法适用于处理正常固结的淤泥与淤泥质土、粉土、饱和黄土、素填土、黏性土、无流动地下水的饱和松散砂土等地基。

第二节　桩基础施工

桩基础是土木工程中常用的深基础形式,由桩和承台组成。桩按承载性质可分为摩擦型桩和端承型桩,前者又分为摩擦桩和端承摩擦桩;后者又分为端承桩和摩擦端承桩。桩按成桩时挤土状况可分为非挤土桩、部分挤土桩和挤土桩。按桩的施工方法,可分为预制桩和灌注桩两类。与此同时,桩也在基坑围护结构中有着广泛的应用。

一、预制桩施工

预制桩包括钢筋混凝土预制桩和钢桩,其中钢筋混凝土预制桩包括实心桩和管桩。本节只介绍钢筋混凝土预制桩。

(一) 钢筋混凝土预制桩的制作、起吊、运输和堆放

1. 制作

方桩:方桩即实心桩,通常是边长为250～550 mm的方形断面,如在工厂制作,长度不宜超过12 m;如在现场制作,长度不宜超过30 m。方桩的接头不宜超过2个。

预应力管桩:预应力混凝土(Prestressed Concrete)管桩(简称PC桩),预应力管桩一般是外径为400～500 mm的空心圆柱形截面,壁厚为80～100 mm,在工厂采用"离心法"制成,分节长度为8～10 m,用法兰连接,桩的接头不宜超过4个,下节桩底端可设桩尖,也可以开口。管桩多采用先张法预应力工艺。

在钢筋混凝土预制桩制作中,钢筋骨架质量根据《建筑地基基础工程施工质量验收标准》(GB 50202—2018)的规定标准进行验收。

2. 起吊、运输和堆放

预制桩桩身混凝土强度达到设计强度等级的70%后方可起吊,起吊时应用吊索按设计规定的吊点位置进行吊运。如无吊环且设计又未作规定时,可按吊点间的跨中正弯矩与吊点处负弯矩相等的原则确定吊点位置。起吊时钢丝绳与桩之间应加衬垫,以免损坏棱角。起吊时应平稳提升,避免摇晃、撞击和振动。

预制钢筋混凝土桩堆放高度不宜超过四层,地面应坚实、平整,垫长枕木。支撑点在吊点位置,垫木上下对齐。

(二) 预制桩沉桩

预制桩的沉桩方法有锤击法沉桩、静压沉桩、振动法沉桩和射水沉桩。

1. 锤击法沉桩

(1)施工准备

沉桩开始前,清除高空、地上和地下的障碍物,场地平整;在打桩机进场及移动范围内,场地平整坚实,地面承载力满足桩机运行和机架垂直度要求;施工场地及周围应保持排水通畅,然后对桩位进行放样;桩位放样允许偏差,对群桩为 20 mm,对单排桩为 10 mm。

桩基轴线的定位点应设置在不受打桩影响的地点,打桩地附近需设置不少于两个水准点。在施工过程中可据此检查桩位的偏差及桩的入土深度。

沉桩之前应先进行沉桩试验,试验的目的是检验打桩设备及工艺是否符合要求,了解桩的贯入度、持力层强度及桩的承载力,以确定沉桩方案。

(2)合理确定沉桩顺序

预制桩沉桩对土体的挤密作用会使先沉的桩受水平推挤发生偏移和变位,或被垂直挤拔造成浮桩。而后沉入的桩因土体挤密,难以达到设计标高或入土深度,可能造成土体隆起和挤压,截桩长度过大。因此,进行群桩施工时,为了保证沉桩工程质量,防止周围建筑物受土体挤压的影响,沉桩前应根据桩的密集程度、规格、长短、桩架的移动方便等因素来正确选择沉桩顺序,对标高不一的桩应遵循"先深后浅"的原则;对不同规格的桩,应遵循"先大后小、先长后短"的原则。

(3)质量控制

采用锤击法时,桩锤应根据地质条件、桩型、桩的密集程度、单桩竖向承载力、现有施工条件等因素确定,也可按相关规范选用。打桩机就位后,将桩锤和桩帽吊起来,然后吊桩并送至导杆内,垂直对准桩位缓缓送下并插入土中,垂直度偏差不得超过 0.5%,然后固定桩锤和桩帽,使其和桩身在同一铅垂线上,确保桩能垂直下沉。锤与桩帽、桩帽与桩之间应加设硬木、麻袋、草垫等弹性衬垫,桩帽与桩周围应有 5~10 mm 的间隙,以防损伤桩顶。

锤击打桩应遵循"重锤低击、低锤重打"的原则进行,开始时锤的落距应较小,待桩入土一定深度且稳定后,再按要求的落距锤击,用落锤或单动汽锤打桩时,最大落距不宜大于 1 m,用柴油锤时应使锤跳动正常。打桩过程中应检查桩的桩体垂直度、沉桩情况、贯入情况、桩顶完整状况、电焊接桩质量、电焊后的停歇时间等。对电焊接桩,重要工程应对电焊接头做 10% 的焊缝探伤检查。打桩时,如遇贯入度剧变,桩身突然发生倾斜、位移或有严重回弹,桩顶破碎或桩身严重裂缝时,应立即暂停,分析原因,并采取相应措施。打桩时,除了注意桩锤冲击造成桩顶与桩身的破坏外,还应注意桩身受锤击拉应力而导致的水平裂缝。在软土中打桩,在桩顶以下1/3桩长范围内常会因反射的张力波使桩身受拉而引起水平裂缝。开裂的地方往往出现在吊点和混凝土缺陷处,容易形成应力集中。采用重锤低速击桩和较软的桩垫可减少锤击拉应力。

锤击桩终止锤击的控制应符合下列规定:①当桩端位于一般土层时,应以控制桩端设计标高为主,贯入度为辅;②桩端到达坚硬、硬塑的黏性土,中密以上粉土、砂土、碎石类土及风化岩时,应以贯入度控制为主,桩端标高为辅;③贯入度已达到设计要求而桩端标高未达到时,应继续锤击3阵,每阵10击,并按贯入度不应大于设计规定的数值确认,必要时,施工控制贯入度应通过试验确定。沉桩完成后应根据以下标准进行验收。按标高控制的桩,桩顶标高的允许偏差为-50～100 mm;预制桩沉桩的垂直度偏差应控制在1%之内,斜桩倾斜度的偏差不得大于倾斜角正切值的15%(倾斜角为斜桩的纵向中心线与铅垂线间夹角)。此外,还应监测打桩施工对周围环境有无影响。

2. 静压沉桩

静压沉桩是静力压桩机以压桩机自重及桩架上的配重作反力等将预制桩压入土中的一种沉桩工艺。静压沉桩既能施压预制方桩,也可施压预应力管桩。静压预制桩通常适用于高压缩性黏土层或砂性较轻的软黏土层等软土地基,也适用于覆土层不厚的岩溶地区。在覆土层不厚的岩溶地区采用钻孔桩很难钻进,采用冲孔桩则容易卡锤,采用打入式桩又容易打碎,而采用静压桩可缓慢压入,并能显示压桩阻力,容易保证施工质量。但在溶洞、溶沟发育充分的岩溶地区及在土层中有较多孤石、障碍物的地区,宜慎用静压沉桩。

静压沉桩施工工艺流程如下:施工场地准备→定位放线→安装桩机→确定桩位和沉桩顺序→桩机就位→吊桩、喂桩→桩身对中调直→插桩入土→压桩→接桩→送桩→压桩→终止压桩→切割桩头。

静压沉桩的主要优点是:①低噪声、无振动、无污染、场地整洁、施工文明程度高,适合城市施工;②施工速度很快,可以24 h连续施工,即可缩短建设工期,创造时间效益,从而降低工程造价;③桩定位准确,不易产生偏心,可提高桩基施工质量;④采用静力压桩,桩身不受锤击应力,可降低桩身混凝土强度,减少配筋,从而降低工程造价。

静压沉桩的主要缺点是:①具有一定的挤土效应,对周围建筑环境及地下管线有一定的影响,要求边桩中心到相邻建筑物的间距较大;②施工场地的地耐力要求较高,在新填土、淤泥土及积水浸泡过的场地施工易陷机,对表土层软弱的地方需事先进行处理;③过大的压桩力(夹持力)易将管桩桩身夹破夹碎,使管桩出现纵向裂缝;④在地下障碍物或孤石较多的场地施工,容易出现斜桩甚至断桩。

常用的静力压桩机有顶压式静力压桩机和抱夹式静力压桩机两种。

3. 振动法沉桩

振动法沉桩是将桩与振动桩锤刚接在一起,利用振动桩锤产生的振动力通过桩身振动土体,使土体的内摩擦角减小,强度降低,从而将桩沉入土中。振动法沉桩在砂土中效率较高。

4. 射水沉桩

射水沉桩常与锤击或振动法沉桩一同使用。射水沉桩是利用高压水流从桩侧面或从空心桩内部的射水管中冲击桩尖附近的土层,减少沉桩阻力。在砂夹卵石层或坚硬土层中,一般以射水为主,锤击或振动为辅;在粉质黏土或黏土中,一般以锤击或振动为主,射水为辅,并需适当控制射水量和射水时间。施工时一般是边冲边打,在沉桩至最后1~2 m时停止射水,用锤击沉桩至设计标高,以保证桩的承载力。

二、灌注桩施工

灌注桩是直接在桩位就地成孔,然后在孔内吊放钢筋笼,最后浇筑混凝土而成的桩。灌注桩能适用于各种地质,无须接桩。灌注桩施工时无振动、无挤土、噪声小,适合在城市建筑物密集地区使用。与预制桩相比节约钢材,灌注桩的桩径可根据工程需要而定,但其施工要求严格,施工成孔中有大量土渣和泥浆排出,施工后需较长养护时间方可承受荷载。根据成孔工艺的不同,灌注桩可以分为泥浆护壁成孔灌注桩、干作业成孔灌注桩,沉管灌注桩、爆扩成孔灌注桩、人工挖孔灌注桩等。

(一) 泥浆护壁成孔灌注桩

泥浆护壁成孔是用泥浆保护孔壁并排出土渣而成孔。泥浆护壁成孔适用于地下水位较高的黏性土、粉土、砂土、填土碎(砾)石土及风化岩层,以及地质情况复杂、夹层多、风化不均和软硬变化较大的岩层。

1. 主要机具设备

泥浆护壁成孔灌注桩的主要机具有:成孔钻机(包括回转钻机、潜水钻机、冲击钻等,其中以回转钻机应用最多),翻斗车或手推车,混凝土导管,套管,水泵,散热器,泥浆池,混凝土搅拌机,平、尖头铁锹,胶皮管等。

回转钻机是由动力装置带动有钻头的钻杆转动,由钻头切削土壤,切削形成的土渣通过泥浆循环排出桩孔。

2. 护壁泥浆

泥浆的作用:在钻孔过程中,为防止孔壁坍塌,在孔内注入高塑性黏土或膨润土和水拌和的泥浆,也可利用钻削下来的黏性土与水混合自造泥浆。该种护壁泥浆与钻孔的土屑混合,边钻边排出泥浆,同时进行孔内补浆和泥浆循环。泥浆具有保护孔壁、防止坍孔的作用,同时在泥浆循环过程中还可携带土渣排出钻孔,并对钻头具有冷却与润滑作用。泥浆护壁的原理是泥浆的相对密度较大,当孔内液面高于地下水水位时,泥浆对孔壁产生静水压力,从而抵抗了作用于孔壁上的静止土压力和水压力,相当于提供了水平方向的液体支撑,可防止坍孔;同时泥浆向孔壁渗透,形成了一层低透水性的泥皮,避免孔内的水分流失,稳定了孔内液面高度,使得孔内能保持稳定的静水压力,以达到护壁的目的。

泥浆的组成与性能:泥浆的制备方法应根据土质情况确定,在黏土中钻孔,可采用在孔中注入清水,自造泥浆护壁;在其他土层中成孔时,应注入制备泥浆。护壁泥浆是由高塑性黏土或膨润土和水拌和而成的混合物,泥浆应根据施工机械、工艺及穿越土层情况进行配合比设计,还可在其中掺入其他外加剂,如加重剂、分散剂、增黏剂、堵漏剂等。

泥浆循环:根据泥浆循环方式的不同,泥浆循环分为正循环和反循环,可根据桩型、钻孔深度、土层情况、泥浆排放条件、允许沉渣厚度等进行选择。对孔深较大的端承型桩和粗粒土层中的摩擦型桩,宜采用反循环成孔及清孔,也可根据土层情况采用正循环钻进,反循环清孔。

正循环回转钻机成孔时泥浆由钻杆内部注入,从钻杆底部喷出,携带钻下的土渣沿孔壁向上流动,由孔口将土渣带出流入沉淀池,沉淀后的泥浆流入泥浆池再注入钻杆,如此不断循环。

反循环回转钻机成孔时泥浆由钻杆与孔壁间的间隙流入钻孔,由砂石泵在钻杆内形成真空,钻下的土渣由钻杆内腔吸出至地面而流向沉淀池,沉淀后再流入泥浆池。反循环工艺泥浆上流的速度较高,排放土渣的能力强。

3. 施工工艺流程

(1)钻孔机就位

钻孔机就位时,必须保持平稳,不发生倾斜、位移,为准确控制钻孔深度,应在钻孔机上或钻孔机机管上做出控制的标尺,以便在施工中进行观测、记录。

（2）钻孔及注泥浆

调直机架挺杆，对好桩位（用对位圈），开动机器钻进、出土，达到一定深度后（视土质和地下水情况）停钻，孔内注入事先调制好的泥浆，然后继续钻进，同时挖好水源坑、排泥槽、泥浆池等。

孔内注入泥浆，钻进时，护壁泥浆与土屑混合，边钻边排出携带土屑的泥浆；当钻孔达到规定深度后，运用泥浆循环进行孔底清渣。

（3）护筒埋设

钻孔深度达到 5 m 左右时，提钻埋设护筒；护筒内径应大于钻头 100 mm；护筒位置应埋设正确且稳定，护筒与孔壁之间应用黏土填实，护筒中心与桩孔中心线偏差不大于 50 mm；护筒埋设深度在黏土中不宜小于 1 m，在砂土中不宜小于 1.5 m，并应保持孔内泥浆面高出地下水位 1 m 以上。

（4）继续钻孔

防止表层土受振动坍塌，钻孔时勿使泥浆水位下降，当钻至持力层后，若设计无特殊要求，可继续钻入 1 m 左右，作为插入深度。施工中应经常测定泥浆的相对密度。

（5）孔底清理及排渣

在黏土和粉质黏土中成孔时，可注入清水，以原土造浆护壁，排渣泥浆的相对密度应控制在 1.1 ~ 1.2。在砂土和较厚的夹砂层中成孔时，泥浆相对密度应控制在 1.1 ~ 1.3；在穿过砂夹卵石层或容易坍孔的土层中成孔时，泥浆的相对密度应控制在 1.3 ~ 1.5。

（6）吊放钢筋笼

吊放钢筋笼前应绑好砂浆垫块；吊放时要对准孔位，吊直扶稳，缓慢下沉，钢筋笼放到设计位置时，应立即固定，防止钢筋笼下沉或上浮。

（7）射水清底

在钢筋笼内插入混凝土导管（管内有射水装置），通过软管与高压泵连接，开动泵水即射出，射水后孔底的沉渣即悬浮于泥浆之中。

（8）浇筑混凝土

停止射水后，应立即浇筑混凝土，随着混凝土不断增高，孔内沉渣将浮在混凝土上面，并同泥浆一同排回贮浆槽内。水下浇筑混凝土应连续施工，导管底端应始终埋入混凝土 0.8 ~ 1.3 m，导管的第一节底管长度应不小于 4 m。

（9）拔出导管

混凝土浇筑到桩顶时，应及时拔出导管，但混凝土的上顶标高一定要符合设计要求。

4. 混凝土灌注桩施工质量控制

灌注桩成孔深度应符合下列要求。

(1)摩擦型桩:摩擦型桩应以设计桩长控制成孔深度;端承摩擦桩必须保证设计桩长及桩端进入持力层深度。当采用锤击沉管法成孔时,桩管入土深度控制应以标高为主,贯入度控制为辅。

(2)端承型桩:当采用钻(冲)、挖成孔时,必须保证桩端进入持力层的设计深度;当采用锤击沉管法成孔时,桩管入土深度控制应以贯入度为主,控制标高为辅。

(3)灌注桩桩身混凝土强度等级不应小于C25,混凝土预制桩尖强度等级不应小于C30。粗骨料可选用卵石或碎石,其粒径不得大于钢筋间最小净距的1/3,且不宜大于50 mm。水下混凝土必须具备良好的和易性,坍落度应控制在180~220 mm;水泥用量不少于360 kg/m³;水下混凝土的含砂率宜为40%~45%,并宜选用中粗砂;粗骨料的最大粒径应不大于40 mm;为改善和易性并使之缓凝,水下混凝土宜掺外加剂。

(4)钻孔灌注桩浇筑混凝土前,对已成孔的中心位置、孔深、孔径、垂直度、孔底沉渣厚度等进行认真检查。其中,孔底沉渣厚度直接影响桩的承载力及其沉降量,因此沉渣厚度应予以控制。

(5)灌注桩施工后也应进行桩的承载力检测与桩身质量检查,一般要求与预制桩相同。但对于一级建筑桩基和地质条件复杂或成桩质量可靠性较低的桩基工程,还应进行成桩质量检测。桩身检测还可采用大应变动测法等方法,对于大直径桩还可采取钻取岩芯、预埋管超声检测法等。

5. 施工过程中常见质量问题及处理措施

(1)掉落钻物

由于钻杆接头滑丝,钻头和钻杆容易掉入孔中,需要在钻进过程中及时检查,如果掉入后,应将专用打捞器插入孔,再将钻头等提出孔外。

(2)钻孔漏浆

如开钻后发现孔内水头无法保持,可能是护筒埋置深度不够,发生漏浆所致,可增加护筒长度和埋置深度。

(3)钻孔偏斜

钻进过程中钻杆不垂直、土层软硬不均或碰到孤石都会引起钻孔偏斜。

钻孔偏斜的预防措施是钻机安装时对导架进行水平和垂直校正,发现钻杆弯曲时应及时更换;遇软硬土层时应低速钻进;出现钻杆偏斜时可提起钻头,上下反复扫钻几次。如纠正无效,应于孔中局部回填黏土至偏孔处0.5 m

以上,稳定后重新钻进。

（4）混凝土堵管

原因主要有两种:①导管底部被泥沙等物堵塞,多发生于第一罐混凝土浇筑时,由于导管至孔底距离不够,安装钢筋及导管时间过长,孔内淤积加深,此时的处理办法是用吊车将料斗连同导管一起吊起,待混凝土管畅通后放置回原位。②混凝土离析时粗集料过于集中而堵塞,多发生于混凝土浇筑过程中,处理办法是将导管吊起,快速向井底冲击(注意不能破坏导管的密封性),注意切不可将导管提出混凝土面以外。

堵管的预防和处理方法为:在混凝土中加入适量缓凝剂;导管埋置深度控制在 2~6 m;遇故障时适当活动导管及时起吊冲击。

（5）钢筋上浮

在混凝土浇筑过程中,若混凝土浇筑速度过快,钢筋骨架会受到因混凝土下注时的势能而产生的冲击力。使钢筋笼上浮的顶托力的大小与混凝土浇筑时的势能、速度、流动性、导管底口标高、首批混凝土表面标高及钢筋骨架标高有关。

钢筋上浮的预防措施:混凝土底面接近钢筋骨架时,放慢混凝土浇筑速度;混凝土底面接近钢筋骨架,导管保持较大埋深,导管底口与钢筋骨架底端保持较大距离;混凝土表面进入钢筋骨架一定深度后,提升导管使导管口高于钢筋骨架底端一定距离。

（6）断桩

断桩产生的原因有多种,如导管口拔出混凝土面时,混凝土因坍落度过小在导管内不下落等。出现断桩时,将导管从孔内拔出,看导管内是否堵有混凝土,然后量出导管下口直径尺寸,并以此尺寸用气割割一块厚度为 3~5 mm 的圆形钢板,堵在导管下口,钢板外圈的毛刺磨光,然后用2或3层塑料薄膜包裹钢板和导管下口,再用电工胶布把塑料薄膜缠在导管外壁上,使导管的下部成为一个密封的整体,这样可以用常规的下导管的方法,重新下导管,待导管下口接触到混凝土面时,由于导管自重较轻,再加上浮力,导管口进入混凝土内部的深度不大,此时可用吊车臂向下轻压导管,直至将导管埋置于原混凝土下 2~3 m 处。接下来可按正常浇筑方法继续浇筑。

（二）干作业成孔灌注桩

干作业成孔灌注桩适用于地下水位较低,在成孔深度内无地下水的土质,无须护壁可直接取土成孔。此方法适用于黏性土、粉土、人工填土、中等密实以上的砂土、风化岩层。

1. 主要机具设备

干作业成孔灌注桩常用螺旋钻机或机动洛阳铲成孔。成孔深度为8～20 m，成孔直径为300～600 mm。成孔原理是电动机带动钻杆转动,使螺旋叶片旋转削土,土随螺旋叶片上升排出孔外。

2. 施工工艺流程

干作业成孔灌注桩施工工艺流程为:桩点定位→钻机就位→钻孔→钻至设计标高→清除孔底虚土→成孔质量检查验收→吊放钢筋笼→灌注混凝土。

桩身或桩底扩孔方法为:可在钻杆上换装扩孔刀片,扩底直径为桩身直径的2.5～3.5倍,在设计要求位置形成葫芦桩或扩底桩。孔底虚土厚度要求:摩擦力为主的桩不大于300 mm,端承力为主的桩不大于100 mm。

(三) 沉管灌注桩

套管成孔适用于黏性土、粉土、淤泥质土、砂土及填土。

沉管灌注桩是利用锤击打桩法或振动沉管法将带有钢筋混凝土桩靴(或活瓣式桩尖)的钢桩管沉入土中,然后边拔管边灌注混凝土而成。

1. 主要机具设备

沉管灌注桩的主要机具设备包括振动或锤击装置、桩架、卷扬机、加压装置、桩管、桩尖或钢筋混凝土预制桩靴等。沉管分为锤击沉管和振动沉管。

2. 施工工艺

为了提高桩的质量和承载能力,沉管灌注桩常采用单打法、复打法、反插法等施工工艺。

锤击注桩施工,套管内混凝土应灌满,然后开始拔管。拔管要均匀,第一次拔管高度以能容纳第二次所需的混凝土灌注量为限,拔管时应保持连续密锤低击,并控制拔管速度(一般土层应小于或等于1 m/min,软弱土层及软硬土层交界处应小于或等于0.8 m/min)。当桩的中心距小于或等于5D(D为桩径)或中心距小于或等于2 m时应跳打;中间空出的桩须待邻桩混凝土达到设计强度的50%后,方可施打。

振动灌注桩施工中采用激振器或振动冲击锤沉管,施工时,先安装好桩机,将桩管下活瓣合起,对准桩位,缓慢放下套管,压入土中,保持垂直,即可开动激振器沉管。沉管时须严格控制最后2 min的贯入度。

采用振动沉管灌注桩的反插法施工时,在套管内灌满混凝土后,振动开始再拔管,每次拔管长度为0.5～1.0 m,向下反插0.3～0.5 m。如此反复进行并始终保持振动,直至套管全部拔出。反插能增大桩的截面,提高桩身质量和承载力,宜在软土地基上应用。振动灌注桩的复打与锤击灌桩相同。

3. 施工过程中常见质量问题及处理措施

沉管灌注桩施工过程中常见质量问题主要有断桩、缩颈、吊脚桩、桩靴进水、进泥等。

(1)断桩

产生断桩的原因:桩距过小,邻桩施打时土的挤压所产生的水平推力和隆起上拔力在软硬土层间的传递水平不同,对桩产生剪应力;桩身混凝土终凝不久,强度低。

避免断桩的措施:桩的中心距宜大于3.5倍桩径;减少打桩顺序及桩架行走路线对新打桩的影响;采用跳打法或控制时间法以减少对邻桩的影响。

断桩的处理方法:断桩一经发现,应将断桩拔出,将孔清理干净后,略增大面积或加上铁箍连接,再重新灌注混凝土补做桩身。

(2)缩颈(瓶颈桩)

特点:部分桩径缩小,截面面积不符合要求。

产生缩颈的原因:在含水量大的黏土中沉管时,土体受强烈扰动和挤压,产生很高的孔隙水压力,桩管拔出后,孔隙水压力便作用到新浇筑的混凝土桩上,使桩身发生颈缩现象;拔管过快,混凝土量少,或和易性差,使混凝土出管时扩散差。

避免缩颈的措施:施工中应经常测定混凝土下落情况,发现问题及时纠正,一般可用复打法处理。

(3)吊脚桩

吊脚桩即桩底部混凝土悬空,或混凝土中混进泥沙而形成松软层。

产生吊脚桩的原因:桩靴强度不够,沉管时被破坏变形,水或泥沙进入桩管,或活瓣未及时打开。

避免吊脚桩的措施:拔出桩管,纠正桩靴或将砂回填桩孔后重新沉管。

(4)桩靴进水、进泥

产生桩靴进水、进泥的原因:桩靴活瓣闭合不严,预制桩靴被打破或活瓣变形,常发生在地下水位高的饱和淤泥或粉砂土层中。

避免桩靴进水、进泥的措施:拔出桩管,清除泥沙,整修桩靴活瓣,再用砂回填桩孔后重打,地下水位高时,可待桩管沉至地下水位时,先灌入0.5 m厚的水泥砂浆用作封底,再灌1 m高混凝土增压,然后继续沉管。

三、人工挖孔桩

人工挖孔桩采用人工挖掘方法成孔,成孔后,吊放钢筋笼,浇筑混凝土成桩。人工挖孔桩的桩径一般为800~2 000 mm,最大可达3 500 mm,适用于非软土、流砂及地下水较丰富和水压大的土层。人工挖孔桩的特点:设备简单,施工速度快,土层情况明确,沉渣易清除,施工质量可靠,成本低,但工人井下作业的劳动条件差,必须严格按操作规程施工,制定可靠的安全措施。

(一) 施工工艺

人工挖孔桩的护壁常采用现浇混凝土护壁,也可采用钢护筒或沉井护壁等。

放线定桩位及高程。在场地"三通一平"的基础上,依据建筑物测量控制网的资料和基础平面布置图,测定桩位轴线方格控制网和高程基准点确定好桩位中心,以中点为圆心,以桩身半径加护壁厚度为半径画出上部的圆周,撒石灰线作为桩孔开挖尺寸线。桩位线定好之后,必须经有关部门进行复查,办好预检手续后开挖。

开挖第一节桩孔土方。开挖桩孔应从上到下逐层进行,先挖中间部分的土方,然后扩及周边,有效地控制开挖桩孔的截面尺寸。每节的高度应根据土质好坏、操作条件而定,一般以0.9~1.2 m为宜。

支护壁模板、放附加钢筋。为防止桩孔壁塌方,确保安全施工,成孔应设置井圈,其种类有素混凝土和钢筋混凝土两种。现浇钢筋混凝土井圈能与土壁紧密结合,稳定性和整体性能均佳,且受力均匀,应优先选用。当桩孔直径不大,深度较浅而土质好,地下水位较低时,也可以采用喷射混凝土护壁,护壁的厚度应根据井圈材料、性能、稳定性、操作方便、构造简单等要求,并按受力状况,以最下面一节所承受的土侧压力和地下水侧压力,通过计算确定。护壁模板应拆上节、支下节重复周转使用,模板之间用卡具、扣件连接固定,也可以在每节模板的上下端各设一道圆弧形的用槽钢或角钢做成的内钢圈作为内侧支撑,防止内模受胀力而变形,通常不设水平支撑,以方便操作。第一节护壁以高出地面150~200 mm为宜,便于挡土、挡水。桩位轴线和高程均应标定在第一节护壁上口,护壁厚度一般取100~150 mm。

浇筑第一节护壁混凝土。桩孔护壁混凝土每挖完一节,应立即浇筑混凝土。人工浇筑、人工捣实,混凝土强度一般为C20,坍落度控制在100 mm以内,确保孔壁的稳定性。

检查桩位(中心)轴线及标高。每节桩孔护壁做好以后,必须将桩位十字轴线和标高测设在护壁的上口,然后用十字线对中,吊线坠向井底投设,以半径尺杆检查孔壁的垂直平整度。随之进行修整,井深必须以基准点为依据,逐根进行引测。保证桩孔轴线位置标高、截面尺寸满足设计要求。

架设垂直运输架。第一节桩孔成孔以后,即着手在桩孔上口架设垂直运输支架。支架有钢管吊架、木吊架或工字钢导轨支架等形式。支架要求搭设稳定、牢固。

安装电动葫芦或卷扬机。在垂直运输架上安装滑轮组和电动葫芦或穿卷扬机的钢丝绳,选择适当位置安装卷扬机。对于试桩和小型桩孔,也可以用木吊架、木辘轳或人工直接借助粗麻绳作提升工具。

安装吊桶、照明、活动盖板、水泵和通风机。

开挖吊运第二节桩孔土方(修边)。从第二节开始,利用提升设备运土,桩孔内人员应戴好安全帽、系好安全带。吊桶离开孔口上方 1.5 m 时,推动活动安全盖板,掩蔽孔口,防止卸土的土块、石块等杂物坠落孔内伤人。吊桶在小推车内卸土后,再打开活动盖板,下放吊桶装土。桩孔挖至规定的深度后,用支杆检查桩孔的直径及井壁圆弧度,修整孔壁,上下应垂直平顺。

拆除第一节模板、第二节护壁模板,放附加钢筋。护壁模板可周转使用(拆上节,支下节),如往下孔径缩小,则应配备小块模板进行调整,模板上口留出高度为 100 mm 的混凝土浇筑口,接口处应捣固密实。拆模后用混凝土或砌砖堵严,水泥砂浆抹平,拆模强度应达到 1 MPa。

浇筑第二节护壁混凝土。混凝土用串筒送来,人工浇筑、人工振捣密实,混凝土可由试验确定是否掺入早强剂,以加速混凝土的硬化。

检查桩位(中心)轴线及标高。以桩孔口的定位线为依据,逐节校测,逐层往下循环作业,将桩孔挖至设计深度,清除虚土,检查土质情况,桩底应支承在设计所规定的持力层上。

开挖扩底部分。桩底可分为扩底和不扩底两种情况。挖扩底桩时应先将扩底部位桩身的桩体挖好,再按扩底部位的尺寸、形状自上而下削土扩充至满足设计图纸的要求;如设计无明确要求,扩底直径一般为 $1.5D \sim 3.0D$(D 为桩径)。

检查验收。成孔以后必须对桩身直径、扩头尺寸、孔底标高、桩位中线、井壁垂直度、虚土厚度进行全面测定。做好施工记录,办理隐蔽验收手续。

吊放钢筋笼。钢筋笼放入前应先绑好砂浆垫块,按设计要求一般为 70 mm(钢筋笼四周,在主筋上每隔 3 ~ 4 m 设一个直径为 20 mm 的环作为定位垫块);吊放钢筋笼时,要对准孔位,直吊扶稳、缓慢下沉,避免碰撞孔壁。钢筋笼放到设计位置时,应立即固定,遇有两段钢筋笼连接时,应采用焊接(搭接焊或帮条焊),宜双面焊接,接头数按 50% 错开,以确保钢筋位置正确,保护层厚度符合要求。

浇筑桩身混凝土。桩身混凝土可使用粒径不大于50 mm的石子,坍落度为80～100 mm,机械搅拌,用槽加串筒向桩孔内浇筑混凝土,混凝土的落差大于2 m,桩孔深度超过12 m时,宜采用混凝土导管浇筑。浇筑混凝土时应连续进行,分层振捣密实,一般第一步宜浇筑到扩底部位的顶面,然后浇筑上部混凝土,分层高度依捣固的工具而定,但不宜大于1.5 m。混凝土浇筑到桩顶时,混凝土应适当超过桩顶设计标高,以保证在剔除浮浆后,桩顶标高符合设计要求。桩顶上的钢插铁一定要保持设计尺寸,垂直插入,并有足够的保护层。

(二)施工注意事项

桩孔开挖,当桩净距小于2倍桩径且小于2.5 m时,应采用间隔开挖,排桩跳挖的最小施工净距不得小于4.5 m,孔深不宜大于40 m。

每段挖土后必须吊线检查中心线位置是否正确,桩孔中心线平面位置偏差不宜超过50 mm,桩的垂直度偏差不得超过1%,桩径不得小于设计直径。

防止土壁坍塌及流砂。挖土如遇到松散或流砂土层时,可减少每段开挖深度(取0.3～0.5 m)或采用钢护筒、预制混凝土沉井等作护壁,待穿过此土层后再按一般方法施工。流砂现象严重时,应采用井点降水处理。

浇筑桩身混凝土时,应注意清孔及防止积水,桩身混凝土应一次连续浇筑完毕,不留施工缝。为防止混凝土离析,宜采用串筒来浇筑混凝土,如果地下水穿过护壁流入且流量较大,无法抽干时,则应采用导管法浇筑水下混凝土。

必须制定好安全措施。

第三节　地基与基础工程计量

一、地基处理

(一)计量规范相关说明

项目特征中的桩长应包括桩尖,空桩长度为孔深减桩长,孔深为自然地坪至实际桩底的深度。

水泥搅拌桩包括深层水泥搅拌桩、双轴水泥搅拌桩、三轴水泥搅拌桩等。

注浆地基包括分层注浆和压密注浆,注浆方式包括钻孔、注浆等。

(二) 相关预算定额项目及说明

1. 定额项目的工程量计算规则

填料加固按设计图示尺寸以体积计算。

强夯地基按设计图示强夯处理范围以面积计算。设计无规定时,按建筑物外围轴线每边各加4 m计算。

低锤满拍按实际面积计算。

振冲桩按设计桩截面乘以桩长以体积计算。

沉管灌注砂石桩按设计桩项至桩尖长度加超灌长度(超灌长度设计没有明确其中一段长度的按0.25 m计算)乘以设计桩截面积,以体积计算,不扣除桩尖虚体积。

水泥搅拌桩:①深层水泥搅拌桩、双轴水泥搅拌桩、三轴水泥搅拌桩按设计桩长加0.5 m(设计有明确长度的按设计长度计算)乘以设计桩外径截面积,以体积计算;②空孔部分按设计桩顶标高到自然地坪标高减导向沟的深度(设计未明确深度时按1 m考虑)乘以设计桩截面积,以体积计算;③插拔型钢按设计图示尺寸,以质量计算;④水泥搅拌桩凿桩头按凿桩长度乘桩截面积,以体积计算,套用桩基础工程凿桩头灌注钢筋混凝土桩子目,其中,人工、机械乘以系数0.6。

高压旋喷桩:设计桩长加上超灌长度计算。若设计未明确超灌长度的,桩的超灌长度按0.5 m计算;凿桩头按凿桩长度乘桩截面积,以体积计算,套用桩基础工程凿桩头灌注钢筋混凝土桩子目,其中,人工、机械乘以系数0.6。

注浆地基:①分层注浆钻孔数量按设计图示以钻孔深度计算。注浆数量按设计图纸注明加固土体的体积计算。②压密注浆钻孔数量按设计图示以钻孔深度计算。

注浆数量按下列规定计算:①设计图纸明确加固土体体积的,按设计图纸注明的体积计算;②设计图纸以布点形式图示土体加固范围的,则按两孔间距的1/2作为扩散半径,以布点边线各加扩散半径,形成计算的平面,计算注浆体积;③如果设计图纸注浆点在钻孔灌注桩之间,按两注浆孔的1/2作为每孔的扩散半径,依此圆柱体积计算注浆体积。

2. 相关说明

填料加固:①填料加固定额适用于软弱地基挖土后的换填材料加固工程。②填料加固夯填灰土就地取土时,应扣除灰土配比中的黏土。

强夯地基:①强夯定额中的夯点数,指设计文件规定每百平方米内的夯点数量,若设计文件中夯点数量与定额不同时可按比例换算。②强夯定额的夯击次数指强夯机械就位后,夯锤在同一夯点上下起落次数。③强夯工程量应区分不同夯击能量和夯点密度,按设计图示夯击范围和夯击次数分别计算。④强夯定额按照合理的强夯机具进行编制,已综合考虑强夯锤、钩架等材料摊销费,与实际不同不予调整。⑤设计要求设置防震沟时,按设计要求另行计算。⑥设计要求在夯坑内填充级配碎石,不论就地取材或由场外运碎石填坑,其填运材料费用另行计算。

碎石桩和砂石桩的充盈系数为1.3,损耗率为2%。实测砂石配合比及充盈系数不同时可以调整。其中,沉管灌砂石桩除了上述充盈系数和损耗率外,还包括级配密实系数1.334。

水泥搅拌桩:①深层水泥搅拌桩定额已综合了正常施工工艺需要的重复喷浆(粉)和搅拌。②双轴水泥搅拌桩三轴水泥搅拌桩设计要求全断面套打时,相应定额的人工及机械乘以系数1.5,其余不变。③三轴水泥搅拌围护桩定额按"二搅两喷"的施工工艺编定,已考虑挖1 m深导向沟和技术规程要求对土体上下各一次喷浆搅拌的费用,未包含导向沟的土方及置换出的淤泥外运费用,实际发生时另行计算。④插拔型钢定额已考虑H形钢刷减摩剂和围护桩压顶梁之间的隔离处理费用,H形钢使用费按租赁90 d考虑,实际租赁时间与定额取定的不同时,可以调整。

高压旋喷桩:①高压旋喷桩定额已综合接头处的复喷工料;高压旋喷桩中设计水泥用量与定额不同时可以调整,损耗率为2%;有掺粉煤灰的,按实际配合比计算水泥用量。设计有超灌的,应当将超灌并入工程量内并计算相应砍桩头费用。②高压旋喷桩出现空孔的,空孔套用高压旋喷桩定额后按以下方式进行调整:水泥、高压注浆泵、灰浆搅拌机、电动单级离心清水泵、电动空气压缩机的消耗量为0,人工乘以系数0.5。

注浆地基所用的浆体材料用量应按照设计含量调整。废浆处理及外运按桩基础工程相应子目计算。

二、基坑与边坡支护

(一)计量规范相关说明

土钉置入方法包括钻孔置入、打入或射入等。

(二)相关预算定额项目及说明

1. 定额项目的工程量计算规则

打、拔槽型钢板桩按单根钢板桩全长的理论质量乘以钢板桩根数,以质量计算。

砂浆土钉、砂浆锚杆的钻孔、注浆,按设计文件或经批准的施工组织设计,按钻孔深度以长度计算。

有黏结预应力钢绞线按设计图示尺寸以锚固长度与工作长度的质量之和计算。

锚杆制作安装按锚杆长度,以质量计算。

喷射混凝土支护区分有筋与无筋,按设计文件或经批准的施工组织设计以面积计算。

锚头制作、安装、张拉、锁定按设计图示,以"套"计算。

木、钢挡土板按设计文件或经批准的施工组织设计规定的支挡范围,以面积计算。

袋装土围堰按设计图示尺寸,以体积计算。

人工打圆木桩按设计长度及截面尺寸套相应的材积表,以体积计算。

2. 相关说明

钢板桩:①打拔钢轨,套钢板桩定额,其机械乘以系数0.77,其他不变。②钢板桩定额包括了打拔损耗,未包括钢板桩使用费。钢板桩使用费=钢板桩一次使用量(单位:t)×使用天数(单位:d)×钢板桩使用费标准[元/(t·d)]计算。③导桩及导桩夹木的制作、安装、拆除已包括在相应定额中。④本章定额未包括钢板桩的制作、除锈、刷油。现场制作的钢板桩,其制作执行金属结构工程中钢柱制作相应定额。

挡土板定额分为疏板和密板。疏板是指间隔支挡土板,且板间净空小于等于150 cm的情况;密板是指满堂支挡土板或板间净空小于等于30 cm的情况。

锚杆存在黏结预应力钢绞线定额中锚具型号实际不同时可以调整。

锚孔注浆水泥砂浆配合比不同时,可以按实调整;锚孔二次注浆已含第一次注浆费用,定额按设计水泥含量80 kg/m³编制,设计水泥含量不同时,按实调整水泥用量。

基坑与边坡支护工程如需搭设脚手架的,按砌筑双排脚手架定额规定计算。

三、桩基工程

(一)计量规范相关说明

项目特征中的桩截面、混凝土强度等级、桩类型等可直接用标准图代号或设计桩型进行描述。

预制钢筋混凝土方桩、预制钢筋混凝土管桩项目以成品桩编制,应包括成品桩购置费,如果用现场预制,应包括现场预制桩的所有费用。沉桩长度是指从自然地坪到桩尖之间的长度,实际施工中单桩沉桩长度与清单特征差异在20 m以内的,清单的综合单价不做调整。

打试验桩和打斜桩应按相应项目单独列项,并应在项目特征中注明试验桩或斜桩(斜率)。

(二) 相关预算定额项目及说明

1. 工程量清单项目对应预算定额的主要项目

预制钢筋混凝土方桩:一般对应预算定额的项目有桩身(含制作、运输或外购)、打(压)桩、接桩、送桩等。

预制钢筋混凝土管桩:一般对应预算定额的项目有桩身(外购、运输)、打(压)桩、桩尖焊接、接桩、送桩、管桩填充材料等。

2. 预算定额项目的工程量计算规则

打(压)预制方(管)桩按桩顶面(桩露出地面的按自然地坪面计)至桩底面(包括桩尖)以长度计算。

送预制方(管)桩按桩顶面至自然地坪面加0.5 m,以长度计算。

锚杆静压桩按实际压入长度计算,封桩按桩承台预留口的混凝土量(包括承台面以上和以下的混凝土),以体积计算。

电焊接桩、管桩桩尖焊接,以个计算;硫黄胶泥接桩,以面积计算。

预制混凝土桩截桩头,按设计要求截桩的数量计算。

预制混凝土桩凿桩头,按设计图示截桩面积乘以凿桩头长度,以体积计算。凿桩头长度设计无明确的按桩体高40d(d为桩体主筋直径,主筋直径不同时取大者)计算。

3. 相关说明

定额未包括钢筋混凝土桩身材料费,钢筋混凝土桩身的损耗率为0.5%,不区分现场预制或外购。

定额已包括桩帽、送桩器、桩帽盖、活瓣桩尖、钢管、料斗等金属周转材料;锚杆静压桩定额已包括校正反力架垫铁的摊销量,未包括反力架用的螺栓螺帽,按铁件另计。

采用机械快速连接打压预制管桩,相应打(压)桩定额的人工费乘以系数1.07,接桩材料费另行计算。

如桩身因地质原因露出自然地坪造成桩机不能移位,可另计砍除露明桩身费和桩机停滞台班费用,桩机停滞台班费按一个露明方桩0.094台班、一个露明管桩0.063台班计算。

对预制管桩设计要求填充的空心部分,混凝土、钢筋按实际计算套用混凝土柱、钢筋制安定额,其中底部的薄钢筋托板及固定托板用的钢筋按铁件计算。

在旧建筑物场地上进行打(压)预制方(管)桩,设计或发包人要求用桩机送桩器进行探桩的,探桩套用打(压)桩定额乘以系数0.5。

设计的电焊接桩接头钢材用量与定额的用量不同时,按设计调整。

锚杆静压桩封桩定额已综合砍、凿桩头费,不再另算。

打试验桩的,相应定额人工、机械消耗量乘以系数2.0;该条说明仅适用于打(压)桩、送桩、桩基成孔(包括空孔部分)定额。预制桩接桩、桩尖焊接、封桩、混凝土灌注、泥浆制作、埋设护筒、钢筋笼制作等消耗量均不乘该系数。

在桩间补桩或强夯后的地基上打桩的,相应定额人工、机械消耗量乘以系数1.15。

本章定额以打直桩为准,如打斜桩斜度在1:6以内的,相应定额人工、机械消耗量乘以系数1.25;如斜度大于1:6的,相应定额人工、机械消耗量乘以系数1.43。

本章定额以平地(坡度小于15°)打桩为准,如在堤坡上(坡度大于15°)打桩的,相应定额人工、机械消耗量乘以系数1.15;如在基坑内(基坑深度大于1.5 m)打桩或地坪上打坑槽内(坑槽深度大于1 m)的桩,相应定额人工、机械消耗量乘以系数1.11。

砍(凿)桩头定额已包括现场堆放费用,未包括外弃费用,如有发生按石方外运的规则另行计算。

第三章　钢筋混凝土工程

第一节　模板工程

一、模板工程概述

模板是使混凝土结构和构件按设计的位置、形状、尺寸浇筑成型的模型板。模板系统包括模板和支架两部分:模板的作用是使混凝土成型,形状和尺寸符合设计要求;支架的作用是保证模板的形状和位置正确,能够承受模板和新浇混凝土的重量和施工荷载。模板工程是对模板及其支架的设计、安装、拆除等技术工作的总称,是混凝土结构工程的重要内容之一。模板工程的施工工艺包括选材、选型、设计、制作、安装、拆除、维护和周转。模板材料可以选用钢材、木材、塑料、胶合板、玻璃钢、铝合金,甚至包装泡沫等;支架的材料可以选用钢材、木材等,以钢材为主。

模板在现浇混凝土结构施工中使用量大且面广,每1 m³混凝土工程模板用量高达5 m²,其工程费用占现浇混凝土结构造价的30%~35%,劳动用工量占40%~50%。因此,正确选择模板的材料、类型和合理组织施工,对于保证工程质量、提高劳动生产率、加快施工速度、降低工程成本和实现文明施工,都具有十分重要的意义。

(一) 模板的技术要求

模板设计时必须符合以下要求:①模板及支架应根据施工过程中的各种工况进行设计,应具有足够的承载力和刚度,并应保证其整体稳固性。②模板及支架应保证工程结构和构件各部分形状、尺寸和位置准确,且应便于钢筋安装和混凝土浇筑、养护。③构造简单,安装方便,便于钢筋的绑扎和安装,有利于混凝土的浇筑和养护。④模板接缝严密,不漏浆。

模板及支架宜选用轻质、高强、耐用的材料。连接件宜选用标准定型产品。接触混凝土的模板表面应平整,并应具有良好的耐磨性和硬度;清水混凝土模板的面板材料应能保证脱模后所需的饰面效果。模板与混凝土的接触面应清理干净并涂刷脱模剂,但不得采用影响结构性能或妨碍装饰工程施工的隔离剂。脱模剂应能有效减小混凝土与模板间的吸附力,有一定的成膜强度,且不应影响脱模后混凝土表面的后期装饰。在涂刷脱模剂时,不得玷污钢筋和混凝土接槎处。对于清水混凝土工程及装饰混凝土工程,应使用能达到设计效果的模板。

(二) 模板的类型

模板按所用的材料分为钢模板、胶合板模板、钢木(竹)组合模板、塑料模板、玻璃钢模板、铝合金模板、压型钢板模板、装饰混凝土模板、预应力混凝土薄板模板等。

木模板加工容易,拆装方便,一次投资少,能适应各种尺寸的需要,应用广泛,但周转率低,消耗大量的森林资源。钢模板一次投资大,可多次使用,组合钢模板可以拼装成各种尺寸,适应多种结构形式,构造合理,拆装方便,应用最广。

模板按施工方法划分为装拆式模板、活动式模板、永久性模板等。装拆式模板由预制配件组成,现场组装、拆模后稍加清理和修理可再周转使用,常用的有胶合板模板、组合钢模板,以及大型的工具式定型模板(如大模板、台模、隧道模等)。活动式模板是指按结构的形状制作成工具式模板,组装后随工程的进展而进行垂直或水平移动,直至工程结束才拆除的模板(如滑升模板、提升模板、移动式模板等)。永久性模板则永久附着于结构构件上,并与其成为一体(如压型钢板模板、预应力混凝土薄板模板等)。

模板按结构类型划分为基础模板、柱模板、梁模板、楼板模板、墙模板、楼梯模板、壳模板、烟囱模板、桥梁墩台模板等。

模板按形式分为大模板、滑升模板、胎模、爬模、井模等。现浇混凝土结构中采用高强、耐用、定型化、工具化的新型模板,有利于多次周转使用,安拆方便,是提高工程质量、降低成本、加快进度、取得良好经济效益的重要施工措施。

二、模板的构造和安装

(一) 木模板

木模板通常预先做成两种形式的基本构件:一种是拼板,由 25 mm 厚、宽度小于 200 mm 的木板用 25 mm×35 mm 的拼条钉成。梁底模板因承受荷载较大加厚为 40～50 mm。拼板的大小应与混凝土的尺寸相适应。

另一种是将模板钉在边框上制成一定尺寸的定型板,长度一般为 700～

1 200 mm,宽度为 200~400 mm。模板可用短料制成,刚度较好,不易损坏,利用率高。钢框定型模板包括钢框木胶合板模板和钢框竹胶合板模板。上述两类模板是继组合钢模板后出现的新型模板,两种构造相同。但钢框木胶合板模板成本较高,推广受到限制;而钢框竹胶合板模板是利用国内丰富的竹材资源制成的多层胶合板模板,其成本低、技术性能优良,有利于模板的更新换代和推广应用。

在钢框竹胶合板模板中,用于面板的竹胶合板主要有 3~5 层竹片胶合板、多层竹帘胶合板等不同类型。模板钢框主要由型钢制作,边框上设有连接孔。面板镶嵌在钢框内,并用螺栓或铆钉与钢框固定;当面板损坏时,可将面板翻面使用或更换新面板。面板表面应做防水处理,制作时面板要与边框齐平。钢框竹胶合板有 55 系列(即钢框高 55 mm)和 63、70、75 等系列,其中 55 系列的边框和孔距与组合钢模板相互匹配,可以混合使用。

钢框定型模板具有如下特点:①用钢量少,比钢模板可节省钢材约 1/2;②自重轻,比钢模板轻约 1/3,单块模板面积比同质量钢模板增大 40%,故拼装工作量小,拼缝少;③板面材料的传热系数仅为钢模板的 1/400 左右,故保温性好,有利于冬期施工;④模板维修方便;⑤刚度、强度较钢模板差。目前,钢框定型模板已广泛应用于建筑工程的现浇混凝土基础、柱、墙、梁、板等结构,以及桥梁和市政工程等中,施工效果良好。

(二) 组合钢模板

组合钢模板由钢模板及其配件(支撑件和连接件)组成。组合钢模板是按预定的几种规格、尺寸设计和制作的模板,具有通用性,且拼装灵活,能满足大多数构件几何尺寸的要求,使用时根据构件的尺寸选用相应规格尺寸的定型模板加以组合即可。组合钢模板应符合现行国家标准《组合钢模板技术规范》(GB 50214—2013)和《钢管脚手架扣件》(GB 15831—2006)的规定。

组合钢模板的优点:①组装灵活,通用性强;②装拆方便,节省用工,工效比木模高 2 倍;③成型的混凝土构件尺寸准确、表面光滑、棱角整齐;④周转次数多;⑤节约木材,1 t 钢模板可代替 10 m³ 木材。

组合钢模板一次投资大,要周转 50 次才能收回成本,因此要加强维护保养,加速周转增加使用次数,以提高经济效益。钢模板浇筑的混凝土表面光滑,黏着性差。

1. 钢模板类型

(1)平面模板

平面模板由面板和肋条组成,钢模板板厚有 2.3 mm、2.5 mm 两种,用 A3 钢经过冷轧冲压整体成型工艺制作,边框及肋采用55 mm×2.8 mm的扁钢,边框开有连接孔,孔距均为150 mm,可以横竖拼装,可拼装成以50 mm进级的任何尺寸的模数。钢模板尺寸精确,接缝严密,长度为450~1 500 mm,以150 mm进级,宽度为100~300 mm,以50 mm进级,平面模板用P表示。

平面模板可用于基础、柱、梁、墙等各种结构的平面部位。模板边肋与模板面的距离为55 mm。

(2)转角模板

转角模板的长度与平面模板相同。其中,阴角模板用于墙体和各种构件内角(凹角)的转角部位,规格为150 mm×150 mm和100 mm×150 mm,用E表示;阳角模板用于柱、梁及墙体等外角(凸角)的转角部位,规格为100 mm×100 mm和50 mm×50 mm,用Y表示;连接角模也用于梁、柱、墙体等外角(凸角)的转角部位,规格为50 mm×50 mm,无支设面积,用J表示。

(3)钢模板连接件

组合钢模板的连接件主要有U形卡、L形插销、钩头螺栓、紧固螺栓、对拉螺柱、卡扣件等。相邻模板的拼接均采用U形卡,U形卡安装距离一般不大于300 mm;L形插销插入钢模板端部横肋的插销孔内,以增强两相邻模板接头处的刚度和保证接头处板面平整,钩头螺栓用于钢模板与内外钢楞的连接与紧固,紧固螺栓用于紧固内外钢楞;对拉螺栓用于连接墙壁两侧模板;卡扣件用于钢模板与钢楞或钢楞之间的紧固,并与其他配件一起将钢模板拼装成整体。卡扣件应与相应的钢楞配套使用,按钢楞的不同形状,分为3形卡和蝶形卡。

(4)钢模板支承件

组合钢模板的支承件包括钢楞、支柱、斜撑、柱箍、平面组合式桁架等。

与组合钢模板配合使用的钢管脚手架,钢管直径为48 mm,其相应的扣件有直角扣件、旋转扣件、对接扣件和底座。

2. 组合模板配板原则

钢模板规格型号多,对同一面积的模板可用不同规格的钢模板做出多种方式的排列组合。为使配板设计能提高效率、保证质量,一般应考虑下列原则:①尽量采用规格最大的钢模板(P3015或P3012),使模板总的块数少,减少拼缝,提高钢模板的装拆工效。②应使木材拼补量最少。③合理使用转角模板。对于构造上无特殊要求的转角,可不用阳角模板,一般可用连接角模代替。阳角模板宜用于长度大的转角处、柱头、梁口及其他短边转角部位;如无合适的阳角模板,也可用55 mm的木方代替。④应使支承件布置简单、受力合理。模板的排列尽量采用横排或竖排,不宜采用横竖兼排的方式,否则会使支承件布置困难。⑤在条件允许的情况下,钢模板端头宜错开布置,可使模板整体刚度较好,支承件布置也较方便。

(三) 胶合板模板

胶合板模板目前在土木工程中被广泛应用,按制作材质可分为木胶合板和竹胶合板。该类模板一般为散装散拆式,也存在加工成基本元件(拼板)在现场拼装的情况。胶合板模板拆除后可周转使用,但周转次数不多。

胶合板模板通常是将胶合板钉在木楞上构成的,胶合板厚度一般为12~21 mm,木楞一般采用规格为50 mm×100 mm或100 mm×100 mm的方木,间距为200~300 mm。

胶合板模板具有以下优点:①板幅大、自重轻,既可减少安装工作量,又可使模板的运输、堆放、使用和管理更加方便;②面平整、光滑,可保证混凝土表面平整,用作清水混凝土模板最为理想;③锯截方便,易加工成各种形状的模板,可用作曲面模板;④保温性好,能防止温度变化过快,冬期施工有助于混凝土的养护。

(四) 模板安装方法

模板安装前应认真熟悉设计图纸、有关技术资料和构造大样图,进行模板设计,编制施工方案,做好技术交底,确保施工质量。具体要求如下。

安装模板时,应进行测量放线,准确标定构件的标高、中心轴线、预埋件等位置,并应采取保证模板形状、尺寸和相对位置准确的定位措施。对于竖向构件的模板及支架,应根据混凝土一次浇筑高度和浇筑速度,采取竖向模板抗侧移、抗浮和抗倾覆措施。对于水平构件的模板及支架,应结合不同的支架和模板面板形式,采取支架间、模板间及模板与支架间的有效拉结措施。对于可能承受较大风荷载的模板,应采取防风措施。

模板应按设计图加工、制作。通用性强的模板宜制作成定型模板。模板面板背楞的截面高度宜统一。模板制作与安装时,面板拼缝应严密,防止漏浆。有防水要求的墙体,其模板对拉螺栓中部应设止水片,止水片应与对拉螺栓环焊。

对跨度不小于4 m的梁、板,其模板施工起拱高度宜为梁、板跨度的1/1 000~3/1 000。起拱不得减少构件的截面高度。

应合理选择模板的安装顺序,保证模板的强度、刚度及稳定性。模板安装随着施工的进程进行,其顺序一般为基础→柱或墙→梁→楼板。在同一层施工时,模板安装的顺序是先柱或墙,再梁、板,同时支设。一般情况下,模板应自下而上安装。在安装过程中,应设置临时支撑使模板安全就位,校正后方可进行固定。

模板安装应注意解决与其他工序之间的矛盾,并应互相配合。模板的安装应与钢筋绑扎、各种管线安装密切配合。对预埋管、线和预埋件,应先在模板的相应部位画出位置线,做好标记,然后将其按设计位置进行装配,并应加以固定。对于固定在模板上的预埋件、预留孔和预留洞,均不得遗漏,且应安装牢固、位置准确。

应清理干净模板与混凝土的接触面,并在接触面涂刷脱模剂,脱模剂不得污染钢筋和混凝土接槎处。模板经配板设计、构造设计,以及强度、刚度验算后,即可进行现场安装。为加快工程进度,提高安装质量,加速模板周转率,在起重设备条件允许的情况下,也可将模板预拼成扩大的模板块再吊装就位。浇筑混凝土时,要注意观察模板受荷后的情况,如发现位移、鼓胀、下沉、漏浆、支撑颤动、地基下陷等现象,应及时采取有效措施加以处理。

1. 基础模板

基础的特点是高度小且体积较大。如土质良好,阶梯形基础的最下一级可不用模板而进行原槽浇筑。基础模板一般在现场拼装。拼装时先依照边线安装下层阶梯模板,然后在下层阶梯模板上安装上层阶梯模板。安装时要保证上、下层模板不发生相对位移,并在四周用斜撑撑牢固定。如有杯口还要在其中放入杯口模板。

2. 柱模板

柱的特点是高度大而断面较小,因此柱模板主要解决垂直度、浇筑混凝土时的侧向稳定及抵抗混凝土的侧压力等问题,同时还应考虑方便浇注混凝土、清理垃圾、钢筋绑扎等问题。柱模板安装的顺序:调整柱模板安装底面的标高→拼板就位→安装柱箍→检查并纠偏→设置支撑。

柱模板由四块拼板围成。当采用组合钢模板时,每块拼板由若干块平面钢模板组成,柱模四角用连接角模连接。柱顶梁缺口处用钢模板组合往往不能满足要求,可在梁底标高以下采用钢模板,以上与梁模板接头部分用木板镶拼。

根据配板设计图可将柱模板预拼成单片、L形和整体式三种形式。L形为相邻两拼板互拼一个柱模,由两个L形板块组成;整体式即由四块拼板全部拼成柱的筒状模板,当起重能力足够时,整体式预拼柱模的效率最高。

为了抵抗浇筑混凝土时的侧压力及保持柱断面尺寸不变,必须在柱模板外设置柱箍,其间距视混凝土侧压力的大小及模板厚度须通过设计计算确定。

柱模板底部应留有清理孔,便于清理安装时掉下的木屑垃圾。当柱身较高时,为方便浇筑、振捣混凝土,通常沿柱高每2 m左右设置一个浇筑孔,以保证施工质量。

在安装柱模板时,应采用经纬仪或由顶部用垂球校正其垂直度,并检查其标高位置准确无误后,即用斜撑卡牢固定。当柱高大于或等于4 m时,一般应四面支撑;柱高超过6 m时,不宜单根柱支撑,宜几根柱同时支撑连成构架。对通排柱模板,应先安装两端柱模板,校正固定后再在柱模板项拉通长线校正中间各柱的模板。

3. 梁模板

梁的特点是跨度较大但宽度一般不大,梁高可在1 m以上,工业建筑中有的高达2 m。梁的下面一般架空,因此梁模板既承受竖向压力,又承受混凝土的水平侧压力,这就要求梁模板及其支撑系统具有足够的强度、刚度和稳定性,不致产生超过规范允许的变形。

梁模板安装的顺序:搭设模板支架→安装梁底模板→梁底起拱→安装侧模板→检查校正→安装梁口夹具。

梁模板由钢模板组成。采用组合钢模板时,底模板与两侧模板可用连接角模连接,梁侧模板顶部可用阴角模板与楼板模板相接。两侧模板之间可根据需要设置对拉螺栓,底模板常用门形支架或钢管支架作为模板支撑架。

楼板模板安装完毕后,要测量标高。梁模应测量中央一点及两端点的标高;平板的模板测量支柱上方点的标高。梁底模板标高应符合梁底设计标高;平板模板板面标高应符合模板底面设计标高。如有不符,可打紧支柱下木楔加以调整。安装模板前需先搭设模板支架。支柱(或琵琶撑)安装时应先将其下面的土夯实,放好垫板以保证底部有足够的支撑面积,并安放木楔以便校正梁底标高。支柱间距应符合模板设计要求,当设计无要求时一般不宜大于2 mm;支柱之间应设水平拉杆、剪刀撑,使之互相联结成一个整体,以保持稳定;水平拉杆离地面500 mm处设一道,以上每隔2 m设一道。当梁底距地面高度大于6 m时,宜搭设排架支撑,或满堂钢管模板支撑架;对于上、下层楼板模板的支柱,应安装在同一条竖向中心线上,或采取措施保证上层支柱的荷载能传递至下层的支撑结构上,以防止压裂下层构件。为防止浇筑混凝土后梁跨中底模下垂,当梁的跨度大于或等于4 m时,应使梁底模中部略为起拱,如设计无规定,起拱高度宜为全跨长度的1/1 000～3/1 000。起拱时可用千斤顶顶高跨中支柱,打紧支柱下楔块或在横楞与底模板之间加垫块。

梁底模板可采用钢管支托或桁架支托。支托间距应根据荷载计算确定。

采用桁架支托时,桁架之间应设拉结条,并保持桁架垂直。梁侧模可利用夹具夹紧,间距一般为600~900 mm。当梁高在600 mm以上时,侧模方向应设置穿通内部的拉杆,并应增加斜撑以抵抗混凝土侧压力。

梁模板安装完毕后,应检查梁口平直度、梁模板位置及尺寸,再吊入钢筋骨架,或在梁板模板上绑扎好钢筋骨架后落入梁内,梁柱节点的模板宜在钢筋安装后安装。当梁较高或跨度较大时,可先安装一面侧模,待钢筋绑扎完后再安装另一面侧模进行支撑,最后安装好梁口夹具。对于圈梁,由于其断面小但长度较长,一般除窗洞口及某些个别处架空外,其他部位均设置在墙上。故圈梁模板主要由侧模和固定侧模用的卡具组成,底模仅在架空部分使用。如架空跨度较大,也可用支柱(或琵琶撑)支撑底模。

4. 楼板模板

板的特点是面积大而厚度一般不大,因此模板承受的侧压力很小。楼板模板及其支撑系统主要是抵抗混凝土的竖向荷载和其他施工荷载,保证模板不变形下垂。楼板模板安装的顺序:复核板底标高→搭设模板支架→铺设模板。楼板模板采用钢模板时,由平面模板拼装而成,其周边用阴角模板与梁或墙模板相连接。楼板模板可用钢楞及支架支撑,或者采用平面组合式桁架支撑,以扩大板下施工空间。模板的支柱底部应设通长垫板及木楔找平。挑檐模板必须撑牢拉紧,防止向外倾覆,确保施工安全。楼板模板预拼装面积不宜大于20 m²,如楼板的面积过大,则可分片组合安装。

5. 墙模板

墙的特点是高度大而厚度小,其模板主要承受混凝土的侧压力,因此必须加强墙体模板的刚度,并保证其垂直度和稳定性,以确保模板不变形和发生位移。墙模板安装的顺序:模板基底处理→弹出中心线和两边线→模板安装→加撑头及对拉螺栓→校正→固定斜撑。

墙模板由两片模板组成,用对拉螺栓保持模板之间的间距。

墙模板用组合钢模板拼装时,钢模板可横拼也可竖拼;可预拼成大板块吊装也可散拼,即按配板图由一端向另一端,自下而上逐层拼装;如墙面过高,还可分层组装。在安装时,首先沿边线抹水泥砂浆做好安装墙模板的基底处理,弹出中心线和两边线,然后开始安装。墙的钢筋可以在模板安装前绑扎,也可以在安装好一侧的模板后设立支撑,绑扎钢筋,再竖立另一侧模板。为了保持墙体的厚度,墙板内应加撑头及对拉螺栓。对拉螺栓孔需在钢模板上画线钻孔,板孔位置必须准确平直,不得错位;为使预拼时对拉螺孔不错位,板端均不错开;拼装时不允许斜拉、硬顶。模板安装完毕后在顶部用线坠吊直,并拉线找平后固定斜撑。

6. 楼梯模板

楼梯模板由梯段底模、外帮侧模和踏步模板组成。楼梯模板的安装顺序：安装平台梁及基础模板→安装楼梯斜梁或梯段底板模板→楼梯外帮侧模→安装踏步模板。

楼梯模板施工前应根据设计放样，外帮侧模应先弹出楼梯底板厚度线，并画出踏步模板位置线。踏步高度要均匀一致，特别要注意在确定每层楼梯的最下一步及最上一步高度时，必须考虑到楼地面面层的厚度，防止面层厚度不同造成踏步高度不协调。在外帮侧模和踏步模板安装完毕后，应钉好固定踏步模板的挡木。

（五）支架安装方法

支架立柱和竖向模板安装在土层上时，应符合下列规定：①应设置具有足够强度和支承面积的垫板。②土层应坚实，并应有排水措施；对湿陷性黄土、膨胀土，应有防水措施；对冻胀性土，应有防冻胀措施。③对软土地基，必要时可采用堆载预压的方法调整模板面板安装高度。与通用钢管支架匹配的专用支架，应按图加工、制作。搁置于支架顶端可调托座上的主梁，可采用木方、木工字梁或截面对称的型钢制作。

支架的竖向斜撑和水平斜撑应与支架同步搭设，支架应与成型的混凝土结构拉结。钢管支架的竖向斜撑和水平斜撑的搭设，应符合国家现行有关钢管脚手架标准的规定。安装上层模板及其支架时，下层楼板应具有承受上层荷载的承载能力，否则应加设支架。对现浇多层、高层混凝土结构，上、下楼层模板支架的立杆宜对准。模板及支架杆件等应分散堆放。

1. 扣件式钢管模板支架

采用扣件式钢管作模板支架时，支架搭设应符合下列规定。①模板支架搭设所采用的钢管、扣件规格，应符合设计要求：立杆纵距、立杆横距、支架步距以及构造要求，应符合专项施工方案的要求。②立杆纵距、立杆横距不应大于 1.5 m，支架步距不应大于 2.0 m；立杆纵向和横向宜设置扫地杆，纵向扫地杆距立杆底部不宜大于 200 mm，横向扫地杆宜设置在纵向扫地杆的下方；立杆底部宜设置底座或垫板。③立杆接长除顶层步距可采用搭接外，其余各层步距接头应采用对接扣件连接，两个相邻立杆的接头不应设置在同一步距内。④立杆步距的上、下两端应设置双向水平杆，水平杆与立杆的交错点应采用扣件连接，双向水平杆与立杆的连接扣件之间的距离不应大于 150 mm。⑤支架周边应连续设置竖向剪刀撑。支架长度或宽度大于 6 m 时，应设置中部纵向或横向的竖向剪刀撑，剪刀撑的间距和单幅剪刀撑的宽度均不宜大于 8 m，剪刀撑与水平杆的夹角宜为45°～60°;支架高度大于3倍步距时,支架顶部宜设置一道水平剪刀撑,剪刀撑应延伸至周边。⑥立杆、水平杆、剪刀撑的搭接长度,不应小于0.8 m,且不应少于2个扣件连接,扣件盖板边缘至杆端不应小于100 mm。⑦扣件螺栓的拧紧力矩不应小于40 N·m、不应大于65 N·m。⑧支架立杆搭设的垂直偏差不宜大于1/200。

2. 扣件式钢管高大模板支架

采用扣件式钢管作高大模板支架时,支架搭设除应符合普通模板支架规定外,尚应符合下列规定:①宜在支架立杆顶端插入可调托座,可调托座螺杆外径不应小于36 mm,螺杆插入钢管的长度不应小于150 mm,螺杆伸出钢管的长度不应大于300 mm,可调托座伸出顶层水平杆的悬臂长度不应大于500 mm。②立杆纵距、横距不应大于1.2 m,支架步距不应大于1.8 m。③立杆顶层步距内采用搭接时,搭接长度不应小于1 m,且不应少于3个扣件连接。④立杆纵向和横向应设置扫地杆,纵向扫地杆距立杆底部不宜大于200 mm。⑤宜设置中部纵向或横向的竖向剪刀撑,剪刀撑的间距不宜大于5 m;沿支架高度方向搭设的水平剪刀撑的间距不宜大于6 m。⑥立杆的搭设垂直偏差不宜大于1/200,且不宜大于100 mm。⑦应根据周边结构的情况,采取有效的连接措施加强支架整体稳固性。

3. 碗扣式、盘扣式或盘销式模板支架

采用碗扣式、盘扣式或盘销式钢管架作模板支架时,支架搭设应符合下列规定:①碗扣架、盘扣架或盘销架的水平杆与立柱的扣接应牢靠,不应滑脱。②立杆上的上、下层水平杆间距不应大于1.8 m。③插入立杆顶端可调托座伸出顶层水平杆的悬臂长度不应大于650 mm,螺杆插入钢管的长度不应小于150 mm,其直径应满足与钢管内径间隙不大于6 mm的要求。架体最顶层的水平杆步距应比标准步距缩小一个节点间距。④立柱间应设置专用斜杆或扣件钢管斜杆加强模板支架。

采用门式钢管架搭设模板支架时,应符合现行行业标准《建筑施工门式钢管脚手架安全技术标准》(JGJ/T 128—2019)的有关规定。当支架高度较大或荷载较大时,主立杆钢管直径不宜小于48 mm,并应设水平加强杆。

三、模板工程施工设计

模板工程施工前应作模板放线图和配板图指导施工。

(一)模板放线图

建施图尺寸是装饰后的尺寸和标高,结施图尺寸是承重结构中心线和边线的尺寸和标高。施工所需的尺寸(如梁底标高、梁净长),需要施工人员另行计算。

模板放线图的作用是减少差错,作为模板放线、安装和质量检查的依据。在绘制过程中,若发现原设计图错误,应予以纠正。

模板放线图即每层模板安装后的平面图。应根据施工时模板放线的需要,将各有关图纸中对模板施工有用的尺寸综合起来,绘制在同一个图中。一般只画平面图,标高为相对标高。

(二) 模板的配板设计

木拼板组装模板:木工根据模板放线图要求拼装模板。

定型木模板和组合钢模板:进行配板设计,画出配板图,以便备料、安装。

配板设计的要求:①根据模板放线图画出模板面展开图,从构件平面图的左下角开始,以逆时针方向将构件模板面展开。②在展开面上配板,绘制配板图。配板就是根据模板展开图的形状和尺寸,选用适当的模板布置在模板面展开图上。③根据配板图进行支撑件的布置。④列出模板和配件的规格和数量清单、面积比例。

模板系统的设计,包括选型、选材、荷载计算、结构计算、拟订制作安装和拆除方案及绘制模板图等。模板及其支架的设计应根据工程结构形式、荷载大小、地基土类别、施工设备、材料供应等条件进行。

(三) 钢模板配板的设计原则

钢模板的配板设计除应满足前述模板的各项技术要求以外,还应遵守以下原则:①配制模板时,应优先选用通用、大块模板,使其种类和块数最少,木模镶拼量最少。为了减少钢模板的钻孔损耗,设置对拉螺栓的模板可在螺栓部位改用规格为 55 mm×100 mm 的刨光方木代替,或使钻孔的模板能多次周转使用。②模板长向拼接宜错开布置,以增加模板的整体刚度。③内钢楞应垂直于模板的长度方向布置,以直接承受模板传来的荷载;外钢楞应与内钢楞相互垂直,承受内钢楞传来的荷载并加强模板结构的整体刚度和调整平整度,其规格不得低于内钢楞。④当模板端缝齐平布置时,每块钢模板应有两处钢楞支承;错开布置时,其间距可不受端部位置的限制。⑤支承柱应有足够的强度和稳定性,一般支柱或其节间的长细比宜小于110;对于连续形式或排架形式的支承柱,应配置水平支撑和剪刀撑,以保证其稳定性。

四、模板结构设计

模板结构设计的内容包括选型、选材、荷载计算、结构设计、绘制模板施工图,以及拟订制作、安装、拆除方案。模板及支架的形式和构造应根据工程结构形式、荷载大小、地基土类别、施工设备、材料供应等条件确定。

模板及支架结构设计应包括下列内容:①模板及支架的选型及构造设计。②模板及支架上的荷载及其效应计算。③模板及支架的承载力、刚度验算。④模板及支架的抗倾覆验算。⑤绘制模板及支架施工图。

模板及支架的设计应符合下列规定:①模板及支架的结构设计宜采用以分项系数表达的极限状态设计方法。②模板及支架的结构分析中所采用的计算假定和分析模型,应有理论或试验依据,或经工程验证可行。③模板及支架应根据施工过程中各种受力工况进行结构分析,并确定其最不利的作用效应组合。④承载力计算应采用荷载基本组合,变形验算可仅采用永久荷载标准值。

五、模板的拆除

(一) 模板拆除时混凝土的强度

模板拆除取决于混凝土的强度、结构性质、混凝土硬化时的温度、混凝土所用材料(水泥和外加剂)、养护条件等。合理掌握模板的拆除时间和方法,有利于保证混凝土的质量,提高模板的周转使用次数,保证施工和结构的安全。当混凝土强度能保证其表面及棱角不受损伤时,方可拆除侧模。混凝土的拆模时间可根据有关试验资料确定。除达到强度要求外,应对已拆除侧模的结构构件进行检查,确认无影响结构性能的缺陷,而结构又有足够的承载能力后,始准拆除承重模板及其支架。

1. 现浇构件的拆除时间

不承重的模板(侧模),在不损坏其表面和棱角时可以拆除;承重的模板(底模),在混凝土达到规定强度后方可拆除。多个楼层间连续支模的底层支架拆除时间,应根据连续支模的楼层间荷载分配和混凝土强度的增长情况确定。

2. 预制构件的拆模时间

后张预应力混凝土结构构件,侧模宜在预应力筋张拉前拆除;底模及支架不应在结构构件建立预应力前拆除。

已拆除模板的结构,应在混凝土达到设计强度等级后允许承受全部计算荷载。承受的施工荷载较大时,应进行验算,必要时加设临时支撑,尤其应注意多层框架结构。

模板和支架的拆除是混凝土工程施工的最后一道工序,与混凝土质量及施工安全有着十分密切的关系。现浇混凝土结构的模板及其支架拆除时的混凝土强度应符合如下规定：①侧模应在混凝土强度能保证其表面及棱角不因拆模而受损伤时，方可拆除。②已拆除模板及其支架的结构，应在混凝土强度达到设计的混凝土强度等级后，承受全部使用荷载。当施工荷载所产生的效应比使用荷载的效应更为不利时，必须经过验算，加设临时支撑，方可施加施工荷载。

拆下的模板及支架杆件不得抛掷，应分散堆放在指定地点，并应及时清运。模板拆除后应将其表面清理干净，对变形和损伤部位应进行修复。

(二) 模板拆除的顺序和方法

模板拆除时，可采取先支的后拆、后支的先拆，先拆非承重模板、后拆承重模板，先侧板、后底板的顺序，并应从上而下进行拆除。框架结构拆模顺序：柱→楼板→梁侧板→梁底板。大型结构必须有详细的拆除方案。

框架结构的拆模顺序和方法如下。

1. 柱模板

先柱箍及对拉螺栓，然后拆除四片模板。

拆除时要将模板的上端用绳系在梁或楼板模的支架上，用拉钩钩住插销孔拉出，不得用撬棍撬伤模板。拉不下时，可伴随木槌或塑料槌敲击。

2. 楼板模板

先放低支架（调节螺旋、打掉楔块），拆掉部分楞木，然后逐块拆除模板，用绳子吊送至楼（地）面。严禁整块拆除、先拆支架、往下抛模板。

3. 梁模板

先侧模，后底模。侧模拆除时，拆下支撑和对拉螺栓，木模可整片拆下，钢模逐块拆下。底模的拆除是先降低支架或打掉楔块，使其降到支架上，整片（木模）或逐块（钢模板）拆除。

4. 楼梯模板

拆除顺序：梯级板→梯级侧板→梯板侧板→梯板底板。

模板的拆除，除逐块拆除外，可以整块吊走清理后使用，此操作可以减少拼装用工。拆除后的模板应及时清理，刷隔离剂，分类堆放，以备使用。

模板拆除应按一定的顺序进行。一般应遵循先支后拆、后支先拆，先拆除非承重部位、后拆除承重部位，以及自上而下的原则。重大复杂模板的拆除，事前应制定拆除方案。

5. 模板拆除应注意的问题

模板拆除时，操作人员应站在安全处，以免发生安全事故；待该片（段）模板全部拆除后,方可将模板、配件、支架等运出,进行堆放。

模板拆除时不要用力过猛、过急,严禁用大锤和撬棍硬砸硬撬,以避免混凝土表面或模板受到损坏。

模板拆除时,不应对楼层形成冲击荷载。拆下的模板及配件严禁抛扔,要有人接应传递,并按指定地点堆放;要做到及时清理、维修和涂刷好隔离剂,以备待用。

多层楼板施工时,若上层楼板正在浇筑混凝土,下一层楼板模板的支柱不得拆除,再下一层楼板模板的支柱,仅可拆除一部分;跨度 4 m 及 4 m 以上的梁下均应保留支柱,其间距不得大于 3 m。

冬期施工时,模板与保温层应在混凝土冷却至 5 ℃后进行拆除。当混凝土与外界温差大于 20 ℃时,模板拆除后应对混凝土表面采取保温措施,如加设临时覆盖,使其缓慢冷却。

在拆除模板过程中,如发现混凝土出现异常现象,可能影响混凝土结构的安全和质量问题时,应立即停止模板拆除,并经处理认证后,再继续模板拆除。

六、其他模板形式

(一) 大模板

大模板在建筑、桥梁及地下工程中应用广泛,是指大尺寸的工具式模板,如一块墙面用一块大模板。因为其质量大,装拆皆需起重机械吊装,可提高机械化程度,减少用工量和缩短工期。适用于剪力墙和筒体体系的高层建筑、桥墩及筒仓。

大模板一般由面板、加劲肋、竖楞、穿墙螺栓、支撑桁架、稳定机构、操作平台、穿墙螺栓等组成,是一种用于现浇钢筋混凝土墙体的大型工具式模板。面板是直接与混凝土接触的部分,多采用钢板制成。加劲肋的作用是固定面板,并把混凝土产生的侧压力传给竖楞。加劲肋可做成水平肋或垂直肋,与金属面板以点焊固定。竖楞的作用是加强大模板的整体刚度,承受模板传来的混凝土侧压力,竖楞通常用 65 号或 80 号槽钢成对放置,两槽钢间留有空隙,以通过穿墙螺栓,竖楞间距一般为 200 ~ 1 000 mm。穿墙螺栓则是承受竖楞传来侧压力的主要受力构件。支撑桁架用螺栓或焊接与竖楞连接,其作用是承受风荷载等水平力,防止大模板倾覆,桁架上部可搭设操作平台。稳定机构为大模板两端桁架底部伸出的支腿,其上设置螺旋千斤顶,在模板使用阶段用以调整模板的垂直度,并把作用力传递到地面或楼面上;在模板堆放时用来调整模板的倾斜度,以保证模板稳定。操作平台是施工人员操作的场所,有两种做法:

①将脚手板直接铺在桁架的水平弦杆上,外侧设栏杆,其特点是工作面小、投资少、装拆方便;②在两道横墙之间的大模板的边框上用角钢连接成为搁栅,再满铺脚手板,其特点是施工安全,但耗钢量大。

大模板在高层剪力墙结构施工中应用非常广泛,配以吊装机械通过合理的施工组织进行机械化施工,其特点是:①强度、刚度大,能承受较大的混凝土侧压力和其他施工荷载;②钢板面平整光洁,易于清理,且模板拼缝极少,有利于提高混凝土表面的质量;③重复利用率高,一般周转次数在200次以上;④质量大、耗钢量大、不保温。

(二) 滑升模板

滑升模板是一种工业化模板,用于现场浇筑高耸构筑物和建筑物等竖向结构,如烟囱、筒仓、高桥墩、电视塔、竖井、沉井、双曲线冷却塔、高层建筑等。

施工特点:在构筑物或建筑物底部,沿其墙、柱、梁等构件的周边组装高1.2 m左右的滑升模板,随着向模板内不断分层浇筑混凝土,用液压提升设备使模板不断地沿埋在混凝土中的支承杆向上滑升,直到需要浇筑的高度为止。

滑升模板主要由模板系统、操作平台系统、液压提升系统几部分组成。模板系统包括模板、围圈、提升架;操作平台系统包括操作平台(平台桁架和铺板)和吊脚手架;液压提升系统包括支承杆、液压千斤顶、液压控制台、油路系统。

滑升模板施工的特点是:①可以大大节约模板和支撑材料;②减少支、拆模板用工,加快施工速度;③由于混凝土连续浇筑,可保证结构的整体性;④模板一次性投资多、耗钢量大;⑤对建筑物立面造型和结构断面变化有一定的限制;⑥施工时宜连续作业,施工组织要求较严。

(三) 爬升模板

爬升模板是在下层墙体混凝土浇筑完毕后,利用提升装置将模板自行提升到上一个楼层,然后浇筑上一层墙体的垂直移动式模板。爬升模板由模板、提升架和提升装置3部分组成。

爬升模板采用整片式大平模,模板由面板及肋组成,不需要支撑系统;提升设备可采用电动螺杆提升机、液压千斤顶或导链。爬升模板将大模板工艺和滑升模板工艺相结合,既保持了大模板施工墙面平整的优点,又保持了滑模利用自身设备使模板向上提升的优点,即墙体模板能自行爬升而不依赖塔吊。爬升模板适于高层建筑墙体、电梯井壁、管道间混凝土墙体的施工。

(四) 台模

台模是浇筑钢筋混凝土楼板的一种大型工具式模板。在施工中可以整体脱模和转运,利用起重机从浇筑完的楼板下吊出,转移至上一楼层,中途不再落地,所以也称"飞模"。台模按支撑形式分为支腿式和无支腿式。无支腿式台模悬挂于墙上或柱顶。支腿式台模由面板、檩条、支撑框架等组成。面板是直接接触混凝土的部件,可采用胶合板、钢板、塑料板等,其表面应平整光滑,具有较高的强度和刚度。支撑框架的支腿可伸缩或折叠,底部一般带有轮子,以便移动。单座台模面板的面积有 2～6 m² 和 60 m² 以上。台模自身整体性好,浇出的混凝土表面平整,施工进度快,适于各种现浇混凝土结构的小开间、小进深楼板。

(五) 隧道模

隧道模是将楼板和墙体一次支模的一种工具式模板,相当于将台模和大模板组合起来,用于墙体和楼板的同步施工。隧道模有整体式和双拼式 2 种。整体式隧道模自重大、移动困难,现应用较少;双拼式隧道模在"内浇外挂"和"内浇外砌"的高层、多层建筑中应用较多。

双拼式隧道模由两个半隧道模和一道独立模板组成,独立模板的支撑一般也是独立的。在两个半隧道模之间加一道独立模板的作用:①其宽度可以变化,使隧道模适应于不同的开间;②在不拆除独立模板及支撑的情况下,两个半隧道模可提早拆除,加快周转。半隧道模的竖向墙模板和水平楼板模板间用斜撑连接,在模板的长度方向,沿墙模板底部设行走轮和千斤顶。模板就位后千斤顶将模板顶起,行走轮离开地面,施工荷载全部由千斤顶承担;脱模时松动千斤顶,在自重作用下半隧道模下降脱模,行走轮落到楼板下,可移出楼面,吊升至下一楼层继续施工。

(六) 早拆模板体系

早拆模板体系是为实现早期拆除楼板模板而采用的一种支模装置和方法,其工艺原理实质上是"拆板不拆柱"。早拆支撑利用柱头、立柱和可调支座组成竖向支撑系统,支撑于上下层楼板之间。

拆模时使原设计的楼板处于短跨(立柱间距小于 2 m)的受力状态,即保持楼板模板跨度不超过相关规范所规定的拆模跨度要求。这样,当混凝土强度达到设计强度的 50%(常温下 3～4 d)时即可拆除楼板模板及部分支撑,而柱间、立柱及可调支座仍保持支撑状态。当混凝土强度增大到足以在全跨条件下承受自重和施工荷载时,再拆去全部竖向支撑。该类施工技术的模板与支撑用量少、投资小、工期短、综合效益显著,所以目前正在大力发展并逐步完善该施工技术。在早拆模板支撑体系中,关键的部件是早期柱头。柱头顶板尺寸为50~150 mm,可直接与混凝土接触,两侧梁托可挂住支撑梁的端部,梁托附着在方形管上。方形管可以上下移动115 mm;方形管在上方时,可通过支撑板锁住梁托,用锤敲击支撑板则梁托随方形管下落。可调支座插入立柱的下端,与地面(楼面)接触,用于调节立柱的高度,可调范围为0~50 mm。

第二节　钢筋工程

一、钢筋的种类

(一) 钢筋的分类

钢筋的种类很多,土木工程中常用的钢筋,一般可按以下几方面分类。

土木工程用钢材分为钢筋、钢丝和钢绞线。

钢筋按化学成分可分为碳素钢筋和普通低合金钢筋。碳素钢筋按含碳量多少又可分为低碳钢筋〔含碳量(质量分数,下同)低于0.25%〕、中碳钢筋(含碳量为0.25%~0.7%)和高碳钢筋(含碳量为0.7%~1.4%)。普通低合金钢筋是在低碳钢和中碳钢的成分中加入少量合金元素得到的,如钛、钒、锰等,其含量一般不超过总量的3%,以便获得强度高和综合性能好的钢种。

钢筋按屈服强度(MPa)分为300级、400级、500级和600级。钢筋级别越高,其强度及硬度越高,但塑性越低。为了便于识别,在不同级别的钢材端头涂有不同颜色的油漆。

钢筋按轧制外形可分为光圆钢筋和变形钢筋(月牙形、螺旋形、人字形钢筋)。钢筋按供货形式可分为盘圆钢筋(直径不大于10 mm)和直条钢筋(直径12 mm及以上)。直条钢筋长度一般为6~12 m,根据需方要求也可按订货尺寸供应。钢筋按直径大小可分为钢丝(直径为3~5 mm)、细钢筋(直径为6~10 mm)、中粗钢筋(直径为12~20 mm)和粗钢筋(直径大于20 mm)。

普通钢筋混凝土结构中常用的钢筋按生产工艺可分为热轧钢筋、冷轧带肋钢筋、冷轧扭钢筋、余热处理钢筋、精轧螺纹钢筋等。

1. 热轧钢筋

热轧钢筋是经热轧成型并自然冷却的成品钢筋,按生产工艺分为普通热轧钢筋、细晶粒热轧钢筋,按照外形分为热轧光圆钢筋和热轧带肋钢筋。目前HRB400级钢筋成为现浇混凝土结构的主导钢筋。

2. 冷轧带肋钢筋

冷轧带肋钢筋是由热轧圆盘钢筋经冷轧后,在其表面带有沿长度方向均匀分布的三面或二面横肋的钢筋。冷轧带肋钢筋按延性高低分为两类:冷轧带肋钢筋和高延性冷轧带肋钢筋。

冷轧带肋钢筋牌号分为CRBS50、CRB650、CRB800、CRB600H、CRB680H和CRB800H六个牌号。CRB550、CRB600H和CRB680H为普通钢筋混凝土用钢筋,公称直径为4~12 mm;CRB650、CRB800和CRB800H为预应力混凝土用钢筋,公称直径为4 mm、5 mm和6 mm;CRB680H也可作为预应力混凝土用钢筋使用。

普通混凝土用钢筋进行弯曲试验时,受弯曲部位表面不得产生裂纹。

3. 冷轧扭钢筋

冷轧扭钢筋也称冷轧变形钢筋,是将低碳钢热轧圆盘钢筋经专用钢筋冷轧扭机调直、冷轧并冷扭一次成型,具有规定截面形状和节距的连续螺旋状钢筋。冷轧扭钢筋具有较高的强度和足够的塑性性能,且与混凝土联结性能优异,用于工程建设中一般可节约钢材30%以上的钢材,经济效益更好。

4. 余热处理钢筋

余热处理钢筋是热轧成型后立即穿水,进行表面控制冷却,然后利用芯部余热自身完成回火处理所得的成品钢筋。钢筋表面形状为月牙肋,强度代号为RRB400、RRB400W和RRB500,钢筋级别为I级,公称直径为8~25 mm或28~40 mm。按弯心直径弯曲180°后,钢筋受弯曲部位表面不得产生裂纹。反向弯曲试验的弯心直径比弯曲试验相应增加一个钢筋直径,正向弯曲90%后再反向弯曲20°,经反向弯曲试验后的钢筋受弯曲部位表面不得产生裂纹。

5. 预应力混凝土用螺纹钢筋

预应力混凝土用螺纹钢筋是用热轧方法在整根钢筋表面上轧出不带纵肋螺纹外形的钢筋。其接长用连接器,端头锚固连接用螺母。钢筋的公称直径为15~75 mm,标准推荐的钢筋公称直径为25 mm和32 mm,可根据用户要求提供其他规格的钢筋。如无特殊要求,只进行初始力为70%实际最大力F_{ma}的松弛试验,允许使用推算法进行120 h松弛试验确定1 000 h松弛率。

(二) 钢筋进场的验收

钢筋进场时,应有产品合格证和出厂检验报告,并按品种、批号及直径分批验收。验收内容包括钢筋标牌和外观检查,并按有关规定抽取试件进行钢筋性能检验。钢筋性能检验又分为力学性能检验和化学成分检验。

1. 外观检查

应对钢筋进行全数外观检查。检查内容包括钢筋是否平直、有无损伤,表面是否有裂纹、油污及锈蚀等。密折过的钢筋不得敲直后用作受力钢筋使用,钢筋表面不应有影响钢筋强度和锚固性能的锈蚀或污染。

常用钢筋的外观检查要求:热轧钢筋表面不得有裂缝、结疤和折叠,表面凸坎不得超过横肋的最大高度,外形尺寸应符合规定;对热处理钢筋,表面无肉眼可见的裂纹、结疤、折叠,如有凸块,则不得超过横肋高度,表面不得沾有油污;对冷轧扭钢筋,要求其表面光滑,不得有裂纹、折叠夹层等,也不得有深度超过0.2 mm的压痕或凹坑。

2. 钢筋性能检验

(1)进场复验

应按《钢筋混凝土用钢 第2部分:热轧带肋钢筋》(GB/T 1499.2—2018)、《钢筋混凝土用钢 第1部分:热轧光圆钢筋》(GB/T 1499.1—2017)、《钢筋混凝土用余热处理钢筋》(GB 13014—2013)、《预应力混凝土用螺纹钢筋》(GB/T 20065—2016)等标准的规定,抽取试件做力学性能检验,其质量必须符合有关标准的规定。

在做钢筋力学性能检验时,应从每批钢筋中任选2根,每根截取2个试件分别进行批次试验(包括屈服点、抗拉强度和断后伸长率的测定)和冲弯试验。如有一项检验结果不符合规定,则应从同一批钢筋中另取双倍数量的试件重做各项检验;如果仍有1个试件不合格,则该批钢筋为不合格产品,应不予验收或降级使用。

(2)满足抗震设防要求

对按一、二、三级抗震等级设计的框架和斜撑构件(含梯段)中的纵向受力普通钢筋应采用HRB400E、HRB500E、HRBF400E或HRBF500E钢筋,其强度和最大力下总断后伸长率的实测值应符合下列规定:①抗拉强度实测值与屈服强度实测值的比值不应小于1.25;②屈服强度实测值与屈服强度标准值的比值不应大于1.30;③最大力下总断后伸长率不应小于9%。

当发现钢筋脆断、焊接性能不良或力学性能显著不正常等现象时,应对该批钢筋进行化学成分检验或其他专项检验。

二、钢筋的加工

钢筋加工有调直、除锈、冷拉、冷拔、下料剪切、连接、弯曲等工序。

(一) 钢筋除锈

钢筋由于保管不善或存放过久,其表面会结成一层铁锈,铁锈严重将影响钢筋和混凝土的黏结力,并影响到构件的使用效果,因此在使用前应清除干净。钢筋的除锈可在钢筋的冷拉或调直过程中完成(直径 12 mm 以下的钢筋),也可用电动除锈机除锈,还可采用手工除锈(用钢丝刷、砂盘)、喷砂除锈、酸洗除锈等。

钢筋除锈方法有钢丝刷、机动钢丝刷、喷砂和砂堆中往复拉。冷拉钢筋无须再除锈。对于有颗粒和片状老锈的钢筋,除锈后有严重麻坑、蚀孔的钢筋,均不得使用。

(二) 钢筋调直

钢筋调直方法有冷拉调直、调直机调直(4~14 mm)、锤直和扳直(粗钢筋)。冷拉调直时,Ⅰ 级钢筋冷拉率小于4%,Ⅱ 级和 M 级钢筋冷拉率小于1%。

细钢筋一般采用机械调直,可选用钢筋调直机、双头钢筋调直联动机或数控钢筋调直切断机。

机械调直机具有钢筋除锈、调直和切断3项功能,并可在一次操作中完成。其中,数控钢筋调直切断机采用了光电测长系统和光电计数装置,切断长度可以精确到毫米,并能自动控制切断根数。

粗钢筋常采用卷扬机冷拉调直,因钢筋在冷拉时变形,其上的锈皮自行脱落。冷拉调直时必须控制钢筋的冷拉率。

(三) 钢筋切断

钢筋切断常采用手动液压切断器和钢筋切断机。前者能切断直径16 mm以下的钢筋,且机具体积小、质量轻、便于携带;后者能切断直径为6~40 mm的各种直径的钢筋。

钢筋剪切方法有剪切机(钢筋直径在40 mm以内)、手动剪切器(钢筋直径在12 mm以内)、氧焊或电弧割切(钢筋直径在40 mm以上)。

(四) 钢筋弯曲成型

钢筋根据设计要求常需弯折成一定形状。钢筋的弯曲成型一般采用钢筋弯曲机或四头弯筋机(主要用于弯制箍筋)。在缺乏机具设备的情况下,也可以采用手摇扳手弯制细钢筋,用卡盘与扳头弯制粗钢筋。对于形状复杂的钢筋,在弯曲前应根据钢筋料牌上标明的尺寸画出各弯曲点。

钢筋弯曲工具有弯曲机(钢筋直径为6~40 mm)、扳钩(钢筋直径在25 mm以内)。

(五) 钢筋冷拉

1. 冷拉原理

钢筋冷拉是指在常温下对热轧钢筋进行强力拉伸。

拉应力超过钢筋的屈服强度,钢筋产生塑性变形,以达到调直钢筋、提高强度、节约钢材的目的,对焊接接长的钢筋也检验了焊接接头的质量。冷拉HPB300级钢筋多用于结构中的受拉钢筋,冷拉 HRB400、RRB400级钢筋多用作预应力构件中的预应力筋。

钢筋冷拉是在常温下,以超过钢筋屈服点的拉应力拉伸钢筋,使钢筋产生塑性变形,通过时效的作用,提高钢筋强度,节约钢材。

冷拉钢筋适用于Ⅰ~Ⅳ级钢筋,冷拉时钢筋被拉直,表面锈渣自动脱落,因此冷拉可同时完成调直和除锈工作。

冷拉Ⅰ~Ⅳ级钢筋通常用作预应力筋,冷拉Ⅰ级钢筋用作非预应力筋。冷拉钢筋一般不用作受压钢筋,即使用作受压钢筋也不利用冷拉后提高的强度。承受冲击荷载的构件不应用冷拉钢筋。

钢筋冷拉后内应力促使钢筋晶体组织自行调整的过程称为"时效处理",时效处理后,钢筋强度提高,塑性降低,弹性模量恢复。

Ⅰ、Ⅱ级钢筋在常温下(自然时效)须15~28 d才能完成,可采用人工时效,即放入100 ℃的水或水蒸气中蒸煮2 h。

Ⅲ、Ⅳ级钢筋在自然条件下一般达不到时效的效果,通常采用通电加热至150~300 ℃,保持20 min左右。

2. 钢筋冷拉参数及控制方法

(1)钢筋冷拉参数

冷拉参数有钢筋冷拉率和冷拉应力。

钢筋冷拉率是钢筋冷拉时包括其弹性和塑性变形的总伸长值与钢筋原长之比(%)。在一定限度范围内,冷拉率和冷拉应力越大,屈服点提高越多,塑性降低也越多,但仍有一定的塑性。冷拉强度与屈服点之比不宜太小,使钢筋有一定的强度储备。

(2)冷拉控制方法

钢筋冷拉可采用控制应力和控制冷拉率的方法。

用作预应力的钢筋宜采用控制应力的方法;不能分清炉批的热轧钢筋不应采用控制冷拉率的方法。

控制应力的方法(双控):在满足控制应力的前提下,冷拉率不得超过最大冷拉率。

控制冷拉率的方法(单控):控制冷拉率应由试验确定。同炉批的钢筋中取不少于4个试样,根据冷拉应力测定各试件的冷拉率,取其平均值作为该批钢材实际采用的冷拉率,小于1%时取1%。

为使钢筋变形充分发展,冷拉速度不宜过快,以0.5～1 m/min为宜,拉到规定值后必须停1～2 min,待钢筋变形充分发展后再放松钢筋。

3. 钢筋冷拉质量

冷拉后,钢筋表面不应发生裂纹或局部颈缩现象,并应按要求进行拉力和冷弯试验,质量应符合规定。冷弯试验时,不得有裂纹、起层或断裂现象。

4. 冷拉设备

包括拉力装置、承力结构、钢筋夹具、测量装置、回程装置。钢筋冷拉时应缓缓拉伸,缓缓放松,并应防止斜拉,正对钢筋两端不许站人和跨越钢筋。

(六) 钢筋冷拔

1. 钢筋冷拔的特点和应用

冷拔是使直径为6～8 mm的Ⅰ级钢筋强力通过特制的钨合金拔丝模孔,钢筋产生塑性变形,改变物理力学性能的过程。

钢筋经过冷拔后,横向压缩(截面缩小),纵向拉伸,内部晶格产生滑移,抗拉强度可提高50%～90%,塑性降低,硬度提高。该种经过冷拔加工的钢丝称为冷拔低碳钢丝。冷拉是纯拉伸应力,冷拉后有明显的屈服点;冷拔拉、压兼有的三向应力,冷拔后没有明显的屈服点。冷拔低碳钢丝按力学性能分甲(预应力筋)和乙(非预应力筋)两级。

2. 钢筋冷拔工艺

冷拔工艺流程:轧头→剥皮→拔丝。

轧头是用一对轧辊将钢筋端部轧细,以通过拔丝模孔。

剥皮是钢筋通过3～6个上下排列的辊子,剥除钢筋表面的氧化铁渣壳,以免进入拔丝模孔擦伤钢丝表面,也影响拔丝模的使用寿命。

剥皮后通过润滑剂盒润滑进入拔丝模冷拔。

拔丝速度一般为0.4～1 m/s。

润滑剂的配置:生石灰100 kg、动植物油20 kg、肥皂4～8条、水约200 kg,可掺少量石蜡。

先将油、肥皂加热化开,倒入水中,再将石灰投入,干燥、碾压、过筛即成。

三、钢筋的连接

钢筋在土木工程中的用量很大,但在运输时受到运输工具的限制。当钢筋直径小于 12 mm 时,一般以圆盘形式供货;当直径大于或等于 12 mm 时,则以直条形式供货,直条长度一般为 6 ~ 12 m。由此带来了钢筋混凝土结构施工中不可避免的钢筋连接问题。目前,钢筋的连接方法有机械连接、焊接连接和绑扎连接三类。机械连接由于具有连接可靠、作业不受气候影响、连接速度快等优点,目前已广泛应用于粗钢筋的连接。焊接连接和绑扎连接是传统的钢筋连接方法,与绑扎连接相比,焊接连接可节约钢材、改善结构受力性能、保证工程质量、降低施工成本,宜优先选用。

钢筋接头宜设置在受力较小处;在抗震设防要求的结构中,梁端、柱端箍筋加密区范围内不宜设置钢筋接头,且不应进行钢筋搭接。同一纵向受力钢筋不宜设置 2 个或 2 个以上接头。接头末端至钢筋弯起点的距离,不应小于钢筋直径的 10 倍。

(一) 钢筋的焊接

焊接连接是利用焊接技术将钢筋连接起来的连接方法,应用广泛。

钢筋焊接施工应符合下列规定:①从事钢筋焊接施工的焊工应持有钢筋焊工考试合格证,并应按照合格证规定范围上岗操作。②在钢筋工程焊接施工前,参与该项工程施焊的焊工应进行现场条件下的焊接工艺试验,经试验检测合格后,方可进行焊接。焊接过程中,如果钢筋牌号、直径发生变更,应再次进行焊接工艺试验。工艺试验使用的材料、设备、辅料及作业条件均应与实际施工一致。③细晶粒热轧钢筋及直径大于 28 mm 的普通热轧钢筋,其焊接工艺参数应经试验确定;余热处理钢筋不宜焊接。④电渣压力焊只应使用于柱、墙等构件中竖向受力钢筋的连接。⑤钢筋焊接接头的适用范围、工艺要求、焊条及焊剂选择、焊接操作及质量要求等应符合现行行业标准《钢筋焊接及验收规程》(JGJ 18—2012)的有关规定。

焊接施工受气候、电流稳定性的影响较大,其接头质量不如机械连接可靠。钢筋的焊接效果取决于钢材的可焊性和焊接工艺。钢材的金属含量直接影响到可焊性,含碳、锰量高,可焊性降低;含适量的钛,可改善焊接性能;IV 级钢筋的碳、锰、硅含量高,可焊性较差,但硅钛系列的钢筋可焊性尚好。

钢筋焊接时,焊缝温度较高,电弧焊达 1 500 ℃,闪光对焊达 2 000 ℃。不同的温度对钢材的性能有一定影响,热影响区包括半熔化区、过热区、正火区、部分相变区、再结晶区和蓝脆区。半熔化区和过热区金属冷却后,晶粒变大,塑性及韧性降低,容易产生裂纹,对焊接质量不利。

1. 闪光对焊

闪光对焊即将 2 根钢筋沿着其轴线,使钢筋端面接触对焊的连接方法。闪光对焊需在对焊机上进行,操作时将两段钢筋的端面接触,通过低电压和强电流,将电能转换为热能,待钢筋加热到一定温度后,再施加轴向压力顶锻,使2根钢筋焊合在一起,接头冷却后便形成对焊接头。

闪光对焊不需要焊药,施工工艺简单,具有成本低、焊接质量好、工效高的优点,广泛用于工厂或在施工现场加工棚内进行粗钢筋的对接接长,其设备较笨重,不便在操作面上进行钢筋的接长。

(1)钢筋对焊工艺

将钢筋夹入对焊机两极,闭合电源,使钢筋两端面轻微接触。由于端面不平,电流密度和接触电阻很大,接触点熔化,形成"金属过梁";过梁进一步加热,产生金属蒸气飞溅,称为烧化,形成闪光现象。

闪光对焊根据其工艺不同,可分为连续闪光焊、预热闪光焊、闪光-预热-闪光焊及焊后通电热处理等工艺。

①连续闪光焊:当对焊机夹具夹紧钢筋并通电出现闪光后,继续将钢筋端面渐移近,即形成连续闪光过程。待钢筋烧化完一定的预留量后,迅速加压进行顶锻并立即断开电源,焊接接头即完成。连续闪光焊所能焊接的钢筋直径上限,应根据焊机容量、钢筋牌号等具体情况而定。

②预热闪光焊:在连续闪光焊前增加预热过程(均匀加热)。闭合电源,两钢筋交替接触、分开,两断面间断续闪光,形成预热,烧化到规定的预热留量后进行连续闪光和顶锻。预热闪光焊是在连续闪光前增加一个钢筋预热过程,然后再进行闪光和顶锻。

③闪光-预热-闪光焊:在预热闪光前再增加一次闪光过程,使不平整的钢筋端面先形成比较平整的端面,并将钢筋均匀预热。

④焊后通电热处理:HRB500、HRBF500钢筋焊接时,应采用预热闪光焊或闪光预热闪光焊工艺。当接头拉伸试验发生脆性断裂或弯曲试验不能达到规定要求时,尚应在焊机上进行焊后热处理,即待接头冷却至300℃以下时,采用较低变压器级数,以0.5~1 s/次进行脉冲式通电加热。热处理温度一般在750~850℃范围内选择。该法可提高焊接接头处钢筋的塑性。

(2)闪光对焊工艺参数

闪光对焊工艺参数决定钢筋对焊质量,其工艺参数如下。

调伸长度:焊接前钢筋从焊接钳口伸出的长度。应使接头能均匀加热,顶锻时不旁弯。调伸长度的选择应随着钢筋牌号的提高和钢筋直径的加大而增长,主要是减缓接头的温度梯度,防止热影响区产生淬硬组织;当焊接HRB400、HRBF400等牌号钢筋时,调伸长度宜为40~60 mm。

烧化留量(闪光留量):烧化和预热烧化的长度。烧化留量的选择应根据焊接工艺方法确定。

当连续闪光焊时,闪光过程应较长;烧化留量应等于2根钢筋在断料时切断机刀口严重压伤部分(包括端面的不平整度)再加8~10 mm;当采用闪光-预热-闪光焊时,应区分一次烧化留量和二次烧化留量。二次烧化留量不应小于10 mm,二次烧化留量不应小于6 mm。

预热留量:需要预热时,宜采用电阻预热法。预热留量应为1~2 mm,预热次数应为1~4次;每次预热时间应为1.5~2 s,间歇时间应为3~4 s。

顶锻留量:将钢筋顶锻压紧时缩短的长度。顶锻留量应为3~7 mm,并应随钢筋直径的增大和钢筋牌号的提高而增加。其中,有电顶锻留量约占1/3,无电顶锻留量约占2/3,焊接时必须控制得当。焊接HRB500钢筋时,顶锻留量宜稍微增大,以确保焊接质量。

烧化速度(闪光速度):闪光过程的快慢,先慢后快,闪光比较强烈,以免焊缝金属氧化。

顶锻速度:挤压钢筋接头的速度,越快越好,不致焊口氧化。

变压器级次:调节焊接电流的大小。变压器级数应根据钢筋牌号、直径、焊机容量、焊接工艺方法等具体情况选择。

当对HRBF400钢筋、HRBF500钢筋或RRB400W钢筋进行闪光对焊时,与热轧钢筋比较,应减小调伸长度,提高焊接变压器级数,缩短加热时间,快速顶锻,形成快热快冷条件,使热影响区长度控制在钢筋直径的60%之内。

2. 电阻点焊

电阻点焊是将交叉的钢筋叠合在一起,放在2个电极间预压夹紧,然后通电使接触点处产生电阻热,钢筋加热熔化并在压力下形成紧密联结点,冷凝后即得牢固焊点的焊接方法。电阻点焊用于焊接钢筋网片或骨架,当焊接不同直径的钢筋,且较小钢筋的直径小于10 mm时,大小钢筋直径之比不宜大于3;当其较小钢筋的直径为12~16 mm时,大小钢筋直径之比不宜大于2。电阻点焊的工艺参数应根据钢筋牌号、直径,以及焊机性能等具体情况选择变压器级数、焊接通电时间和电极压力。焊点的压入深度应为较小钢筋直径的18%~25%。承受重复荷载并需进行疲劳验算的钢筋混凝土结构和预应力混凝土结构中的非预应力筋不得采用该法焊接。

3. 电弧焊

电弧焊即弧焊机在焊条与焊件之间产生高温电弧,使焊条和电弧燃烧范围内的焊件熔化,待其凝固后便形成焊缝或接头的焊接方法。其中电弧是指焊条与焊件金属之间空气介质出现的强烈持久的放电现象。电弧焊使用的弧焊机有交流弧焊机和直流弧焊机2种,常用的为交流弧焊机。

电弧焊的应用非常广泛,常用于钢筋接长、钢筋骨架的焊接、钢筋与钢板的焊接、装配式钢筋混凝土结构接头的焊接、各种钢结构的焊接等。用于钢筋的接长时,其接头形式有帮条焊、搭接焊、坡口焊等。

熔化的金属会吸收空气中的氧、氮,降低其塑性和冲击韧性。为改善这一状况,焊条表面有一层药皮,在高温作用下,一部分被氧化,形成保护气体;另一部分则起脱氧作用,氧化物形成的熔渣浮于焊缝金属表面,起保护作用。

钢筋电弧焊接方式有搭接焊、帮条焊、坡口焊和熔槽焊。

(1)搭接焊

搭接焊适用于直径为10~40 mm的Ⅰ、Ⅱ级钢筋,宜采用双面焊,焊接前预弯,以保证钢筋的轴线在一条线上。焊接时最好采用双面焊,对其搭接长度的要求是:HPB300、HRB400级钢筋为5倍直径。若采用单面焊,则搭接长度均须加倍。

(2)帮条焊

帮条焊适用于直径为10~40 mm的Ⅰ~Ⅲ级钢筋,宜采用双面焊,帮条宜采用与主筋一致的钢筋,或者低一个级别或规格。主筋端面的间隙为2~5 mm。所采用帮条的总截面面积:当焊接钢筋为HPB300、HRB400级时,应不小于被焊接钢筋截面面积的1.5倍。

(3)坡口焊

坡口焊多用于装配式框架结构现浇接头的钢筋焊接,分为平焊和立焊2种。钢筋坡口平焊采用V形坡口,坡口夹角为55°~65°,2根钢筋的间隙为4~6 mm,下垫钢板,然后施焊。

4. 电渣压力焊

电渣压力焊即利用电流通过渣池产生的电阻热将钢筋端部熔化,然后施加压力使钢筋焊合的方法。电渣压力焊主要用于现浇结构中直径为12~32 mm的HPB300、HRB400级钢筋的竖向或斜向(倾斜度小于4:1)接长。电渣压力焊操作简单、工作条件好、工效高、成本低,比电弧焊接头节电80%以上,比绑扎连接和帮条焊、搭接焊节约钢筋30%,提高6~10倍工效。

电渣压力焊设备包括焊接电源、焊接夹具、焊剂盒等。焊接夹具应具有一定刚度,上下钳口同心。焊剂盒呈圆形,由2个半圆形铁皮组成,内径为80~100 mm,与所焊钢筋的直径相应,焊剂盒宜与焊接机头分开。焊剂除起到隔热、保温及稳定电弧作用外,在焊接过程中还能起到补充熔渣、脱氧及添加合金元素的作用,使焊缝金属合金化。焊接完成后先拆机头,待焊接接头保温一段时间后再拆焊剂盒,特别是在环境温度较低时,可避免发生冷脆现象。

5. 埋弧压力焊

埋弧压力焊即将钢筋与钢板安放成工形连接形式,利用埋在接头处焊剂层下的高温电弧,熔化两焊件的接触部位形成熔池,然后加压顶锻使两焊件焊合的焊接方法。埋弧压力焊适用于直径为 $6\sim22$ mm 的 HPB300 级、直径为 $6\sim28$ mm 的 HRB400 级钢筋与钢板的焊接。

埋弧压力焊工艺简单,比电弧焊工效高、质量好(焊缝强度高且钢板不易变形)、成本低(不用焊条),施工中广泛用于制作钢筋预埋件。

6. 钢筋焊接要求

焊接方式:对接焊接宜用对焊、电弧焊、电渣压力焊或气压焊;钢筋骨架与网片的交叉焊接宜采用电阻点焊;钢筋与钢板的T形接头宜采用埋弧压力焊或电弧焊。

焊接前要进行试焊,焊工要有考试合格证,要在规定范围内操作。

轴心和小偏心受拉构件均应焊接;普通混凝土中直径大于 22 mm 的钢筋、轻骨料混凝土中直径大于 20 mm 的 I 级钢筋以及直径大于 25 mm 的 II、III 级钢筋均宜用焊接;直径大于 32 mm 的受压钢筋应用焊接。

对有抗震要求的受力钢筋,宜优先采用焊接或机械连接。对于纵向钢筋,一级抗震应用焊接,二级抗震宜用焊接。框架底层柱、剪力墙加强部位纵向钢筋,一、二级抗震应用焊接,三级抗震宜用焊接,钢筋接头不宜设在梁柱加密区内。

钢筋接头应相互错开,在距焊接中心 35 倍钢筋直径且不小于 500 mm 的区段范围内,每根钢筋不得有 2 个接头,且有接头的钢筋面积应符合以下要求:非预应力筋受拉区不宜超过 50%,其他不限;预应力筋受拉区不宜超过 25%,其他不限。

焊接接头距钢筋弯折处应大于 $10d$(钢筋截面直径长度的倍数),且不在最大弯矩处。

(二) 钢筋的机械连接

钢筋机械连接的优点很多,包括设备简单、操作技术易于掌握、施工速度快;接头性能可靠,节约钢筋,适用于钢筋在任何位置与方向(竖向、横向、环向及斜向等)的连接;施工不受气候条件影响,尤其在易燃、易爆、高空等施工条件下作业安全可靠。虽然机械连接的成本较高,但其综合经济效益与技术效果显著,目前已在现浇大跨结构、高层建筑、桥梁、水工结构等工程中广泛用于粗钢筋的连接。钢筋机械连接的方法主要有套筒挤压连接和螺纹套筒连接。

钢筋机械连接施工应符合下列规定:①加工钢筋接头的操作人员应经专业培训合格后上岗,钢筋接头的加工应经工艺检验合格后方可进行。②机械连接接头的混凝土保护层厚度宜符合现行国家标准《混凝土结构设计规范》(GB 50010—2010)中受力钢筋的混凝土保护层最小厚度规定,且不得小于15 mm。接头之间的横向净间距不宜小于25 mm。③螺纹接头安装后应使用专用扭力扳手校核拧紧扭力矩。挤压接头压痕直径的波动范围应控制在允许波动范围内,并使用专用量规进行检验。④机械连接接头的适用范围、工艺要求、套筒材料及质量要求等应符合现行行业标准《钢筋机械连接技术规程》(JGJ107—2016)的有关规定。

钢筋机械连接方式有如下几种:①套筒挤压接头,通过挤压力连接件钢套筒塑性变形与带肋钢筋紧密咬合形成的接头;②锥螺纹接头,通过钢筋端头特制的锥形螺纹和连接件锥螺纹咬合形成的接头;③镦粗直螺纹接头,通过钢筋端头镦粗后制作的直螺纹和连接件螺纹咬合形成的接头;④滚轧直螺纹接头,通过钢筋端头直接滚轧或剥肋后滚轧制作的直螺纹和连接件螺纹咬合形成的接头;⑤套筒灌浆接头,在金属套筒中插入单根带肋钢筋并注入灌浆料拌和物,通过拌和物硬化实现传力的钢筋对接接头;⑥熔融金属充填接头,由高热剂反应产生熔融金属充填在钢筋与连接件套筒间形成的接头。

套筒灌浆接头和熔融金属充填接头主要依靠钢筋表面的肋和介入材料水泥浆或熔融金属硬化后的机械咬合作用,将钢筋中的拉力或压力传递给连接件,并通过连接件传递给另一根钢筋。

1. 钢筋螺纹套筒连接

钢筋螺纹套筒连接包括锥螺纹连接和直螺纹连接,是利用螺纹能承受轴向力与水平力、密封自锁性较好的原理,靠规定的机械力将钢筋连接在一起。

(1)锥螺纹连接

锥螺纹连接的工艺:先用钢筋套丝机将钢筋的连接端加工成锥螺纹,然后通过锥螺纹套筒,用扭力扳手将2根钢筋与套筒拧紧。该种钢筋接头可用于连接直径为10~40 mm的钢筋,也可用于异直径钢筋的连接。

锥螺纹连接钢筋的下料,可用钢筋切断机或砂轮锯,但不得使用气割下料,端头不得挠曲或有马蹄形。钢筋端部采用套丝机套丝,套丝时采用冷却液进行冷却润滑。加工好的丝扣完整数要达到要求;锥螺纹的牙形应与牙形规吻合,小端直径必须在卡规的允许误差范围内。

锥螺纹经检查合格后,一端拧上塑料保护帽,另一端旋入连接套筒用扭力扳手拧紧,并扣上塑料封盖。运输过程中应防止塑料保护帽破坏使丝扣损坏。

钢筋连接时分别拧下塑料保护帽和塑料封盖,将带有连接套筒的钢筋拧到待连接的钢筋上,并用扭力扳手按规定的力矩值把接头拧紧。连接完毕的接头要求锥螺纹外露不得超过一个完整丝扣,接头经检查合格后随即用涂料刷在套管上做标记。

(2)直螺纹连接

直螺纹连接包括钢筋镦粗直螺纹连接和钢筋辊轧直螺纹套筒连接,目前前者采用较多。钢筋镦粗直螺纹套筒连接是先将钢筋端头镦粗,再切削成直螺纹,然后用带直螺纹的套筒将2根钢筋拧紧的连接方法。该种工艺的特点是钢筋端部经冷镦后不仅直径增大,还使套丝后丝扣底部的横截面面积不小于钢筋原横截面面积,而且冷镦后钢材强度得到提高,因而接头的强度大大提高。钢筋直螺纹的加工工艺及连接施工与锥螺纹连接相似,但所连接的2根钢筋相互对顶锁定连接套筒。

2. 钢筋套筒挤压连接

钢筋套筒挤压连接也称为钢筋套筒冷压连接。

适用于竖向、横向及其他方向的较大直径变形钢筋的连接。

优点是节省电能、不受钢筋可焊性好坏影响、不受气候影响、无明火、施工简便、接头可靠度高等。

套筒挤压连接是将变形钢筋插入特制钢套筒内,利用液压驱动的挤压机进行径向挤压,使钢套筒产生塑性变形,咬住钢筋实现连接。

钢筋套筒挤压连接的工艺参数主要有压接顺序、压接力和压接道数。压接顺序应从中间逐道向两端压接。

钢筋套筒挤压连接的基本原理是:将2根待连接的钢筋插入钢套筒内,采用专用液压压接钳侧向或轴向挤压套筒,使套筒产生塑性变形,套筒的内壁变形后嵌入钢筋螺纹中,从而产生抗剪能力,并传递钢筋连接处的轴向力。挤压连接有径向挤压和轴向挤压2种,适用于连接直径为20~40 mm的钢筋,当所用套筒的外径相同时,连接钢筋的直径相差不宜大于2个级差,钢筋间操作净距宜大于50 mm。钢筋接头处宜采用砂轮切割机断料;钢筋端部的扭曲、弯折、斜面等应予以校正或切除,钢筋连接部位的飞边或纵肋过高时应采用砂轮机修磨,以保证钢筋能自由穿入套筒内。

(1)径向挤压连接

挤压接头的压接一般分2次进行,第一次先压接半个接头,然后在钢筋连接的作业部位再压接另半个接头。第一次压接时宜在靠套筒空腔的部位少压一扣,空腔部位应采用塑料护套保护;第二次压接前拆除塑料护套,再插入钢筋进行挤压连接。

(2)轴向挤压连接

先用半挤压机进行钢筋半接头挤压,再在钢筋连接的作业部位用挤压机进行钢筋连接挤压。

3. 钢筋的绑扎连接

钢筋绑扎连接主要是使用规格为20~22号的镀锌铁丝或绑扎钢筋专用的火烧丝将2根钢筋搭接绑扎在一起。其工艺简单、工效高、不需要连接设备,但因需要有一定的搭接长度而增加钢筋用量,且接头的受力性能不如机械连接和焊接连接,所以规范规定:轴心受拉及小偏心受拉杆件的纵向受力钢筋不得采用绑扎搭接接头;$d>28$ mm的受拉钢筋和$d>32$ mm的受压钢筋,不宜采用绑扎搭接接头。

当纵向受力钢筋采用绑扎搭接接头时,接头的设置应符合下列规定:①接头的横向净间距不应小于钢筋直径,且不应小于25 mm。②同一连接区段内,纵向受拉钢筋的接头面积百分率应符合设计要求。

当设计无具体要求时,应符合下列规定:①梁类、板类及墙类构件不宜超过25%,基础筏板不宜超过50%。②柱类构件,不宜超过50%。③当工程中确有必要增大接头面积百分率时,对于梁类构件,不应大于50%。

四、钢筋的绑扎与安装

钢筋绑扎用20~22号铁丝或镀锌铁丝,过硬时可退火。搭接长度应符合要求,受压钢筋搭接长度为0.85倍锚固长度。搭接钢筋面积:搭接区段(1.3倍的搭接长度)内,受拉区不超过25%,受压区不超过50%。绑扎搭接应在首、中、尾各绑扎一道。

钢筋绑扎前,应做好各项准备工作。首先须核对钢筋的钢号、直径、形状、尺寸及数量是否与配料单和钢筋加工料牌相符,如有错漏,应纠正增补;钢筋保护层和上下双层钢筋可垫混凝土块、短钢筋,应布置成梅花形,间距不大于1 m。为保证钢筋位置的准确性,绑扎前应画出钢筋的位置线,基础钢筋可在混凝土垫层上准确弹放钢筋位置线,板和墙的钢筋可在模板上画线,柱和梁的箍筋应在纵筋上画线。双向受力的墙、板外围钢筋交点每点绑扎,其余梅花形绑扎;梁、柱内箍筋与主筋相交处应每点绑扎,箍筋弯钩应错开;相邻绑扎点的扎丝应相互垂直,避免顺风。

钢筋绑扎应符合下列规定:钢筋的绑扎搭接接头应在接头中心和两端用

铁丝扎牢;墙、柱、梁钢筋骨架中各竖向面钢筋网交叉点应全数绑扎;板上部钢筋网的交叉点应全数绑扎,底部钢筋网除边缘部分外可间隔交错绑扎;梁、柱的箍筋弯钩及焊接封闭箍筋的焊点应沿纵向受力钢筋方向错开设置;构造柱纵向钢筋宜与承重结构同步绑扎;梁及柱中箍筋、墙中水平分布钢筋、板中钢筋距构件边缘的起始距离宜为 50 mm。

(一) 钢筋的现场绑扎

1. 基础钢筋绑扎

基础钢筋网绑扎时,四周 2 行钢筋交叉点应每点扎牢,中间部分交叉点可相隔交错绑扎,但必须保证受力钢筋不产生位移。双向主筋的钢筋网,则须将全部钢筋相交点扎牢。绑扎时应注意相邻绑扎点的钢丝扣要成八字形,以免网片歪斜变形。

基础底板采用双层钢筋网时,在上层钢筋网下面应设置钢筋撑脚或混凝土撑脚,每隔 1 m 放置 1 个,以保证钢筋位置的正确。

钢筋的弯钩应朝上,不要倒向一边;但双层钢筋网的上层钢筋弯钩应朝下。

独立柱基础为双向钢筋时,其底面短边的钢筋应放在长边钢筋的下面。

现浇柱与基础连接用的插筋一定要固定牢靠、位置准确,以免造成柱轴线偏移。

基础中纵向受力钢筋的混凝土保护层厚度应按设计要求,且不应小于 40 mm;当无混凝土垫层时不应小于 70 mm。

2. 柱钢筋绑扎

柱钢筋的绑扎,应在模板安装前进行。

箍筋的接头(弯钩叠合处)应交错布置在柱四角纵向钢筋上,箍筋转角与纵向钢筋交叉点均应扎牢,箍筋平直部分与纵向钢筋交叉点可间隔扎牢,绑扎箍筋时绑扣相互间应呈八字形。

柱中竖向钢筋采用搭接连接时,角部钢筋的弯钩(指 HPB300 级钢筋)应与模板呈 45°(多边形柱为模板内角的平分角,圆形柱应与模板切线垂直),中间钢筋的弯钩应与模板成 90%。如果用插入式振捣器浇筑小型截面柱,弯钩与模板的角度不得小于 15%。

柱中竖向钢筋采用搭接连接时,下层柱的钢筋露出楼面部分,宜用工具式柱箍将其收进 1 个柱筋直径,以利上层柱的钢筋搭接。当柱截面有变化时,其下层柱钢筋的露出部分,必须在绑扎梁的钢筋之前,先行收缩准确。

框架梁、牛腿、柱帽等钢筋,应放在柱的纵向钢筋内侧。

3. 梁、板钢筋绑扎

当梁的高度较小时,梁的钢筋可架空在梁顶模板上绑扎,然后再下落就位;当梁的高度较大($\geqslant 1.0\,\mathrm{m}$)时,梁的钢筋宜在梁底模板上绑扎,然后再安装梁两侧或一侧模板。板的钢筋在梁的钢筋绑扎后进行。

梁纵向受力钢筋采用双层排列时,两排钢筋之间应垫以直径大于或等于$25\,\mathrm{mm}$的短钢筋,以保持其设计距离。箍筋的接头(弯钩叠合处)应交错布置在两根架立钢筋上,其余同柱。

板的钢筋网绑扎与基础相同,但应特别注意板上部的负弯矩钢筋位置,防止被踩下;尤其是雨篷、挑檐、阳台等悬臂板,要严格控制负筋的位置,以免拆模后断裂。绑扎负筋时,可在钢筋网下面设置钢筋撑脚或混凝土撑脚,间隔$1\,\mathrm{m}$放置一个,以保证钢筋位置的正确。

板、次梁与主梁交叉处,板的钢筋在上,次梁的钢筋居中,主梁的钢筋在下;当有圈梁或垫梁时,主梁的钢筋在上。

框架节点处钢筋穿插十分稠密时,应特别注意梁顶面纵筋之间至少保持$30\,\mathrm{mm}$净距,以利于混凝土的浇筑。

梁板钢筋绑扎时,应防止水电管线影响钢筋的位置。现浇板负弯矩筋设置铁马。

4. 墙钢筋绑扎

墙钢筋的绑扎,也应在模板安装前进行。

墙的钢筋,可在基础钢筋绑扎之后浇筑混凝土前插入基础。

墙的钢筋网绑扎与基础相同,钢筋的弯钩应朝向混凝土内。

墙采用双层钢筋网时,在2层钢筋网间应设置撑铁或绑扎架,以固定钢筋的间距。撑铁可用直径为$6\sim10\,\mathrm{mm}$的钢筋制成,长度等于2层网片的净距,其间距约为$1\,\mathrm{m}$,相互错开排列。

在钢筋混凝土结构中,钢筋工程的施工质量对结构的质量起关键作用,而钢筋工程又属于隐蔽工程,当混凝土浇筑后,无法检查钢筋的质量。所以从钢筋原材料的进场验收,到一系列的钢筋加工和连接,直至最后的绑扎就位,都必须进行严格的质量控制,才能确保整个结构的质量。

(二) 钢筋网片、骨架的制作与安装

为了加快施工速度,常常将单根钢筋预先绑扎或焊接成钢筋网片或骨架,再运至现场安装。

钢筋网片和钢筋骨架的制作应根据结构的配筋特点及起重运输能力来分段,一般绑扎钢筋网片的分块面积为$6\sim20\,\mathrm{m}^2$,焊接钢筋网片的每捆质量不超

过 2 t;钢筋骨架分段长度为 6 ~ 12 m。为了防止绑扎钢筋网片、骨架在运输过程中发生歪斜变形,应采用加固钢筋进行临时加固。钢筋网片和骨架的吊点应根据其尺寸、质量、刚度确定,宽度大于 1 m 的水平钢筋网片宜采用 4 点起吊;跨度小于 6 m 的钢筋骨架采用 2 点起吊;跨度大、刚度差的钢筋骨架应采用横吊梁 4 点起吊。在钢筋网片和骨架安装时,对于绑扎钢筋网片、骨架,交接处的做法与钢筋的现场绑扎相同。

当两张焊接钢筋网片搭接时,搭接区中心及两端应用铁丝扎牢,附加钢筋与焊接网连接的每个接点处均应绑扎牢固。

五、钢筋工程的质量要求

(一) 钢筋加工的质量要求

加工前应对所采用的钢筋进行外观检查。钢筋应无损伤,表面不得有裂纹、油污、颗粒状或片状老锈。

钢筋加工宜在常温状态下进行,加工过程中不应对钢筋进行加热。钢筋应一次弯折到位。

钢筋宜采用机械设备进行调直,也可采用冷拉方法调直。当采用机械设备调直时,调直设备不应具有延伸功能。当采用冷拉方法调直时,HPB300 光圆钢筋的冷拉率不宜大于 4%; HRB400、HRB500、HRBF400、HRBF500 及 RRB400 带肋钢筋的冷拉率不宜大于 1%。钢筋调直过程中不应损伤带肋钢筋的横肋。调直后的钢筋应平直,不应有局部弯折。

钢筋弯折的弯弧内直径应符合下列规定:①光圆钢筋,不应小于钢筋直径的 2.5 倍;300 MPa 级、400 MPa 级带肋钢筋,不应小于钢筋直径的 4 倍;500 MPa 级带肋钢筋,当直径为 28 mm 以下时不应小于钢筋直径的 6 倍,当直径为 28 mm 及以上时不应小于钢筋直径的 7 倍。②位于框架结构顶层端节点处的梁上部纵向钢筋和柱外侧纵向钢筋,在节点角部弯折处,当钢筋直径为 28 mm 以下时不宜小于钢筋直径的 12 倍,当钢筋直径为 28 mm 及以上时不宜小于钢筋直径的 16 倍。③箍筋弯折处尚不应小于纵向受力钢筋直径;箍筋弯折处纵向受力钢筋为搭接钢筋或并筋时,应按钢筋实际排布情况确定箍筋弯弧内直径。④当设计要求钢筋末端需做 1359 弯钩时,HRB300 级、HRB400 级钢筋的弯弧内直径不应小于钢筋直径的 4 倍,弯钩的弯后平直部分长度应符合设计要求。⑤钢筋作不大于 90° 的弯折时,弯折处的弯弧内直径不应小于钢筋直径的 5 倍。

除焊接封闭环式箍筋外,箍筋的末端应做弯钩,弯钩形式应符合设计要求。当设计无具体要求时,应符合下列规定:①对一般结构构件,箍筋弯钩的弯折角度不应小于90°,弯折后平直段长度不应小于箍筋直径的5倍;对有抗震设防要求或设计有专门要求的结构构件,箍筋弯钩的弯折角度不应小于135°,弯折后平直段长度不应小于箍筋直径的10倍和75 mm两者之中的较大值。②圆形箍筋的搭接长度不应小于其受拉锚固长度,且两末端均应做不小于135°的弯钩,弯折后平直段长度对一般结构构件不应小于箍筋直径的5倍,对有抗震设防要求的结构构件不应小于箍筋直径的10倍和75 mm的较大值。③拉筋用作梁、柱复合箍筋中单肢箍筋或梁腰筋间拉结筋时,两端弯钩的弯折角度均不应小于135°,弯折后平直段长度应符合第①点对箍筋的有关规定;拉筋用作剪力墙、楼板等构件中拉结筋时,两端弯钩可采用一端135°另一端90°,弯折后平直段长度不应小于拉筋直径的5倍。

(二) 钢筋连接的质量要求

纵向受力钢筋的连接方式应符合设计要求。

在施工现场,应按国家现行标准的规定抽取钢筋机械连接接头、焊接接头试件做力学性能检验,其质量应符合有关规程的规定;并应按国家现行标准的规定对接头的外观进行检查,其质量应符合有关规程的规定。

钢筋的接头宜设置在受力较小处。同一纵向受力钢筋不宜设置2个或2个以上的接头;接头末端至钢筋弯起点的距离不应小于钢筋直径的10倍。

当纵向受力钢筋采用机械连接接头或焊接接头时,接头的设置应符合下列规定:①同一构件内的接头宜分批错开。②接头连接区段的长度为相互连接2根钢筋中较小直径的35倍,且不应小于500 mm,凡接头中点位于该连接区段长度内的接头均应属于同一连接区段。③同一连接区段内,纵向受力钢筋接头面积百分率为该区段内有接头的纵向受力钢筋截面面积与全部纵向受力钢筋截面面积的比值;纵向受力钢筋的接头面积百分率应符合下列规定:受拉接头不宜大于50%,受压接头可不受限制;板、墙、柱中受拉机械连接接头,可根据实际情况放宽;装配式混凝土结构构件连接处受拉接头,可根据实际情况放宽;直接承受动力荷载的结构构件中,不宜采用焊接;当采用机械连接时,不应超过50%。

当纵向受力钢筋采用绑扎搭接接头时,接头的设置应符合下列规定:①同一构件内的接头宜分批错开,横向净间距不应小于钢筋直径,且不应小于25 mm。②接头连接区段的长度为1.3倍搭接长度,凡接头中点位于该连接区段长度内的接头均应属于同一连接区段;搭接长度可取相互连接2根钢筋中较小直径计算。纵向受力钢筋的最小搭接长度应符合《混凝土结构工程施工规范》(GB 50666—2019)的要求。③在同一连接区段内,纵向受力钢筋接头面积百分率为该区段内有接头的纵向受力钢筋截面面积与全部纵向受力钢筋截面面积的比值;纵向受压钢筋的接头面积百分率可不受限制。纵向受拉钢筋的接头面积百分率应符合下列规定:梁类、板类及墙类构件不宜超过25%,基础筏板不宜超过50%;柱类构件不宜超过50%,当工程中确有必要增大接头面积百分率时,对梁类构件不应大于50%,对其他构件可根据实际情况适当放宽。

在梁、柱类构件的纵向受力钢筋搭接长度范围内应按设计要求配置箍筋,并应符合下列规定:箍筋直径不应小于搭接钢筋较大直径的25%;受拉搭接区段的箍筋间距不应大于搭接钢筋较小直径的5倍,且不应大于100 mm;受压搭接区段的箍筋间距不应大于搭接钢筋较小直径的10倍,且不应大于200 mm;当柱中纵向受力钢筋直径大于25 mm时,应在搭接接头两个端面外100 mm范围内各设置2个箍筋,其间距宜为50 mm。

(三) 钢筋安装的质量要求

钢筋安装时,受力钢筋的品种、级别、规格和数量必须符合设计要求。应进行全数检查,检查方法为观察和用钢尺检查。

第三节　混凝土工程

混凝土工程包括配料、搅拌、运输、浇捣、养护等过程。在整个工艺过程中,各工序紧密联系又相互影响,若对其中任一工序处理不当,都会影响混凝土工程的最终质量。对混凝土的质量要求,不但要具有正确的外形尺寸,而且要获得良好的强度、密实性、均匀性和整体性。因此,在施工中应对每一个环节采取合理的措施,以确保混凝土工程的质量。

一、有关原材料的要求

工业与民用建筑的混凝土结构,应采用普通混凝土(密度为1 950~2 500 kg/m³)或者轻骨料混凝土(轻粗、细骨料,密度小于1 950 kg/m³)。组成混凝土的原材料包括水泥、砂、石、水、掺和料和外加剂。

(一) 水泥

常用的水泥品种有硅酸盐水泥、普通硅酸盐水泥、矿渣硅酸盐水泥、火山灰质硅酸盐水泥和粉煤灰硅酸盐水泥5种;某些特殊条件下也可采用其他品种水泥,但水泥的性能指标必须符合现行国家标准的规定。水泥的品种和成分不同,其凝结时间、早期强度、水化热、吸水性、抗侵蚀等性能也不相同,所以应合理选择水泥品种。

水泥的选用应符合下列规定:①水泥品种与强度等级应根据设计、施工要求,以及工程所处环境条件确定。②普通混凝土宜选用通用硅酸盐水泥;有特殊需要时,也可选用其他品种水泥。③有抗渗、抗冻融要求的混凝土,宜选用硅酸盐水泥或普通硅酸盐水泥。④对于处在潮湿环境的混凝土结构,当使用碱活性骨料时,宜采用低碱水泥。

水泥进场时应对其品种、级别、包装或散装仓号、出厂日期等进行检查,并应对其强度、安定性、凝结时间及其他必要的性能指标进行复验,其质量必须符合现行国家标准的规定。同一生产厂家、同一等级、同一品种、同一批号且连续进场的水泥,袋装水泥不超过200 t应为一批,散装水泥不超过500 t应为一批。当使用中水泥质量受不利环境影响或水泥出厂超过3个月(快硬硅酸盐水泥超过1个月)时,应进行复验,并应按复验结果使用。在钢筋混凝土结构、预应力混凝土结构中,严禁使用含氯化物的水泥。

入库的水泥应按品种、强度等级、出厂日期分别堆放,并贴好标志,做到先到先用,并防止混掺使用。为了防止水泥受潮,现场仓库应尽量密闭。袋装水泥存放时,应放置于离地约30 cm高,离墙间距也应在30 cm以上的位置,堆放数量一般不超过10包。露天临时暂存的水泥也应用防雨篷布盖严,底板要垫高,并采取防潮措施。

(二) 骨料

粗骨料宜选用粒形良好、质地坚硬的洁净碎石或卵石,粗骨料最大粒径不应超过构件截面最小尺寸的1/4,且不应超过钢筋最小净间距的3/4;对实心混凝土板,粗骨料的最大粒径不宜超过板厚的1/3,且不应超过40 mm。粗骨料宜采用连续粒级,也可用单粒级组合成满足要求的连续粒级。骨料按品种、规格分类堆放,不得混杂,严禁混入煅烧过的白云石或石灰块。

混凝土中常用的粗骨料有碎石或卵石。由天然岩石或卵石经破碎、筛分而得的粒径大于5 mm的岩石颗粒称为碎石;由自然条件作用而形成的粒径大于5 mm的岩石颗粒称为卵石。粗骨料的级配和最大粒径对混凝土质量影响较大。级配越好,其孔隙率越小,不仅能节约水泥,混凝土的和易性、密实性和强度也较高,所以碎石或卵石的颗粒级配应符合规范的要求。在级配合适的条件下,粗骨料的最大粒径越大,其总表面积越小,对节省水泥和提高混凝土的强度都有好处。在任何情况下,粗骨料粒径不得大于150 mm。故在一般桥梁墩、台等大断面工程中常采用直径为120 mm的石子,而在建筑工程中常采用直径为 80 mm 或 40 mm 的粗骨料。

当怀疑石子中因含有活性二氧化硅而可能引起碱-骨料反应时,必须根据混凝土结构或构件的使用条件进行专门试验,以确定石子是否可用。有抗渗、抗冻融或其他特殊要求的混凝土,宜选用连续级配的粗骨料,最大粒径不宜大于 40 mm,含泥量不应大于 1.0%,泥块含量不应大于 0.5%;所用细骨料含泥量不应大于 3.0%,泥块含量不应大于 1.0%。

细骨料宜选用级配良好、质地坚硬、颗粒洁净的天然砂或机制砂,并应符合下列规定:①细骨料宜选用Ⅱ级配区中砂。当选用Ⅰ级配区砂时,应提高含砂率,并应保持胶凝材料用量足够,同时应满足混凝土的工作性要求;当采用Ⅰ级配区砂时,宜适当降低含砂率。②混凝土细骨料中氯离子含量,对钢筋混凝土,按干砂的质量分数不得大于 0.06%;对预应力混凝土,按干砂的质量分数不得大于 0.02%。③海砂应符合现行行业标准《海砂混凝土应用技术规范》(JGJ 206—2010)的有关规定。

此外,如果怀疑砂中含有活性二氧化硅,可能会引起混凝土的碱骨料反应时,应根据混凝土结构或构件的使用条件进行专门试验,以确定其是否可用。

应对粗骨料的颗粒级配、含泥量、泥块含量、针片状含量指标进行检验,压碎指标可根据工程需要进行检验,应对细骨料颗粒级配、含泥量、泥块含量指标进行检验。当设计文件有要求或结构处于易发生碱骨料反应环境中时,应对骨料进行碱活性检验。抗冻等级 F100 及以上的混凝土用骨料,应进行坚固性检验。骨料不超过 400 m³ 或 600 t 为一检验批。

(三) 水

混凝土拌和及养护用水,应符合现行行业标准《混凝土用水标准》(JGJ 63—2006)的有关规定。未经处理的海水严禁用于钢筋混凝土结构和预应力混凝土结构中混凝土的拌制和养护。当采用饮用水作为混凝土用水时,可不检验。当采用中水、搅拌站清洗水或施工现场循环水等其他水源时,应对其成分进行检验。

(四) 外加剂

外加剂的选用应根据设计、施工要求混凝土原材料性能以及工程所处环境条件等因素通过试验确定,并应符合下列规定:①使用碱活性骨料时,由外加剂带入的碱含量(以当量氧化钠计)不宜超过 1.0 kg/m³,混凝土总碱含量尚应符合《混凝土结构设计规范》(GB 50010—2010)等现行国家标准的有关规定。②不同品种外加剂首次复合使用时,应检验混凝土外加剂的相容性。

蒸汽养护的混凝土和预应力混凝土中不宜掺引气剂或引气减水剂。掺用含氯盐的外加剂时,限制较大,应符合现行国家标准《混凝土结构工程施工质量验收规范》(GB 50204—2021)的规定。

为了改善混凝土的性能,以适应新结构、新技术发展的需要,目前广泛采用在混凝土中掺外加剂的办法。外加剂的种类繁多,按其主要功能可归纳为四类:①改善混凝土流变性能的外加剂,如减水剂、引气剂和泵送剂等;②调节混凝土凝结、硬化时间的外加剂,如早强剂、速凝剂、缓凝剂等;③改善混凝土耐久性能的外加利,如引气剂、防冻剂、阻锈剂等;④改善混凝土其他性能的外加剂,如膨胀剂等。商品外加剂往往是兼有几种功能的复合型外加剂。现将常用外加剂及使用要求介绍如下。

1. 常用外加剂

(1)减水剂

减水剂是一种表面活性材料,加入混凝土中能对水泥颗粒起扩散作用,将水泥凝胶体中所包含的游离水释放出来。掺入减水剂后可保证混凝土在工作性能不变的情况下显著减少拌和用水量,降低水灰比,提高其强度或节约水泥;若不减少用水量,则能增加混凝土的流动性,改善其和易性。减水剂适用于各种现浇和预制混凝土,多用于大体积和泵送混凝土。

(2)引气剂

引气剂能在混凝土搅拌过程中引入大量封闭的微小气泡,可增加水泥浆体积,减小与砂石之间的摩擦力并切断与外界相通的毛细孔道,因而可改善混凝土的和易性,并能显著提高其抗渗性、抗冻性和抗化学侵蚀能力。但混凝土的强度一般随含气量的增加而下降,使用时应严格控制掺量。引气剂适用于水工结构,而不宜用于蒸养混凝土和预应力混凝土。

(3)泵送剂

泵送剂是流变类外加剂中的一种,除了能大大提高混凝土的流动性以外,还能使新拌混凝土在6~8 min内保持其流动性,从而使拌和物顺利通过泵送管道,不阻塞、不离析且可塑性良好。泵送剂适用于各种需要采用泵送工艺的混凝土。

(4)早强剂

早强剂可加速混凝土的硬化过程,提高其早期强度,且对后期强度无显著影响,因而可加速模板周转、加快工程进度、节约冬期施工费用。早强剂适用于蒸养混凝土和常温、低温及最低温度不低于-5 ℃环境中的有早强或防冻要求的混凝土工程。

(5)速凝剂

速凝剂能使混凝土或砂浆迅速凝结硬化,其作用与早强剂有所区别,可使水泥在2~5 min内初凝,10 min内终凝,并提高其早期强度、抗渗性和抗冻性,黏结能力也有所提高,但7 d以后强度较不掺者低。速凝剂用于喷射混凝土或砂浆、堵漏抢险等工程。

(6)缓凝剂

缓凝剂能延缓混凝土的凝结时间,使其在较长时间内保持良好的和易性,或延长水化热放热时间,并对其后期强度的发展无明显影响。缓凝剂广泛应用于大体积混凝土、炎热气候条件下施工的混凝土以及需较长时间停放或长距离运输的混凝土。缓凝剂多与减水剂复合应用,可减小混凝土收缩,提高其密实性,改善耐久性。

(7)防冻剂

防冻剂能显著降低混凝土的冰点,使混凝土在一定负温条件下,保持水分不冻结,并促使其凝结、硬化剂,在一定时间内获得预期的强度。防冻剂适用于负温条件下施工的混凝土。

(8)阻锈剂

阻锈剂能抑制或减轻混凝土中钢筋或其他预埋金属的锈蚀,也称缓蚀剂。阻锈剂适用于有以氯离子为主的腐蚀性环境中(海洋及沿海盐碱地的结构),或使用环境中遭受腐蚀性气体或盐类作用的结构。此外,施工中掺有氯盐等可腐蚀钢筋的防冻剂时,往往同时使用阻锈剂。

(9)膨胀剂

膨胀剂能使混凝土在硬化过程中,体积不收缩且有一定程度的膨胀。其适用范围有:补偿收缩混凝土(地下、水中的构筑物,大体积混凝土,屋面与浴厕间防水、渗漏修补等),填充用膨胀混凝土(结构后浇缝、梁柱接头等)和填充用膨胀砂浆(设备底座灌浆,构件补强、加固等)。

2. 外加剂使用要求

在选择外加剂的品种时,应根据使用外加剂的主要目的,通过技术经济比较确定。外加剂的掺量应按其品种并根据使用要求、施工条件、混凝土原材料等因素通过试验确定,该掺量应以水泥的质量分数表示,称量误差不应超过2%。此外,有关规范还规定:混凝土中掺用外加剂的质量及应用技术应符合现行国家标准和有关环境保护的规定。在预应力混凝土结构中,严禁使用含氯化物的外加剂。在钢筋混凝土结构中,当使用含氯化物的外加剂时,混凝土中氯化物的总含量应符合现行国家标准的规定。混凝土中氯化物和碱的总含量应符合现行国家标准和设计要求。

外加剂进场应按产品标准规定对其主要匀质性指标和掺外加剂混凝土性能指标进行检验。同一品种外加剂不超过50 t应为一检验批。

(五) 矿物掺和料

矿物掺和料也是混凝土的主要组成材料,是指以氧化硅、氧化铝为主要成分,且掺量不小于5%的具有火山灰活性的粉体材料。矿物掺和料在混凝土中可以替代部分水泥,起到改善传统混凝土性能的作用,某些矿物细掺和料还能起到抑制碱骨料反应的作用。常用的掺和料有粉煤灰、磨细矿渣、沸石粉、硅粉、复合矿物等。矿物掺和料的选用应根据设计、施工要求,以及工程所处环境条件确定,其掺量应通过试验确定。

矿物掺和料进场应对细度(比表面积)、需水量比(流动度比)、活性指数(抗压强度比)、烧失量指标进行检验。粉煤灰、矿渣粉、沸石粉不超过200 t应为一检验批,硅灰不超过30 t应为一检验批。

二、混凝土的制备强度

混凝土结构施工宜采用预拌混凝土。预拌混凝土应符合现行国家标准《预拌混凝土》(GB/T 14902—2012)的有关规定,现场搅拌混凝土宜采用具有自动计量装置的设备集中搅拌。混凝土的施工配合比应保证混凝土强度等级及和易性,并应符合合理使用材料、节约水泥的原则。必要时,还应符合抗冻性、抗渗性等要求。

为使混凝土达到设计要求的强度等级,并满足抗渗性、抗冻性等耐久性要求,同时还要满足施工操作对混凝土拌和物和易性的要求,施工中必须执行混凝土的设计配合比。组成混凝土的各种原材料直接影响到混凝土的质量,必须对原材料加以控制,而各种材料的温度、湿度和体积又经常发生变化,同体积的材料有时质量相差很大,所以拌制混凝土的配合比应按质量计量,才能保证配合比准确、合理,使拌制的混凝土质量达到要求。

(一) 原材料的计量

原材料的计量是混凝土拌制过程中的重要环节。只有保证混凝土计量的精确度,才能使所拌制的混凝土的强度、耐久性和工作性能满足设计和施工要求。

原材料的计量应以质量计,经常测定骨料中的含水率,以调整加水量;衡器应经常检验,保持准确,精度不应超过最大称量的0.5%。

(二) 混凝土配合比的确定

混凝土应按国家现行标准《普通混凝土配合比设计规程》(JGJ 55—2011)的有关规定,根据混凝土设计强度等级、耐久性、施工和易性等要求进行配合比设计,对有抗冻、抗渗等特殊要求的混凝土,其配合比设计还应符合国家现行有关标准的专门规定。设计中还应考虑合理使用材料和经济的原则,并通过试配确定。

混凝土配合比设计应经试验确定,并应符合下列规定:①应在满足混凝土强度、耐久性和工作性要求的前提下,减少水泥和水的用量。②当有抗冻、抗渗、抗氯离子侵蚀和化学腐蚀等耐久性要求时,还应符合现行国家标准《混凝土结构耐久性设计标准》(GB/T 50476—2019)的有关规定。③应分析环境条件对施工及工程结构的影响。④试配所用的原材料应与施工实际使用的原材料一致。

三、混凝土的拌制

混凝土的拌制过程分为原材料加工储存、原材料计量和混凝土的拌制。

在合理使用和节约原材料的原则下,好的混凝土既要满足硬化后具有设计要求的物理力学性能,也要在施工时具有良好的工作性(和易性)。因此,在拌制混凝土时,应注意原材料的选择和使用,严格控制原材料的计量精度,正确选择混凝土的搅拌制度,加强混凝土的拌制质量的检验,保证符合要求。

(一) 混凝土搅拌的机理

混凝土搅拌的目的:将各种组成材料拌制成质地均匀、颜色一致、具备一定流动性的混凝土拌和物。

为使混凝土均匀,应设法使各组成颗粒和液滴都产生运动,其运动轨迹相交,每部分的颗粒扩散到其他成分中。

根据使颗粒运动方法的不同,普通混凝土搅拌机的搅拌机理有如下2种。

1. 自落式扩散机理

将物料提升一定高度,自由落下,物料下落的时间、速度、落点和滚动距离各不相同,物料相互穿插、渗透、扩散,达到均匀混合的目的。自落式扩散机理又称重力扩散机理,其对应的搅拌机为自落式搅拌机。

2. 强制式扩散机理

强制式扩散机理即利用运动的叶片强迫物料颗粒朝各方向(环向、径向、竖向)运动,各颗粒的运动方向、速度不同,相互之间产生剪切滑移,相互穿插、扩散,使物料混合均匀。强制式扩散机理又称剪切扩散机理,其对应的搅拌机为强制式搅拌机。

（二）搅拌机的类型

搅拌机由搅拌筒、进料装置、卸料装置、传动装置、配水系统组成。搅拌机的容量分为出料容量、进料容量和几何容量。出料容量是指搅拌机每次可拌出的最大混凝土量;进料容量是指搅拌前搅拌筒能装的各种松散料的累积体积;几何容量是搅拌筒的几何容积。出料容量与进料容量的比值称为出料系数,一般为 0.6 ~ 0.7,取 0.67;进料容量与几何容量的比值称为利用系数,一般为 0.22 ~ 0.4。

根据搅拌机理的不同,搅拌机分为自落式搅拌机和强制式搅拌机。

混凝土搅拌机按其搅拌原理分为自落式搅拌机和强制式搅拌机 2 类;根据其构造的不同,又可分为若干种。自落式搅拌机主要是利用材料的重力机理进行工作,适用于搅拌塑性混凝土和低流动性混凝土;强制式搅拌机主要是利用剪切机理进行工作,适用于搅拌干硬性混凝土及轻骨料混凝土。混凝土搅拌机一般是以出料容积标定其规格的,常用的有 250L 型、350L 型、500L 型等。选择搅拌机型号时,要根据工程量大小、混凝土的坍落度要求和骨料尺寸等确定,既要满足技术要求,又要考虑经济效益和节约能源。

（三）搅拌制度

为了获得均匀优质的混凝土拌和物,除选择搅拌机的型号外,还必须正确确定搅拌制度,包括搅拌机的转速、搅拌时间、装料容积、投料顺序等,其中搅拌机的转速由生产厂家按其型号确定。

1. 搅拌时间

混凝土搅拌时间是指从全部材料装入搅拌筒中起,到开始卸料止的时间段。

为获得混合均匀、强度和工作性能都满足要求的混凝土所需的最短搅拌时间,称为最小搅拌时间,其取决于搅拌机的类型和容量、骨料的品种和粒径、对混凝土的工作性能要求等因素。混凝土的匀质性随搅拌时间延长而增加,但不能过长。

搅拌时间过长,混凝土匀质性无明显提高,混凝土强度增加很小都会影响搅拌机的生产率,水分蒸发和软弱骨料被长时间研磨而破碎变细,降低工作性,也会影响混凝土的质量。

若搅拌时间过短,混凝土拌和不均匀,其强度将降低;但若搅拌时间过长,不仅会降低生产效率,而且会使混凝土的和易性降低或产生分层离析现象。

混凝土应搅拌均匀,宜采用强制式搅拌机搅拌。

搅拌强度等级 C60 及以上的混凝土时,搅拌时间应适当延长。

2. 投料顺序

合理的投料顺序可提高搅拌质量、减少叶片和衬板的磨损、减少拌和物与搅拌筒的黏结、减少水泥飞扬、改善工作环境等。

在确定混凝土各种原材料的投料顺序时,应考虑如何保证混凝土的搅拌质量,减少混凝土的黏罐现象和水泥飞扬,减少机械磨损,降低能耗和提高劳动生产率等。目前采用的投料顺序有一次投料法和二次投料法。

(1)一次投料法

将原材料一起加入搅拌筒中进行搅拌。自落式搅拌机常用的顺序是:先砂(或石子),再水泥,然后石子(或砂),最后加水搅拌。

一次投料法是目前广泛使用的一种方法,即将材料按砂→水泥→石子的顺序投入搅拌筒内加水进行搅拌。该种投料顺序的优点是水泥位于砂石之间,进入搅拌筒时可减少水泥飞扬;同时,砂和水泥先进,入搅拌筒形成砂浆,可缩短包裹石子的时间,也避免了水向石子表面聚集而产生的不良影响,可提高搅拌质量。该方法工艺简单,操作方便。

(2)二次投料法

二次投料法又可分为预拌水泥砂浆法和预拌水泥净浆法。

预拌水泥砂浆法:先将水泥、砂、水加入搅拌筒内充分搅拌,成为均匀的水泥砂浆后再加石子搅拌成均匀的混凝土。国内一般使用强制式搅拌机,搅拌砂浆 1～1.5 min 后,再加石子搅拌 1.5 min。国外是用双层搅拌机(复式搅拌机),上层搅拌水泥砂浆,送入下层与石子一起搅拌。

预拌水泥净浆法:先将水泥和水充分搅拌成均匀的水泥净浆,再加砂、石子充分搅拌。国外使用的是高速搅拌机,对水泥净浆有活化作用。

二次投料法比一次投料法强度可提高15%;强度相同的条件下,可节约15%～20%的水泥。

(3)水泥裹砂法(SEC法)

SEC法搅拌的混凝土称为SEC混凝土,又称造壳混凝土。

程序:先将一定量的水加入砂,使其含水量到一定数值后再将石加入与湿砂拌匀,再投入水泥搅拌均匀,使砂石子表面形成一种低水灰比的水泥浆壳,此过程称为"成壳",最后将剩余的水和外加剂加入,拌成混凝土,砂的含水率保持在15%～25%。最后,SEC法比一次投料法强度提高20%～30%且混凝土不易产生离析,工作性好。

水泥裹砂法主要采取2项工艺措施:①对砂子的表面湿度进行处理,控制在一定范围内;②进行2次加水搅拌,第一次加水搅拌称为造壳搅拌,使砂周围形成黏着性很高的水泥糊包裹层;第二次加入水及石子,经搅拌后部分水泥浆便均匀地分散在已经被造壳的砂子及石子周围。国内外的试验结果表明:砂的表面湿度控制在4%~6%,第一次搅拌加水量为总加水量的20%~26%时,造壳混凝土的增强效果最佳。此外,增强效果与造壳搅拌时间也有密切关系,时间过短不能形成均匀的水泥浆壳,时间过长造壳的效果并不十分明显,强度并无较大提高,因而以45~75 s为宜。采用分次投料搅拌方法时,应通过试验确定投料顺序、数量及分段搅拌的时间等工艺参数。矿物掺和料宜与水泥同步投料,液体外加剂宜滞后于水和水泥投料;粉状外加剂宜溶解后再投料。

3. 进料容量

将搅拌前各种材料的体积累积起来的容量,称为进料容量。超过进料容量10%以上,就会使材料在搅拌筒内无充分的空间进行掺和,影响混凝土拌和物的均匀性;反之,如装料过少,则不能充分发挥搅拌机的效能。

预拌(商品)混凝土能保证混凝土的质量,节约材料,减少施工临时用地,实现文明施工,是今后的发展方向,国内一些城市已推广应用,不少城市已有相当的规模,有的城市已规定在一定范围内必须采用商品混凝土,不得现场拌制。

搅拌机的装料容积指搅拌1罐混凝土所需各种原材料松散体积的总和。为了保证混凝土得到充分拌和,装料容积通常只为搅拌机几何容积的1/3~1/2。一次搅拌好的混凝土拌和物体积称为出料容积,为装料容积的0.5~0.75(又称出料系数)。如J1-400型自落式搅拌机,其装料容积为400 L,出料容积为260 L。搅拌机不宜超载,若超过装料容积的10%,就会影响混凝土拌和物的均匀性;反之,装料过少又不能充分发挥搅拌机的功能,也会影响生产效率。所以,在搅拌前应确定每盘混凝土中各种材料的投料量。

四、混凝土的运输

(一) 对混凝土运输的要求

混凝土自搅拌机中卸出后,应及时运至浇筑地点。为了保证混凝土工程的质量,运输的基本要求:①混凝土运输过程中要能保持良好的均匀性,不分层、不离析、不漏浆。②保证混凝土浇筑时具有规定的坍落度。③保证混凝土在初凝前有充分的时间进行浇筑并捣实完毕。④保证混凝土浇筑工作能连续进行。⑤转送混凝土时,应注意使拌和物能直接对正倒入装料运输工具的中心部位,以免骨料离析。

(二) 混凝土的运输工具

运输工具的要求:不吸水、不漏浆。

混凝土运输分为地面水平运输、垂直运输和高空水平运输3种方式。地面水平运输常用的工具有双轮手推车、机动翻斗车、混凝土搅拌运输车和自卸汽车。当混凝土需要量较大、运距较远或使用商品混凝土时,多采用混凝土搅拌运输车和自卸汽车。

当采用机动翻斗车运输混凝土时,道路应通畅,路面应平整、坚实,临时坡道或支架应牢固,铺板接头应平顺。

混凝土搅拌运输车是将锥形倾翻出料式搅拌机装在载重汽车的底盘上,可以在运送混凝土的途中继续搅拌,以防止在运距较远的情况下混凝土产生分层离析现象。

采用混凝土搅拌运输车运输混凝土时,应符合下列规定:①接料前,搅拌运输车应排净罐内积水;②在运输途中及等候卸料时,应保持搅拌运输车罐体转速正常,不得停转;③卸料前,搅拌运输车罐体宜快速旋转搅拌20 s以上再卸料。

采用搅拌运输车运输混凝土时,施工现场车辆出入口处应设置交通安全指挥人员,施工现场道路应顺畅,有条件时宜设置循环车道;危险区域应设置警戒标志;夜间施工时,应有良好的照明。

在运输距离很长时,还可将配好的混凝土干料装入筒内,在运输途中加水搅拌,该操作能减少长途运输引起的混凝土坍落度损失。当混凝土坍落度损失较大不能满足施工要求时,可在运输车罐内加入适量的与原配合比相同成分的减水剂。减水剂加入量应事先由试验确定,并应做记录。加入减水剂后,搅拌运输车罐体应快速旋转搅拌均匀,并应达到要求的工作性能后再泵送或浇筑。

混凝土的垂直运输,多采用塔式起重机、井架运输机或混凝土泵等,用塔式起重机时一般均配有料斗。

混凝土高空水平运输:如垂直运输采用塔式起重机,可将料斗中的混凝土直接卸到浇筑点;如采用井架运输机,则以双轮手推车为主;如采用混凝土泵,则用布料机布料。高空水平运输时应采取措施保证模板和钢筋不变位。

用塔机将混凝土放在吊斗中,可直接进行浇筑。

浇灌料斗分立式和卧式,立式料斗制作用料少,质量轻,易清洗高度高,使用时需挖坑;卧式料斗高度低,可配合翻斗车,不挖坑,放置点不受限,平面尺寸大,制作用料多,体型笨重,易积混凝土和雨水,不易清洗。

(三)混凝土输送泵运输

混凝土泵运输:以泵为动力,沿管道输送混凝土,可以一次完成水平及垂直运输,将混凝土直接输送到浇筑地点,是一种高效的混凝土运输方法,道路工程、桥梁工程、地下工程、工业与民用建筑施工皆可应用,在我国正大力推广。

我国目前主要采用的混凝土泵由活塞泵、料斗、液压缸、活塞、混凝土缸、分配阀、Y形输送管、冲洗设备、液压系统、动力系统等组成。

混凝土输送管包括钢管、橡胶、塑料软管。混凝土泵装在汽车上成混凝土泵车,车上还有可以伸缩或曲折的"布料杆",混凝土运至现场后,其坍落度应满足要求。

混凝土输送泵是一种机械化程度较高的混凝土运输和浇筑设备,以泵为动力,将混凝土沿管运输送到浇筑地点,可一次完成地面水平、垂直和高空水平运输。混凝土输送泵具有输送能力大、效率高、作业连续、节省人力等优点,目前已广泛应用于建筑、桥梁、地下等工程中。该整套设备包括混凝土泵、输送管和布料装置,按其移动方式又分为固定式混凝土泵和混凝土汽车泵(或称移动泵车)。

采用泵送的混凝土必须具有良好的可泵性。为减小混凝土与输送管内壁的摩阻力,对粗骨料最大粒径与输送管径之比提出要求:泵送高度在 50 m以内时,碎石为 1:3,卵石为 1:2.5;泵送高度在 50～100 m 时,碎石为 1:4,卵石为 1:3;泵送高度在 100 m 以上时,碎石为 1:5,卵石为 1:4。砂宜采用中砂,通过 0.315 mm 筛孔的砂粒不少于 15%,砂率宜为 35%～45%。为避免混凝土产生离析现象,水泥用量不宜少,且宜掺加矿物掺和料(通常为粉煤灰),水泥和掺和料的总量不宜小于 300 kg/m³。混凝土坍落度宜为 10～18 cm。为提高混凝土的流动性,混凝土宜掺入适量外加剂,主要有泵送剂、减水剂、引气剂等。

在泵送混凝土施工中,应注意以下问题:应使混凝土供应、输送和浇筑的效率协调一致,保证泵送工作连续进行,防止输送管道阻塞;输送管道的布置应尽量取直,转弯宜少且缓,管道的接头应严密;在泵送混凝土前,应先用适量的与混凝土成分相同的水泥浆或水泥砂浆湿润输送管内壁;泵的受料斗内应经常有足够的混凝土,防止吸入空气引起阻塞;预计泵送的间歇时间超过初凝时间或混凝土出现离析现象时,应立即注入加压水冲洗管内残留的混凝土;输送混凝土时,应先输送至较远处,以便随混凝土浇筑工作的逐步完成;逐步拆除管道;泵送完毕,应将混凝土泵和输送管清洗干净。

五、混凝土的浇筑

混凝土的浇筑工作包括:布料摊平、捣实和抹面修整。

混凝土浇筑要保证混凝土的均匀性和密实性,要保证结构的整体性、尺寸准确和钢筋、预埋件的位置正确,拆模后混凝土表面要平整、光洁。

(一)混凝土浇筑的一般规定

混凝土浇筑后,应均匀密实,填满整个空间;新、旧混凝土结合良好;钢筋及预埋件位置正确。

混凝土浇筑前应拟订好施工方案,完成下列工作:①隐蔽工程验收和技术复核;②对操作人员进行技术交底;③根据施工方案中的技术要求,检查并确认施工现场具备实施条件;④施工单位填报浇筑申请单,并经监理单位签认。

混凝土浇筑前的准备工作包括:①检查模板及其支架,确保标高、位置、尺寸正确,强度、刚度及严密性满足要求。②检查钢筋及预埋件的级别、直径、数量、排放位置及保护层厚度是否满足设计和规范要求,并做好隐蔽工程验收记录。由于混凝土工程属于隐蔽工程,对混凝土量大的工程、重要工程或重点部位的浇筑,以及其他施工中的重大问题,均应随时填写施工记录。③模板内的杂物应清理干净,木模板应浇水湿润,但不允许留有积水。④将材料供应、机具安装、道路平整、劳动组织等工作安排就绪,并做好安全技术交底。

混凝土拌和物入模温度不应低于5 ℃,且不应高于35 ℃。

混凝土运输、输送、浇筑过程中严禁加水;混凝土运输、输送、浇筑过程中散落的混凝土严禁用于混凝土结构构件的浇筑。

混凝土应布料均衡。应对模板及支架进行观察和维护,发生异常情况应及时进行处理。混凝土浇筑和振捣应采取防止模板、钢筋、钢构、预埋件及其定位件移位的措施。

为保证结构的整体性,混凝土应连续浇筑,中途不停歇;必须停歇时应尽量缩短时间,并应在前层混凝土初凝前浇筑完毕。

在混凝土浇筑过程中应经常观察模板及其支架、钢筋、预埋件和预留孔的情况,发现不正常的变形位移时,应立即停止浇筑,并应在混凝土初凝前修整完毕。

(二)混凝土浇筑的技术要求

1. 混凝土浇筑的一般要求

混凝土拌和物运至浇筑地点后,应立即浇筑入模,如发现拌和物的坍落度有较大变化或有离析现象时,应及时处理。

混凝土应在初凝前浇筑完毕,如已有初凝现象,则需进行一次强力搅拌,使其恢复流动性后方可浇筑。

混凝土浇筑的布料点宜接近浇筑位置,应采取减少混凝土下料冲击的措施,保证柱、墙模板内的混凝土浇筑不得发生离析;当不能满足要求时,应加设串筒、溜管、溜槽等装置。串筒布置应适应浇筑面积、浇筑速度和摊铺混凝土的能力,间距一般应不大于 3 m,其布置形式可分为行列式和交错式 2 种,以交错式居多。串筒下料后,应用振动器迅速摊平并捣实。

浇筑应符合下列规定:①宜先浇筑竖向结构构件,后浇筑水平结构构件;②浇筑区域结构平面有高差时,宜先浇筑低区部分,再浇筑高区部分。

泵送混凝土浇筑应符合下列规定:①宜根据结构形状及尺寸、混凝土供应、混凝土浇筑设备、场地内外条件等划分每台输送泵的浇筑区域及浇筑顺序。②采用输送管浇筑混凝土时,宜由远及近浇筑;采用多根输送管同时浇筑时,其浇筑速度宜保持一致。③润滑输送管的水泥砂浆用于湿润结构施工缝时,水泥砂浆应与混凝土浆液成分相同;接浆厚度不应大于 30 mm,多余水泥砂浆应收集后运出。④混凝土泵送浇筑应连续进行;当混凝土不能及时供应时,应采取间歇泵送方式。⑤混凝土浇筑后,应清洗输送泵和输送管。

浇筑竖向结构(如墙、柱)的混凝土之前,底部应先浇入 50~100 mm 厚与混凝土成分相同的水泥砂浆,以避免构件底部因砂浆含量较少而出现蜂窝、麻面、露石等质量缺陷。

混凝土在浇筑及静置过程中,应采取措施防止产生裂缝;混凝土因沉降及干缩产生的非结构性的表面裂缝,应在终凝前予以修整。

2. 浇筑间歇时间

为保证混凝土的整体性,浇筑工作应连续进行。如必须间歇时,其间歇时间应尽可能缩短,并应在前层混凝土初凝之前,将次层混凝土浇筑完毕。混凝土运输、浇注及间歇的全部时间不应超过混凝土的初凝时间,可按所用水泥品种及混凝土条件确定。若超过初凝时间必须留置施工缝。

3. 浇筑层厚度

为保证混凝土的密实性,混凝土必须分层浇筑、分层捣实。

(三) 混凝土施工缝与后浇带

若由于技术上或施工组织,不能连续将混凝土结构整体浇筑完成,则应在适当的部位留设施工缝。施工缝是指继续浇筑的混凝土与已经凝结硬化的先浇混凝土之间的新旧结合面,是结构的薄弱部位,必须认真对待。施工缝和后浇带的留设位置应在混凝土浇筑前确定。施工缝和后浇带宜留设在结构受剪力较小且便于施工的位置。受力复杂的结构构件或有防水抗渗要求的结构构件,施工缝留设位置应经设计单位确认。

施工缝、后浇带留设界面,应垂直于结构构件和纵向受力钢筋。结构构件厚度或高度较大时,施工缝或后浇带界面宜采用专用材料封挡。

施工缝或后浇带处浇筑混凝土,应符合下列规定:结合面应为粗糙面,并应清除浮浆、松动石子、软弱混凝土层;结合面处应洒水湿润,但不得有积水;施工缝处已浇筑混凝土的强度不应小于1.2 MPa;柱、墙水平施工缝水泥砂浆接浆层厚度不应大于30 mm,接浆层水泥砂浆应与混凝土浆液成分相同;后浇带混凝土强度等级及性能应符合设计要求;当设计无具体要求时,后浇带混凝土强度等级宜比两侧混凝土提高一级,并宜采用减少收缩的技术措施。施工缝处的混凝土应特别注意细致捣实,使新旧混凝土结合紧密。

混凝土浇筑过程中,因特殊原因需临时设置施工缝时,施工缝留设应规整,并宜垂直于构件表面,必要时可采取增加插筋、事后修凿等技术措施。施工缝和后浇带应采取钢筋防锈或阻锈等保护措施。

水平施工缝的留设位置应符合下列规定:①柱、墙施工缝可留设在基础、楼层结构顶面,梁或吊车梁牛腿的下面、吊车梁的上面、无梁楼板柱帽的下面;柱施工缝与结构上表面的距离宜为0～100 mm,墙施工缝与结构上表面的距离宜为0～300 mm。②柱、墙施工缝也可留设在楼层结构底面,施工缝与结构下表面的距离宜为0～50 mm;当板下有梁托时,可留设在梁托下0～20 mm。③高度较大的柱、墙、梁,以及厚度较大的基础,可根据施工需要在其中部留设水平施工缝,与板连成整体的大截面梁,施工缝留置在板底面以下20～30 mm处;当板下有梁托时,留置在梁托下部。当因施工缝留设改变受力状态而需要调整构件配筋时,应经设计单位确认。④特殊结构部位留设水平施工缝应经设计单位确认。

竖向施工缝和后浇带的留设位置应符合下列规定:①单向板施工缝应留设在与跨度方向平行的任何位置。②有主次梁的楼板,宜顺着次梁方向浇筑,施工缝应留设在次梁跨度中间1/3范围内;若沿主梁方向浇筑,施工缝应留置在主梁跨度中间的1/2与板跨度中间的1/2相重合的范围内。③楼梯梯段施工缝宜设置在梯段板跨度端部1/3范围内。④墙的施工缝宜设置在门洞口过梁跨中1/3范围内,也可留设在纵横墙交接处。⑤后浇带留设位置应符合设计要求。⑥双向受力的板、大体积混凝土结构、拱、弯拱、薄壳、蓄水池、斗仓、多层钢架等特殊结构部位留设竖向施工缝应经设计单位确认。

设备基础施工缝留设位置应符合下列规定:①水平施工缝应低于地脚螺

栓底端,与地脚螺栓底端的距离应大于150 mm;当地脚螺栓直径小于30 mm时,水平施工缝可留设在深度不小于地脚螺栓埋入混凝土部分总长度的3/4处。②竖向施工缝与地脚螺栓中心线的距离不应小于250 mm,且不应小于螺栓直径的5倍。

承受动力作用的设备基础施工缝留设位置,应符合下列规定:①标高不同的2个水平施工缝,其高低结合处应留设成台阶形,台阶的高宽比不应大于1.0。②竖向施工缝或台阶形施工缝的断面处应加插钢筋,插筋数量和规格应由设计确定。③施工缝的留设应经设计单位确认。

(四) 现浇混凝土结构的浇筑方法

1. 基础的浇筑

浇筑台阶式基础时,可按台阶分层一次浇筑完毕,不允许留施工缝。垫层混凝土的浇筑顺序是先边角后中间,使混凝土能充满模板边角。施工时应注意防止垂直交角处混凝土出现脱空(即吊脚)、蜂窝现象。其措施是:将第一台阶混凝土捣固下沉2~3 cm后暂不填平,继续浇筑第二台阶时,先用铁锹沿第二台阶模板底圈内外均做成坡,然后分层浇筑,待第二台阶混凝土灌满后,再将第一台阶外圈混凝土铲平、拍实、抹平。

浇筑杯形基础时,应注意杯口底部标高和杯口模板的位置,防止杯口模板上浮和倾斜。浇筑时,先将杯口底部混凝土振实并稍停片刻,然后对称、均衡浇筑杯口模板四周的混凝土。当浇筑杯口基础时,宜采用后安装杯口模板的方法,即当混凝土浇捣到接近杯口底时再安装杯口模板,并继续浇捣。为加快杯口芯模的周转,可在混凝土初凝后终凝前将芯模拔出,并随即将杯壁混凝土划毛。

浇筑锥形基础时,应注意斜坡部位混凝土的捣固密实,在用振动器振捣完毕后,再用人工将斜坡表面修正、抹平,使其符合设计要求。

浇筑现浇柱下基础时,应特别注意柱子插筋位置的准确,防止其移位和倾斜。在浇筑开始时,先满铺一层5~10 cm厚的混凝土并捣实,使柱子插筋下端和钢筋网片的位置基本固定,然后继续对称浇筑,并在下料过程中注意避免碰撞钢筋,有偏差时应及时纠正。

浇筑条形基础时,应根据基础高度分段分层连续浇筑,一般不留施工缝。每段浇筑长度控制在2~3 m,各段各层间应相互衔接,呈阶梯形向前推进。

浇筑设备基础时一般应分层浇筑,并保证上、下层之间不出现施工缝,分层厚度为20~30 cm,并尽量与基础截面变化部位相符合。每层浇筑顺序宜从低处开始,沿长边方向自一端向另一端推进,也可采取自中间向两边或自两边向中间推进的顺序。对一些特殊部位,如地脚螺栓、预留螺栓孔、预埋管道等,浇筑时要控制好混凝土的上升速度,使两边均匀上升,同时避免碰撞,以免发生歪斜或移位。对螺栓锚板及预埋管道下部的混凝土要仔细振捣,必要时采用细石混凝土填实。

对于大直径地脚螺栓,在混凝土浇筑过程中宜用经纬仪随时观测,发现偏差及时纠正。预留螺栓孔的木盒应在混凝土初凝后及时拔出,以免硬化后再拔出会损坏预留孔附近的混凝土。

2. 主体结构的浇筑

主体结构的主要构件有柱、墙、梁、楼板等。在多、高层建筑结构中,上述构件是沿垂直方向重复出现的,因此一般按结构层分层施工;如果平面面积较大,还应分段进行,以便各工序流水作业。在每层、每段的施工中,浇筑顺序为先浇筑柱、墙,后浇筑梁、板。

(1)柱、墙混凝土浇筑

柱、墙混凝土设计强度等级高于梁、板混凝土设计强度等级时,混凝土浇筑应符合下列规定:①柱、墙混凝土设计强度比梁、板混凝土设计强度高1个等级时,柱、墙位置梁、板高度范围内的混凝土经设计单位确认,可采用与梁、板混凝土设计强度等级相同的混凝土进行浇筑。②柱、墙混凝土设计强度比梁板混凝土设计强度高2个及2个以上等级时,应在交界区域采取分隔措施;分隔位置应在低强度等级的构件中,且距高强度等级构件边缘不应小于500 mm。③宜先浇筑强度等级高的混凝土,后浇筑强度等级低的混凝土。

柱子混凝土的浇筑宜在梁板模板安装完毕、钢筋绑扎之前进行,以便利用梁板模板来稳定柱模板,并用作浇筑混凝土的操作平台。浇筑一排柱子的顺序,应从两端同时开始向中间推进,不宜从一端推向另一端,以免因浇筑混凝土后模板吸水膨胀而产生横向推力,累积到最后一根柱造成弯曲变形。当柱截面尺寸在40 cm×40 cm以上且无交叉箍筋、柱高不超过3.5 m时,可从柱顶直接浇筑;超过3.5 m时需分段浇筑或采用竖向串筒输送混凝土。当柱截面尺寸在40 cm×40 cm以内或有交叉箍筋时,应在柱模板侧面开不小于30 cm高的门子洞作为浇筑口,装上斜溜槽分段浇筑,每段高度不超过2 m。

剪力墙混凝土的浇筑除遵守一般规定外,还应在浇筑门窗洞口部位时,于洞口两侧同时浇筑,且使两侧混凝土高度大体一致,防止门窗洞口部位模板的移动;窗户部位应先浇筑窗台下部混凝土,停歇片刻后再浇筑窗间墙处。当剪力墙的高度超过3 m时,也应分段浇筑。

（2）梁与板混凝土的浇筑

浇筑时先将梁的混凝土分层浇筑成阶梯形,当达到板底位置时即与板的混凝土一起浇筑,随着阶梯形的不断延长,板的浇筑也不断向前推进。倾倒混凝土的方向应与浇筑方向相反。当梁的高度大于 1 m 时,可先单独浇筑梁,在距板底以下 2~3 cm 处留设水平施工缝。在浇筑与柱、墙连成整体的梁、板时,应在柱、墙的混凝土浇筑完后停歇 1~1.5 h,使其初步沉实,排除泌水后,再继续浇筑梁、板的混凝土。

（3）特殊结构构件混凝土的浇筑

超长结构混凝土浇筑可留设施工缝分仓浇筑,分仓浇筑间隔时间不应少于 7 d;当留设后浇带时,后浇带封闭时间不得少于 14 d;超长整体基础上调节沉降的后浇带,混凝土封闭时间应通过监测确定,应在差异沉降稳定后封闭后浇带;后浇带的封闭时间应经设计单位确认。型钢混凝土结构粗骨料最大粒径不应大于型钢外侧混凝土保护层厚度的 1/3,且不宜大于 25 mm;浇筑应有足够的下料空间,并应使混凝土充盈整个构件各部位;型钢周边混凝土浇筑宜同步上升,混凝土浇筑高差应不大于 500 mm。

钢管混凝土结构浇筑宜采用自密实混凝土浇筑;混凝土应采取减少收缩的技术措施;钢管截面较小时,应在钢管壁适当位置留有足够的排气孔,排气孔孔径不应小于 20 mm;浇筑混凝土应加强排气孔观察,并应确认浆体流出和浇筑密实后再封堵排气孔;当采用粗骨料粒径不大于 25 mm 的高流态混凝土或粗骨料粒径不大于 20 mm 的自密实混凝土时,混凝土最大倾落高度不宜大于 9 m;倾落高度大于 9 m 时,宜采用串筒、溜槽、溜管等辅助装置进行浇筑。

钢管混凝土从管顶向下浇筑时应符合下列规定:①浇筑应有足够的下料空间,并应使混凝土充盈整个钢管;②输送管端内径或斗容器下料口内径应小于钢管内径,且每边应留有不小于 100 mm 的间隙;③应控制浇筑速度和单次下料量,并应分层浇筑至设计标高;④混凝土浇筑完毕后应对管口进行临时封闭。

自密实混凝土浇筑应根据结构部位、结构形状、结构配筋等确定合适的浇筑方案;自密实混凝土粗骨料最大粒径不宜大于 20 mm;浇筑应能使混凝土充填到钢筋、预埋件、预埋钢构件周边及模板内各部位;自密实混凝土浇筑布料点应结合拌和物特性选择适宜的间距,必要时可通过试验确定混凝土布料点下料间距。

清水混凝土结构浇筑应根据结构特点进行构件分区,同一构件分区应采用同批混凝土,并应连续浇筑;同层或同区内混凝土构件所用材料牌号、品种、规格应一致,并应保证结构外观色泽符合要求;竖向构件浇筑时应严格控制分层浇筑的间歇时间。

(五) 大体积混凝土的浇筑方案

大体积混凝土是指厚度大于或等于 1 m 且长度和宽度都较大的结构,如高层建筑中钢筋混凝土箱形基础的底板、工业建筑中的设备基础、桥梁的墩台等。大体积混凝土结构的施工特点:①钢筋分布集中,管道与埋件较多,整体性要求高,一般都要求连续浇筑,不允许留设施工缝;②结构的体积大,混凝土浇筑后产生的水化热量大,且聚积在内部不易散发,从而形成较大的内外温差,引起较大的温差应力,混凝土出现温度裂缝。因此,大体积混凝土施工的关键是:为保证结构的整体性,应确定合理的混凝土浇筑方案,必须掌握好混凝土浇筑速度,合理分层分段,保证各层段之间的良好结合;为避免产生温度裂缝,应采取有效的措施降低混凝土内外温差,防止混凝土出现温度和收缩裂缝。

基础大体积混凝土结构浇筑应符合下列规定:①采用多条输送泵管浇筑时,输送泵管间距不宜大于 10 m,并宜由远及近浇筑;②采用汽车布料杆输送浇筑时,应根据布料杆工作半径确定布料点数量,各布料点浇筑速度应保持均衡;③宜先浇筑深坑部分再浇筑大面积基础部分;④宜采用斜面分层浇筑方法,也可采用全面分层、分块分层浇筑方法,层与层之间混凝土浇筑的间歇时间应能保证混凝土浇筑连续进行;⑤混凝土分层浇筑应采用自然流淌形成斜坡,并应沿高度均匀上升,分层厚度不宜大于 500 mm;⑥宜分别在混凝土初凝前和终凝前对混凝土裸露表面进行多次抹面处理;⑦应有排除积水或混凝土泌水的有效技术措施。

1. 浇筑方案的选择

温度的高低对混凝土强度的增长有很大影响。在温度合适的条件下,温度越高,水泥水化作用就越迅速、完全,强度就越高;当温度较低时,混凝土硬化速度较慢,强度就较低;当温度降至 0 ℃ 以下时,混凝土中的水会结冰,水泥颗粒不能和冰发生化学反应,水化作用几乎停止,强度无法增长。

(1)全面分层浇筑

全面分层浇筑即将结构分成厚度相等的浇筑层,每层皆从一边向另一边推进,在下层混凝土初凝前浇筑完上一层。

浇筑方向:从短边开始沿长边进行。

适用于平面尺寸不太大的混凝土的浇筑,否则,混凝土浇筑强度过大,短时间资源需求量剧增,不均衡。

全面分层浇筑是在整个结构内全面分层浇筑混凝土,要求每一层的混凝土浇筑必须在下层混凝土初凝前完成。此浇筑方案适用于平面尺寸不太大的结构,施工时宜从短边开始,沿长边方向推进,必要时也可从中间开始向两端推进或从两端向中间推进。

(2)分段分层浇筑

分段分层浇筑将结构适当分段,底层混凝土浇筑一段后,浇筑第二层,再浇筑第三层。

分段分层浇筑适用于厚度不大而面积或长度较大的结构,其浇筑强度比全面分层低。

若采用全面分层浇筑,混凝土的浇筑强度太高,施工难以满足时,则可采用分段分层浇筑方案。分段分层浇筑是将结构从平面上分成几个施工段,厚度上分成几个施工层,混凝土从底层开始浇筑,进行一定距离后浇筑第二层,如此依次向前浇筑以上各层。施工时要求在第一层第一段末端混凝土初凝前,开始第二段施工,以保证混凝土接合良好。该方案适用于厚度不大而面积或长度较大的结构。

(3)斜面分层浇筑

结构的长度大大超过厚度,而混凝土的流动性又较大时,不能形成分层踏步,采用斜面分层浇筑方案:将混凝土一次浇筑到顶自然流淌形成斜面,振捣从下端开始,逐渐上移。该法适用于泵送混凝土,避免了输送管的反复拆除。

当结构的长度超过厚度的3倍时,宜采用斜面分层浇筑方案。施工时,混凝土的振捣应从浇筑层下端开始,逐渐上移,以保证混凝土的施工质量。

2. 混凝土温度裂缝的产生原因及防治措施

大体积混凝土在凝结硬化过程中会产生大量的水化热。在混凝土强度增长初期,蓄积在内部的大量热量不易散发,致使其内部温度显著升高,而表面散热较快,形成了较大的内外温差。该温差使混凝土内部产生压应力,混凝土外部产生拉应力,当温差超过一定程度后,易使混凝土表面产生裂缝。浇筑后期,当混凝土内部逐渐散热冷却产生收缩时,由于受到基岩或混凝土垫层的约束,接触处将产生很大的拉应力。一旦拉应力超过混凝土的极限抗拉强度,便会在约束接触处产生裂缝,以致形成贯穿超过断面的裂缝,会严重破坏结构的整体性,对于混凝土结构的承载能力的安全极为不利,在施工中必须避免。

大体积混凝土宜采用后期强度作为配合比设计、强度评定及验收的依据。对于基础混凝土,确定混凝土强度时的龄期可取为60 d(56 d)或90 d;柱、墙混凝土强度等级不低于C80时,确定混凝土强度时的龄期可取为60 d(56 d)。确定混凝土强度时采用大于28 d的龄期时,龄期应经设计单位确认。为了有效控制温度裂缝,应设法降低混凝土的水化热和减小混凝土的内外温差,一般将温差控制在25 ℃以下,则不会产生温度裂缝。

为降低混凝土水化热,大体积混凝土的施工配合比设计,应符合下列规定:①在保证混凝土强度及工作性要求的前提下,应控制水泥用量,宜选用中、低水化热水泥,如矿渣水泥、火山灰水泥等;②宜掺加粉煤灰、矿渣粉,改善混凝土的和易性;③温度控制要求较高的大体积混凝土,其胶凝材料用量、品种等宜通过水化热和绝热温升试验确定;④宜采用高性能减水剂,以减少用水量,相应可减少水泥用量;⑤掺加缓凝剂以降低混凝土的水化反应速度,可控制其内部的升温速度。

减小混凝土内外温差的措施有:降低混凝土拌和物的入模温度,如夏季可采用低温水(地下水)或冰水搅拌,对骨料用水冲洗降温,或对骨料进行覆盖或搭设遮阳装置,以避免曝晒;必要时可在混凝土内部预埋冷却水管,通入循环水进行人工导热;冬季应及时对混凝土覆盖保温、保湿材料,避免其表面温度过低造成内外温差过大;扩大浇筑面和散热面,减小浇筑层厚度和适当放慢浇筑速度,以便在浇筑过程中尽量多地释放出水化热,从而降低混凝土内部的温度。

(1)混凝土温度控制

大体积混凝土施工时,应按如下要求对混凝土进行温度控制:①混凝土入模温度不宜大于30 ℃;混凝土浇筑体最大温升值不宜大于50 ℃。②在覆盖养护或带模养护阶段,混凝土浇筑体表面以内40～100 mm位置处的温度与混凝土浇筑体表面温度差值不应大于25 ℃;结束覆盖养护或拆模后,混凝土浇筑体表面以内40～100 mm位置处的温度与环境温度差值不应大于25 ℃。③混凝土浇筑体内部相邻两测温点的温度差值不应大于25 ℃。④混凝土降温速率不宜大于2.0 ℃/d;当有可靠经验时,降温速率要求可适当放宽。

(2)测温点设置

基础大体积混凝土按如下要求设置测温点设置:①宜选择具有代表性的2个交叉竖向剖面进行测温,竖向剖面交叉位置宜通过基础中部区域。②每个竖向剖面的周边及以内部位应设置测温点,2个竖向剖面交叉处应设置测温点;混凝土浇筑体表面测温点应设置在保温覆盖层底部或模板内侧表面,并应与2个剖面上的周边测温点位置及数量对应;环境测温点不应少于2处。③每个剖面的周边测温点应设置在混凝土浇筑体表面以内40～100 mm位置处;每个剖面的测温点宜竖向、横向对齐;每个剖面竖向设置的测温点不应少于3处,间距不应小于 0.4 m 且不宜大于 1.0 m;每个剖面横向设置的测温点不应少于 4 处,间距不应小于 0.4 m 且不应大于 10 m。④对基础厚度不大于 1.6 m,裂缝控制技术措施完善的工程,可不进行测温。

(3)测温要求

大体积混凝土测温宜根据每个测温点被混凝土初次覆盖时的温度确定各测点部位混凝土的入模温度;浇筑体周边表面以内测温点、浇筑体表面测温点、环境测温点的测温,应与混凝土浇筑、养护过程同步进行;按测温频率要求及时提供测温报告,测温报告应包含各测温点的温度数据、温差数据、代表点位的温度变化曲线、温度变化趋势分析等内容;混凝土浇筑体表面以内 40 ~ 100 mm 位置的温度与环境温度的差值小于 20 ℃时,可停止测温。

大体积混凝土测温频率应符合下列规定:第 1 ~ 4 d,每 4 h 不应少于 1 次;第 5 ~ 7 d,每 8 h 不应少于 1 次;第 7 d 至测温结束,每 12 h 不应少于 1 次。

(六) 水下混凝土的浇筑

在钻孔灌注桩、地下连续墙等基础工程以及水利工程施工中常需要直接在水下浇筑混凝土,而且灌注桩与地下连续墙是在泥浆中浇筑混凝土。水下或泥浆中浇筑混凝土一般采用导管法,其特点是利用导管输送混凝土并使其与环境水或泥浆隔离,依靠管中混凝土重力挤压导管下部管口周围的混凝土,使其在已浇筑的混凝土内部流动、扩散,边浇筑边提升导管直至混凝土浇筑完毕。采用导管法,不但可以避免混凝土与水或泥浆的接触,而且可保证混凝土中骨料和水泥浆不分离,从而保证了水下浇筑混凝土的质量。

导管法浇筑水下混凝土的主要设备有金属导管、盛料漏斗、提升机具等。导管一般由钢管制成,管径为 200 ~ 300 mm,每节管长 1.5 ~ 2.5 m。导管下部设有球塞,球塞可用软木、橡胶、泡沫塑料等制成,其直径比导管内径小 15 ~ 20 mm。盛料漏斗固定在导管顶部,起着盛混凝土和调节导管中混凝土量的作用,盛料漏斗的容积应足够大,以保证导管内混凝土具有必需的高度。盛料漏斗和导管悬挂在提升机具上。常用的提升机具有卷扬机、起重机、电动葫芦等,可操纵导管的下降和提升。

施工时,先将导管沉入水中底部距水底约 100 mm 处,导管内用铁丝或麻绳将球塞悬挂在水位以上 0.2 m 处,然后向导管内浇筑混凝土。待导管和盛料漏斗装满混凝土后,即可剪断吊绳,水深 10 m 以内时可立即剪断,水深大于 10 m 时可将球塞降到导管中部或接近管底时再剪断吊绳。此时混凝土靠自重推动球塞下落,冲出管底后向四周扩散,形成一个混凝土堆,并将导管底部埋于混凝土中。混凝土不断从盛料漏斗灌入导管并从其底部流出扩散后,管外混凝土面不断上升,导管也相应提升,每次提升高度应控制在150~200 mm,以保证导管下端始终埋在混凝土内,最大埋置深度不宜超过5 m,以保证混凝土的浇筑顺利进行。

当混凝土从导管底部向四周扩散时,靠近管口的混凝土均匀性较好、强度较高,而离管口较远的混凝土易离析,强度有所下降。为保证混凝土的质量,导管作用半径取值不宜大于4 m,当多根导管同时浇筑时,导管间距不宜大于6 m,每根导管浇筑面积不宜大于30 m²。采用多根导管同时浇筑时,应从最深处开始,并保证混凝土面水平、均匀地上升。相邻导管下口的标高差值不应超过导管间距的1/20~1/15。

混凝土的浇筑应连续进行,不得中断,应保证混凝土的供应量大于管内混凝土必须保持的高度所需要的混凝土量。

采用导管法浇筑时,由于与水接触的表面一层混凝土结构松软,浇筑完毕后应予以清除。

软弱层的厚度,在清水中至少按0.2 m取值,在泥浆中至少按0.4 m取值。因此,浇筑混凝土时的标高控制,应比设计标高超出此值。

六、混凝土的捣实

混凝土浇筑入模后内部还存在很多空隙。为使硬化后的混凝土具有所要求的外形和足够的强度、刚度,必须使混凝土填满模板的每个角落(成型),并使内部空隙降低到一定程度以下(密实),具有足够的密实性。混凝土的捣实过程就是成型和密实的过程。

混凝土灌入模板以后,由于骨料间的摩阻力和水泥浆的黏滞力,不能自行填充密实,内部疏松,且有一定体积的空洞和气泡,不能达到所要求的密实度,从而影响混凝土的强度和耐久性。因此,混凝土入模后,必须进行捣实成型,以保证混凝土构件的外形及尺寸正确、表面平整,强度和其他性能符合设计及使用要求。混凝土密实成型的途径:①借助于机械外力(如机械振动)克服拌和物内部的摩阻力使之液化后密实;②在拌和物中适当增加水分以提高其流动性,使之便于成型,成型后用离心法、真空抽吸法将多余的水分和空气排出:③拌和物中添加有效减水剂,使其坍落度大大增加,实现自流浇注成型,是一种有发展前途的方法。目前,施工中多采用机械振动成型的方法。

混凝土振捣应采用插入式振动棒、平板振动器或附着振动器,必要时可采用人工辅助振捣。

(一) 人工捣实

人工捣实是利用撬棍、插钎等用人力对混凝土进行夯插,使混凝土成型密实的一种方法。

人工捣实的缺点是劳动强度大,混凝土密实性差,只能用于缺少机械或工程量不大的情况。人工捣实时,应特别注意分层浇筑,每层厚度控制在 15 cm 左右,应注意插全、插匀。

(二) 机械捣实

1. 振动捣实原理

新拌制的混凝土是具有弹、黏、塑性性质的一种多相分散体系,具有一定的触变性(剪应力作用下,黏度减小,剪应力撤除后,黏度逐渐复原的现象,称为触变性)。混凝土的捣实即通过振动,混凝土的黏度降低,流动性增大,混凝土液化而成一种重质液体,流向各部位将模板填满。

混凝土的振动效果与振动参数有关:振动速度、振动加速度、振动制度(振幅、振动频率、振动延续时间)。

振动捣实是通过振动机械将一定频率、振幅、激振力的振动能量传给混凝土,强迫混凝土中的颗粒产生运动,从而提高混凝土的流动性,达到混凝土良好的密实成型目的。

振动捣实设备简单,效率高,能保证混凝土具有良好的密实性,适用性强,应用广泛。

振动捣实机械按工作方法分为插入式振动器、附着振动器、平板振动器、振动台等。

(1)插入式振动器施工

常用的插入式振动器有电动软轴内部振动器和直联式内部振动器。电动软轴内部振动器由电动机、软轴、振动棒、增速器等组成,其振捣效果好,且构造简单,维修方便,使用寿命长,是土木工程施工中应用最广泛的一种振动器。

插入式振动器常用于振捣基础、柱、梁、墙及大体积结构混凝土。使用时一般应垂直插入,并插到下层尚未初凝的混凝土中 50~100 mm。

振动棒振捣混凝土应按分层浇筑厚度分别进行振捣,振动棒的前端应插入前一层混凝土中,插入深度应不小于 50 mm。为使上、下层混凝土互相结合,振动棒应垂直于混凝土表面并快插慢拔均匀振捣。如插入速度慢,会先将表面混凝土振实,与下部混凝土发生分层离析现象;如拔出速度过快,则由于混凝土来不及填补在振动器抽出的位置形成空洞。振动器的插点要均匀排列,排列方式有行列式和交错式2种。插点间距不应大于1.4倍振动器的作用半径,振动器与模板距离不应大于0.5倍振动器的作用半径,且振动中应避免碰振钢筋、模板、吊环及预埋件等,每一插点的振动时间一般为20~30 s,用高频振动器时不应小于10 s,过短不易振实,过长可能使混凝土分层离析。当混凝土表面无明显塌陷、有水泥浆出现、不再冒气泡时,则表明已被充分振实,应结束该部位振捣。

特殊部位的混凝土应采取下列加强振捣措施:①宽度大于0.3 m的预留洞底部区域,应在洞口两侧进行振捣,并应适当延长振捣时间;宽度大于0.8 m的洞口底部,应采取特殊的技术措施。②后浇带及施工缝边角处应加密振捣点,并应适当延长振捣时间。③钢筋密集区域或型钢与钢筋结合区域,应选择小型振动棒辅助振捣、加密振捣点,并应适当延长振捣时间。④基础大体积混凝土浇筑流淌形成的坡脚,不得漏振。

(2)附着式振动器施工

附着式振动器即通过螺栓固定在模板上,模板振动带动混凝土的振动,又称为外部振动器。附着式振动器适用于振实钢筋较密,厚度在300 mm以下的柱、梁、板、墙,以及不宜使用插入式振动器的结构。使用附着式振动器时模板应支设牢固,振动器应与模板外侧紧密连接,以便振动作用能通过模板间接地传递到混凝土中。振动器的侧向影响深度约为250 mm,如构件较厚时,需在构件两侧同时安装多台振动器,振动频率必须一致,并应交错设置在相对面的模板上,以便振动均匀。混凝土浇筑入模的高度高于振动器安装部位后方可开始振动,附着振动器应根据混凝土浇筑高度和浇筑速度,依次从下往上振捣。振动器的设置间距(有效作用半径)及振动时间宜通过试验确定,一般距离1.0~1.5 m设置1台;振动延续时间则以混凝土表面成水平而且不再出现气泡时为止。

(3)平板振动器施工

将附着式振动器固定在一个平板上,就成为平板振动器。每个位置振动至表面出浆,混凝土不下沉时,即可移到下一个位置,衔接不得低于5 cm。平板振动器适用于振动平面面积大、表面平整而厚度较小的构件,如楼板、地面、路面、薄壳等构件。

使用表面振动器时应将混凝土浇筑区划分若干排,依次拉排平拉慢移,顺序前进,平板振动器振捣应覆盖振捣平面边角,移动间距应使振动器的平板覆盖已振完混凝土的边缘30~50 mm,以防漏振。最好振动2遍,且方向互相垂直,第一遍主要使混凝土密实,第二遍主要使其表面平整。振动倾斜表面时,应由低处逐渐向高处移动,以保证混凝土振实。平板振动器在每一位置上的振动延续时间一般为25~40 s,以混凝土停止下沉、表面平整和均匀出现浆液为止。平板振动器的有效作用深度,在无筋及单层配筋平板中约为200 mm,在双层配筋平板中约120 mm。

（4）振动台施工

振动台是一个支承在弹性支座上的平台,平台下有振动机械、模板固定在平台上。振动台一般用于预制构件厂内振动干硬性混凝土以及在实验室内制作试块时的振实。

采用机械振动成型时,混凝土经振动后表面会有水分出现,称为泌水现象。泌水不宜直接排走,以免带走水泥浆,应采用吸水材料吸水。必要时可进行二次振捣或二次抹光。如泌水现象严重,应考虑改变配合比,或采用减水剂。

2. 离心法成型

离心法即将装有混凝土的模板放在离心机上,使模板以一定转速绕自身的纵轴旋转,模板内的混凝土由于离心力作用而远离纵轴,均匀分布于模板内壁以将混凝土中的部分水分挤出,混凝土密实。此方法一般用于制作混凝土管道、电线杆、管桩等具有圆形空腔的构件。

离心机有滚轮式和车床式两类,都具有多级变速装置。离心成型过程分为2个阶段:第一阶段是混凝土沿模板内壁分布均匀,形成空腔,此时转速不能太高,以免造成混凝土离析现象;第二阶段是使混凝土密度成型,此时可提高转速,增大离心力,以压实混凝土。

3. 真空作业法成型

真空作业法即借助于真空负压,将水分从已初步成型的混凝土拌和物中吸出,并使混凝土密实成型的一种方法。真空作业法可分为表面真空作业与内部真空作业2种。此方法适用于预制平板、现浇楼板、道路、机场跑道、薄壳、隧道顶板、墙壁、水池、桥墩等混凝土的成型。

七、混凝土的养护

在混凝土浇筑后的初期,采取一定的工艺措施,为混凝土硬化提供必要的温度和湿度的水化反应条件,以保证其在规定的龄期内达到设计要求的强度,并防止产生收缩裂缝的过程,称为混凝土的养护。混凝土浇筑后12 h以内应及时进行保湿养护,保湿养护可采用洒水、覆盖、喷涂养护剂等方式。养护方式应根据现场条件、环境温湿度、构件特点、技术要求、施工操作等因素确定。

混凝土的标准养护在温度为20℃±3℃相对湿度大于90%的潮湿环境或水中的养护。目前,混凝土养护的方法有自然养护、蒸汽养护、热拌混凝土热模养护、太阳能养护、远红外线养护等。虽然自然养护成本低,简单易行,但养护时间长,模板周转率低,占用场地大;而蒸汽养护时间可缩短至几个小时,热拌热模养护时间可减少为5~6 h,模板周转率相应提高,占用场地大大减少。

混凝土的养护时间应符合下列规定:①采用硅酸盐水泥、普通硅酸盐水泥或矿渣硅酸盐水泥配制的混凝土,不应少于7 d;采用其他品种水泥时,养护时间应根据水泥性能确定。②采用缓凝型外加剂、大掺量矿物掺和料配制的混凝土,不应少于14 d。③抗渗混凝土、强度等级C60及以上的混凝土,不应少于14 d。④后浇带混凝土的养护时间不应少于14 d。⑤地下室底层墙、柱和上部结构首层墙、柱,宜适当增加养护时间。⑥大体积混凝土养护时间应根据施工方案确定。

(一) 自然养护

混凝土的自然养护,即指在平均气温高于5 ℃的自然条件下,于一定时间内使混凝土保持湿润状态。自然养护分为洒水养护和覆盖薄膜养护。

洒水养护是用吸水保湿能力较强的材料,如草帘、麻袋、锯末等,将混凝土裸露的表面覆盖,并经常洒水使其保持湿润。洒水养护宜在混凝土裸露表面覆盖麻袋或草帘后进行,也可采用直接洒水、蓄水等养护方式。浇水养护时间一般不低于7 d,浇水次数以能保证混凝土表面湿润为准,洒水养护用水应符合《混凝土用水标准》(JGJ63—2006)的规定。当日最低温度低于5 ℃时,不应采用洒水养护。

覆盖养护宜在混凝土裸露表面覆盖塑料薄膜并加麻袋或草帘进行。覆盖物应严密,覆盖物的层数应按施工方案确定。覆盖薄膜养护是用塑料薄膜将混凝土表面严密地覆盖起来,混凝土敞露的全部表面应覆盖严密,使之与空气隔绝,并保证塑料布内有凝结水,防止混凝土内部水分的蒸发,从而达到养护的目的。该种方式用于不易洒水养护的高耸构筑物、大面积混凝土结构,以及缺水地区,分为直接覆盖薄膜养护法和喷涂养护剂养护2种。

喷涂养护剂养护应在混凝土裸露表面喷涂覆盖致密的养护剂进行养护。养护剂应均匀喷涂在结构构件表面,不得漏喷;养护剂应具有可靠的保湿效果,保湿效果可通过试验检验。养护剂使用方法应符合产品说明书的有关要求。

地下室底层和上部结构首层柱、墙混凝土带模养护时间,不应少于3 d;带模养护结束后,可采用洒水养护方式继续养护,也可采用覆盖养护或喷涂养护剂养护方式继续养护。其他部位柱、墙混凝土可采用洒水养护,也可采用覆盖养护或喷涂养护剂养护。

对于一些地下结构或基础,可在其表面涂刷沥青乳液或用湿土回填,以代替洒水养护。对于表面积大的构件,如地坪、楼板、路面等,也可用湿土、湿砂覆盖,或沿构件周边用黏土等围住,在构件中间蓄水进行养护。

基础大体积混凝土裸露表面应采用覆盖养护方式;当混凝土浇筑体表面以内 40～100 mm 位置的温度与环境温度的差值小于 25 ℃时,可结束覆盖养护。覆盖养护结束但尚未达到养护时间要求时,可采用洒水养护方式直至养护结束。

混凝土的凝结硬化主要是水泥水化作用的结果,而水化作用需要适当的湿度和温度。混凝土浇筑后,因气候炎热、空气干燥、湿度过小,混凝土中的水分会蒸发过快而出现脱水现象,已形成凝胶体的水泥颗粒不能充分水化,不能转化为稳定的结晶,缺乏足够的黏结力,因此混凝土表面会出现片状或粉状剥落,影响混凝土的强度。同时,水分过早蒸发还会使混凝土产生较大的收缩变形,出现干缩裂缝,影响混凝土结构的整体性和耐久性。若温度过低,混凝土强度增长缓慢,则会影响混凝土结构和构件尽快投入使用。

(二) 蒸汽养护

蒸汽养护即将混凝土构件放置在充满饱和蒸汽或蒸汽与空气温和物的养护室内,在较高的温度和相对湿度的环境中进行养护,以加速混凝土的硬化,使其在较短的时间内达到规定强度的过程。蒸汽养护的过程分为静停、升温、恒温和降温 4 个阶段。

静停阶段:混凝土构件成型后在室温下停放养护一段时间,以增强混凝土对升温阶段结构破坏作用的抵抗力。对普通硅酸盐水泥制作的构件来说,静停时间一般应为 2～6 h;对火山灰质硅酸盐水泥或矿渣硅酸盐水泥则无须静停。

升温阶段:构件的吸热阶段。升温速度不宜过快,以免构件表面和内部产生过大温差而出现裂缝。升温速度:对薄壁构件(如多肋楼板、多孔楼板等)不得超过 25 ℃/h;其他构件不得超过 20 ℃/h;而干硬性混凝土制作的构件不得超过 40 ℃/h。

恒温阶段:升温后温度保持不变的阶段。此阶段混凝土强度增长最快,应保持 90%～100% 的相对湿度。恒温阶段的温度,对普通水泥的混凝土不超过 80 ℃,矿渣水泥、火山灰水泥可提高为 85～90 ℃;恒温时间一般为 5～8 h。

降温阶段:构件的散热阶段。降温速度不宜过快,否则混凝土会产达表面裂缝。一般情况下,构件厚度在 10 cm 左右时,降温速度不超过 30 ℃/h。此外,出室构件的温度与室外温度之差不得大于 40 ℃/h;当室外为负温时,不得大于 20 ℃/h。

八、混凝土的质量检查

混凝土结构施工质量检查可分为过程控制检查和拆模后的实体质量检查。过程控制检查应在混凝土施工全过程中,按施工段划分和工序安排及时进行;拆模后的实体质量检查应在混凝土表面未做处理和装饰前进行。

混凝土结构施工的质量检查,应符合下列规定:①检查的频率、时间、方法和参加检查的人员,应根据质量控制的需要确定。②施工单位应对完成施工的部位或成果的质量进行自检,自检应全数检查。③混凝土结构施工质量检查应做记录;返工和修补的构件,应有返工修补前后的记录,并应有图像资料。④已经隐蔽的工程内容,可检查隐蔽工程验收记录。⑤需要对混凝土结构的性能进行检验时,应委托有资质的检测机构检测,并应出具检测报告。

混凝土浇筑前应检查混凝土送料单,核对混凝土配合比,确认混凝土强度等级,检查混凝土运输时间,测定混凝土坍落度,必要时还应测定混凝土扩展度。

对于拆模后的构件,应对工程质量进行检查,以评定是否合格,检查内容有:轴线、标高、截面尺寸、垂直度、混凝土的强度、表面外观质量等。

混凝土表面外观质量要求:不应有蜂窝、麻面、孔洞、露筋、缝隙、夹层、缺棱掉角、裂缝等。

(一) 混凝土的质量检查验收

混凝土的质量验收包括施工过程中的质量检查和施工后的质量验收。

1. 施工过程中混凝土的质量检查

混凝土结构施工过程中,应检查:模板及支架位置、尺寸,模板的变形和密封性,模板涂刷脱模剂及必要的表面湿润,模板内杂物清理;钢筋的规格、数量,钢筋位置和混凝土保护层厚度,预埋件规格、数量、位置及固定;混凝土拌和物的坍落度、入模温度等,大体积混凝土的温度测控;施工过程中混凝土输送、浇筑、振捣,模板的变形、漏浆等,混凝土浇筑时钢筋和预埋件位置,混凝土试件制作,混凝土养护。

施工过程中的质量检查,即在混凝土制备和浇筑过程中对原材料的质量、配合比、坍落度等的检查,每一工作班至少检查 2 次,如遇特殊情况还应及时进行抽查。混凝土的搅拌时间应随时检查。

混凝土拌制过程中应检查混凝土组成材料的质量和用量,并在拌制地点检查坍落度。该检查每工作班至少有 2 次。此外,工作班也应及时检查内外界条件发生的变化,混凝土的搅拌时间应随时检查。应检查混凝土在拌制地点及浇筑地点的坍落度,每工作班至少检查 2 次,对于预拌(商品)混凝土,也应在浇筑地点进行坍落度检查。实测的混凝土坍落度与要求坍落度之间的允许偏差是:要求坍落度小于 50 mm 时,为 ±10 mm;要求坍落度在 50~90 mm 时,为 ±20 mm;要求坍落度大于 90 mm 时,为 ±30 mm。

2. 施工后混凝土的质量验收

混凝土的质量验收,主要包括对混凝土强度和耐久性的检验、外观质量和结构构件尺寸的检查。首次使用的混凝土配合比应进行开盘鉴定,其原材料、强度、凝结时间、稠度等应满足设计配合比的要求。混凝土拌和物不应离析,混凝土拌和物稠度应满足施工方案的要求。

混凝土的强度等级必须符合设计要求。用于检验混凝土强度的试件应在浇筑地点随机抽取。取样与试件留置应符合下列规定:每拌制 100 盘且不超过 100 m³ 的同配合比的混凝土,取样不得少于 1 次;当工作班拌制的同一配合比的混凝土不足 100 盘时,取样不得少于 1 次;当 1 次连续浇筑超过 1 000 m³ 时,同一配合比的混凝土每 200 m³ 取样不得少于 1 次;每一层楼、同一配合比的混凝土,取样不得少于 1 次。每次取样应至少留 1 组标准养护试件,同条件养护试件的留置组数应根据实际需要确定。当混凝土试件强度评定不合格时,可采用非破损或局部破损的检测方法,对结构和构件的混凝土强度进行推定。非破损的方法有回弹法、超声波法和超声波回弹综合法,局部破损的方法通常采用钻芯取样检验法。

有耐久性要求的混凝土,应在施工现场随机抽取试件进行耐久性检验,其检验结果应符合现行国家有关标准的规定和设计要求。同一配合比的混凝土,取样不应少于 1 次,留置试件数量应符合现行国家标准《普通混凝土长期性能和耐久性能试验方法标准》(GB/T 50082—2019)和现行行业标准《混凝土耐久性检验评定标准》(JGJ/T 193—2009)的规定。混凝土有抗冻要求时,应在施工现场进行混凝土含气量检验,其检验结果应符合现行国家标准的规定和设计要求。同一配合比的混凝土,取样不应少于 1 次,取样数量应符合现行国家标准《普通混凝土拌合物性能试验方法标准》(GB/T 50080—2016)的规定。

混凝土结构拆除模板后应进行下列检查:①现浇结构截面尺寸、表面平整度;设备基础坐标位置、平面外形尺寸、凸台上平面外形尺寸、凹穴尺寸、平面水平度。②预埋设施的数量、位置,中心线位置和预留洞中心线位置;设备基础预埋地脚螺栓(标高、中心)、预留地脚螺栓孔(中心线位置、深度、孔垂直度)和预埋活动地脚螺栓锚板(标高、中心线位置、锚板平整度)。③构件的外观缺陷:现浇结构的外观质量缺陷有露筋、蜂窝、孔洞、夹渣、疏松、裂缝、连接部位缺陷、外形缺陷(缺棱掉角、棱角不直、翘曲不平、飞边凸肋等)和外表缺陷(构件表面麻面、起皮、起砂、玷污等)。现浇结构的外观质量不应有严重缺陷。对已经出现的严重缺陷,应由施工单位提出技术处理方案,并经监理(建设)单位认可后实施;对经处理的部分,应重新检查验收。现浇结构的外观质量不宜有一般缺陷。对已经出现的一般缺陷,应由施工单位按技术处理方案进行处理,并重新检查验收。④构件的连接及构造做法。⑤结构的有轴线位置、标高、全高垂直度;设备基础不同平面的标高、垂直度。

混凝土结构拆模后实体质量检查方法与判定,应符合《混凝土结构工程施工质量验收规范》(GB 50204—2015)等现行国家标准的有关规定。现浇结构不应有影响结构性能和使用功能的尺寸偏差。混凝土设备基础不应有影响结构性能和设备安装的尺寸偏差,其尺寸允许偏差和检验方法应按现行国家有关规范的规定执行。对超过尺寸允许偏差且影响结构性能和安装、使用功能的部位,应由施工单位提出技术处理方案,并经监理(建设)单位认可后实施。对经处理的部位,应重新检查验收。

(二)混凝土缺陷的修整

混凝土结构缺陷可分为尺寸偏差缺陷和外观缺陷。尺寸偏差缺陷和外观缺陷可分为一般缺陷和严重缺陷。混凝土结构尺寸偏差超出规范规定,但尺寸偏差对结构性能和使用功能未构成影响时,应属于一般缺陷;而尺寸偏差对结构性能和使用功能构成影响时,应属于严重缺陷。

施工过程中发现混凝土结构缺陷时,应认真分析缺陷产生的原因。对严重缺陷施工单位应制订专项修整方案,方案应经论证审批后再实施,不得擅自处理。

产生混凝土结构外观一般缺陷的主要原因:①模板接缝处漏浆;②模板表面未清理干净,或钢模板未满涂隔离剂,或木模板湿润不够;③振捣不够密实。修整方法:①露筋、蜂窝、孔洞、夹渣、疏松、外表缺陷,应先用钢丝刷或压力水凿除胶结不牢固部分的混凝土,应清理表面,洒水湿润后应用1:2～1:2.5水泥砂浆抹平;②裂缝应封闭;③连接部位缺陷、外形缺陷可与面层装饰施工一并处理。

混凝土结构外观严重缺陷的原因:①混凝土配合比不准确,浆少石多;②混凝土搅拌不均匀,或和易件较差,或产生分层离析;③配筋过密,石子粒径过大,使砂浆不能充满钢筋周围;④振捣不够密实;⑤混凝土产生离析,石子成堆,混凝土漏振。露筋、蜂窝、孔洞、夹渣、疏松、外表缺陷,应凿除胶结不牢固部分的混凝土至密实部位,清理表面,支设模板,洒水湿润,涂抹混凝土界面剂,应采用比原混凝土强度等级高一级的细石混凝土浇筑密实,养护时间应不少于 7 d。民用建筑的地下室、卫生间、屋面等接触水介质的构件开裂,均应注浆封闭处理。民用建筑不接触水介质的构件,可采用注浆封闭、聚合物砂浆粉刷或其他表面封闭材料进行封闭。无腐蚀介质工业建筑的地下室、屋面、卫生间等接触水介质的构件开裂,以及有腐蚀介质的所有构件,均应注浆封闭处理。无腐蚀介质工业建筑不接触水介质的构件,可采用注浆封闭、聚合物砂浆粉刷或其他表面封闭材料进行封闭。

清水混凝土的外形和外表严重缺陷,宜在水泥砂浆或细石混凝土修补后用磨光机械磨平。

构件产生裂缝的原因比较复杂,如养护不够,表面失水过多;冬季施工中,拆除保温材料时温差过大产生的温度裂缝,或夏季烈日暴晒后突然降雨产生的温度裂缝;模板及支撑不牢固,产生变形或局部沉降;拆模不当,或拆模过早使构件受力过早,大面积现浇混凝土的收缩和温度应力过大等。处理方法应根据具体情况确定:对于数量不多的表面细小裂缝,可先用水将裂缝冲洗干净后,再用水泥浆抹补;如裂缝较大较深(宽 1 mm 以内),应沿裂缝凿成凹槽,用水冲洗干净,再用 1:2 ~ 1:2.5 的水泥砂浆或用环氟树脂胶泥抹补;对于会影响结构整体性和承载能力的裂缝,应采用化学灌浆或压力水泥灌浆的方法补救。

混凝土结构尺寸偏差一般缺陷,可结合装饰工程进行修整;混凝土结构尺寸偏差严重缺陷,应会同设计单位共同制订专项修整方案,结构修整后应重新检查验收。

九、装配式结构工程

装配式结构工程应编制专项施工方案。必要时,专业施工单位应根据设计文件进行深化设计。装配式结构正式施工前,宜选择有代表性的单元或部分进行试制作、试安装。

预制构件的吊运应根据预制构件形状、尺寸、质量、作业半径等要求选择吊具和起重设备,所采用的吊具和起重设备及其施工操作,应符合国家现行有关标准及产品应用技术手册的规定;吊运应采取措施,保证起重设备的主钩位置、吊具及构件重心在竖直方向上重合,吊索与构件水平夹角不宜小于60°,不应小于45°;吊运过程应平稳,不应有大幅度摆动,且不应长时间悬停;吊运应设专人指挥,操作人员应位于安全位置。

预制构件经检查合格后,应在构件上设置可靠标识。在装配式结构的施工全过程中,应采取防止预制构件损伤或污染的措施。装配式结构施工中采用专用定型产品时,专用定型产品及施工操作应符合现行国家标准及产品应用技术手册的规定。

(一) 施工验算

装配式混凝土结构施工前,应根据设计要求和施工方案进行必要的施工验算。预制构件在脱模、吊运、运输、安装等环节的施工验算,应将构件自重标准值乘以脱模吸附系数或动力系数作为等效荷载标准值:脱模吸附系数宜取1.5,也可根据构件和模具表面状况适当增减;复杂情况,脱模吸附系数宜根据试验确定;构件吊运、运输时,动力系数宜取1.5;构件翻转及安装过程中就位、临时固定时,动力系数可取1.2。

(二) 构件制作

制作预制构件的场地应平整、坚实,并应采取排水措施。当采用台座生产预制构件时,台座表面应光滑平整,2 m长度内表面平整度不应大于2 mm,在气温变化较大的地区宜设置伸缩缝。

模具应具有足够的强度、刚度和整体稳定性,并应能满足预制构件预留孔、插筋、预埋吊件及其他预埋件的定位要求。模具设计应满足预制构件质量、生产工艺、模具组装与拆卸、周转次数等要求。跨度较大的预制构件的模具应根据设计要求预设反拱。

当采用平卧重叠法制作预制构件时,应在下层构件的混凝土强度达到5.0 MPa后,再浇筑上层构件混凝土,上、下层构件之间应采取隔离措施。

预制构件可根据需要选择洒水、覆盖、喷涂养护剂养护,或采用蒸汽养护、电加热养护。采用蒸汽养护时,应合理控制升温、降温速度和最高温度,构件表面宜保持90% ~ 100%的相对湿度。

预制构件的饰面应符合设计要求。带面砖或石材饰面的预制构件宜采用反打成型法制作,也可采用后贴工艺法制作。

带保温材料的预制构件宜采用水平浇筑方式成型。采用夹芯保温的预制构件,宜采用专用连接件连接内外2层混凝土,其数量和位置应符合设计要求。

清水混凝土预制构件的边角宜采用倒角或圆弧角,模具应满足清水表面设计精度要求。通过控制原材料质量和混凝土配合比,并应保证每班生产构件的养护温度均匀一致。构件表面应采取针对清水混凝土的保护和防污染措施。出现的质量缺陷应采用专用材料修补,修补后的混凝土外观质量应满足设计要求。

带门窗、预埋管线预制构件的门窗框、预埋管线应在浇筑混凝土前预先放置并固定,固定时应采取防止窗破坏及污染窗体表面的保护措施。当采用铝窗框时,应采取避免铝窗框与混凝土直接接触发生电化学腐蚀的措施,施工中应采取控制温度或受力变形对门窗产生的不利影响的措施。

采用现浇混凝土或砂浆连接的预制构件结合面,制作时应按设计要求进行处理。设计无具体要求时,宜进行拉毛或凿毛处理,也可采用露骨料粗糙面。

预制构件脱模起吊时的混凝土强度应根据计算确定,且不宜小于 15 MPa。后张有黏结预应力混凝土预制构件应在预应力筋张拉并灌浆后起吊,起吊时同条件养护的水泥浆试块抗压强度不宜小于 15 MPa。

(三) 运输与堆放

预制构件运输与堆放时的支承位置应经计算确定。

预制构件的运输线路应根据道路、桥梁的实际条件确定,场内运输宜设置循环线路,运输车辆应满足构件尺寸和载重要求。装卸构件过程中,应采取保证车体平衡、防止车体倾覆的措施;应采取防止构件移动或倾倒的绑扎固定措施。运输细长构件时应根据需要设置水平支架;构件边角部或绳索接触处的混凝土,宜采用垫衬加以保护。

预制构件的堆放场地应平整、坚实,并应采取良好的排水措施,应保证最下层构件垫实,预埋吊件宜向上,标识宜朝向堆垛间的通道。垫木或垫块在构件下的位置宜与脱模、吊装时的起吊位置一致;重叠堆放构件时,每层构件间的垫木或垫块应在同一垂直线上。堆垛层数应根据构件与垫木或垫块的承载力及堆垛的稳定性确定,必要时应设置防止构件倾覆的支架。施工现场堆放的构件,宜按安装顺序分类堆放,堆垛宜布置在吊车工作范围内且不受其他工序施工作业影响的区域。预应力构件的堆放应根据反拱影响采取措施。

墙板类构件应根据施工要求选择堆放和运输方式。外形复杂的墙板宜采用插放架或靠放架直立堆放和运输。插放架、靠放架应安全可靠。采用靠放架直立堆放的墙板宜对称靠放、饰面朝外,与竖向的倾斜角不宜大于10°。

吊运平卧制作的混凝土屋架时,应根据屋架跨度、刚度确定吊索绑扎形式及加固措施。屋架堆放时,可将几榀屋架绑扎成整体。

(四) 安装与连接

装配式结构安装现场应根据工期要求以及工程量、机械设备等现场条件，组织立体交叉、均衡有效的安装施工流水作业。

预制构件安装前应核对已施工完成结构的混凝土强度、外观质量、尺寸偏差等符合设计要求和规范的有关规定，应核对预制构件混凝土强度及预制构件和配件的型号、规格、数量等是否符合设计要求。在已施工完成结构及预制构件上进行测量放线，并应设置安装定位标志。吊装前确认吊装设备及吊具处于安全操作状态，应核实现场环境、天气、道路状况满足吊装施工要求。安放预制构件时，其搁置长度应满足设计要求。预制构件与其支承构件间宜设置厚度不大于30 mm坐浆或垫片。预制构件安装过程中应根据水准点和轴线校正位置，安装就位后应及时采取临时固定措施。预制构件与吊具的分离应在校准定位及临时固定措施安装完成后进行。临时固定措施的拆除应在装配式结构能达到后续施工承载要求后进行。

采用临时支撑时，每个预制构件的临时支撑不宜少于2道，对预制柱、墙板的上部斜撑，其支撑点距离底部的距离不宜小于高度的2/3，且不应小于高度的1/2。构件安装就位后，可通过临时支撑对构件的位置和垂直度进行微调。

装配式结构采用现浇混凝土或砂浆连接构件时，构件连接处现浇混凝土或砂浆的强度及收缩性能应满足设计要求，设计无具体要求时，应符合下列规定：①承受内力的连接处应采用混凝土浇筑，混凝土强度等级值不应低于连接处构件混凝土强度设计等级值的较大值；②非承受内力的连接处可采用混凝土或砂浆浇筑，其强度等级不应低于C15或M15；③混凝土粗骨料最大粒径不宜大于连接处最小尺寸的1/4。浇筑前，应清除浮浆、松散骨料和污物，并宜洒水湿润。连接节点、水平拼缝应连续浇筑；竖向拼缝可逐层浇筑，每层浇筑高度不宜大于2 m，应采取保证混凝土或砂浆浇筑密实的措施。混凝土或砂浆强度达到设计要求后，方可承受全部设计荷载。

装配式结构采用焊接或螺栓连接构件时，应符合设计要求或现行有关钢结构施工的国家标准的规定，并应对外露铁件采取防腐和防火措施。采用焊接连接时，应采取避免损伤已施工完成结构、预制构件及配件的措施。装配式结构构件间的钢筋连接可采用焊接、机械连接、搭接及套筒灌浆连接等方式。钢筋锚固及钢筋连接长度应满足设计要求。钢筋连接施工应符合现行国家标准的规定。

叠合式受弯构件的后浇混凝土层施工前，应按设计要求检查结合面粗糙度和预制构件的外露钢筋。施工过程中，应控制施工荷载不超过设计取值，并应避免单个预制构件承受较大的集中荷载。

当设计对构件连接处有防水要求时,材料性能及施工应符合设计要求及现行国家标准的规定。

(五) 质量检查

在使用制作预制构件的台座或模具前应检查其外观质量和尺寸偏差。

预制构件制作过程中应检查预埋吊件的规格、数量、位置及固定情况,复合墙板夹芯保温层和连接件的规格、数量、位置及固定情况,门窗框和预埋管线的规格、数量、位置及固定情况。

预制完成拆模后检查预制构件的混凝土强度、标识、外观质量、尺寸偏差,预埋件、插筋、预留孔洞的规格、位置及数量。

预制构件的起吊,运输时检查吊具和起重设备的型号、数量、工作性能,运输线路,运输车辆的型号、数量,以及预制构件的支座位置、固定措施和保护措施。

需要堆放的预制构件应检查堆放场地,垫木或垫块的位置、数量,预制构件堆垛层数、稳定措施。

预制构件安装前应检查已施工完成结构的混凝土强度、外观质量和尺寸偏差,预制构件的混凝土强度,预制构件、连接件及配件的型号、规格和数量,安装定位标识,预制构件与后浇混凝土结合面的粗糙度,预留钢筋的规格、数量和位置,吊具及吊装设备的型号、数量、工作性能。

预制构件安装连接应检查:预制构件的位置及尺寸偏差,预制构件临时支撑,垫片的规格、位置、数量,连接处现浇混凝土或砂浆的强度、外观质量,连接处钢筋连接及其他连接质量。

十、混凝土的季节性施工

根据当地多年气象资料统计,当室外日平均气温连续 5 d 稳定低于 5 ℃时,应采取冬期施工措施;当室外日平均气温连续 5 d 稳定高于 5 ℃时,可解除冬期施工措施。在冬期施工期间,混凝土应采取相应的冬期施工措施。混凝土冬期施工,应按现行行业标准《建筑工程冬期施工规程》(JGJ/T 104—2011)的有关规定进行热工计算。当混凝土未达到受冻临界强度而气温骤降至 0 ℃以下时,应按冬期施工的要求采取应急防护措施。工程越冬期间,应采取维护保温措施。

当日平均气温达到30 ℃及以上时,应按高温施工要求采取措施。

雨季和降雨期间,应按雨期施工要求采取措施。

(一) 冬期施工

1. 温度与混凝土硬化的关系

温度的高低对混凝土强度的增长有很大影响。在湿度合适的条件下,温度越高,水泥水化作用就越迅速、完全,强度就越高;当温度较低时,混凝土水化速度较慢,强度就较低;当温度降至0℃以下时,混凝土中的水会结冰,水泥颗粒不能和冰发生化学反应,水化作用几乎停止,强度也就无法增长。

2. 冻结对混凝土质量的影响

混凝土在初凝前或初凝时遭受冻结,此时水泥来不及水化或水化作用刚刚开始,本身尚无强度,水泥受冻后处于"休眠"状态。恢复正常养护后,其强度可以重新发展直到与未受冻的基本相同,几乎没有强度损失。

若混凝土在初凝后,本身强度很小时遭受冻结,此时混凝土内部存在2种应力:一种是水泥水化作用产生的黏结应力;另一种是混凝土内部自由水冻结,体积膨胀8%~9%所产生的冻胀应力。

当黏结应力小于冻胀应力时,已形成的水泥石内部结构就很容易被破坏,产生一些微裂纹,且形成的微裂纹不可逆;冰块融化后会形成孔隙,严重降低混凝土的密实度和耐久性。在混凝土解冻后,其强度虽然能继续增长,但已不可能达到原设计的强度等级,从而极大影响了结构的质量。若混凝土达到某一强度值以上后再遭受冻结,此时其内部水化作用产生的黏结应力足以抵抗自由水结冰产生的冻胀应力,则解冻后强度还能继续增长,可达到原设计强度等级,对强度影响不大,只不过增长缓慢。为避免混凝土遭受冻结所带来的危害,必须使混凝土在受冻前达到这一强度值,这一强度值通常称为混凝土受冻的临界强度。

临界强度与水泥的品种、混凝土强度等级等有关。当采用蓄热法、暖棚法、加热法施工时,采用硅酸盐水泥、普通硅酸盐水泥配制的混凝土,不应低于设计混凝土强度等级值的30%;采用矿渣硅酸盐水泥、粉煤灰硅酸盐水泥、火山灰质硅酸盐水泥、复合硅酸盐水泥配制的混凝土时,不应低于设计混凝土强度等级值的40%。当室外最低气温不低于-15℃时,采用综合蓄热法、负温养护法施工的混凝土受冻临界强度不应低于4.0 MPa;当室外最低气温不低于-30℃时,采用负温养护法施工的混凝土受冻临界强度不应低于5.0 MPa。强度等级等于或高于C50的混凝土,不宜低于设计混凝土强度等级值的30%。有抗渗要求的混凝土不宜小于设计混凝土强度等级值的50%,有抗冻耐久性要求的混凝土不宜低于设计混凝土强度等级值的70%。

在冬期施工中,应尽量使混凝土不受冻,或受冻时已使其达到临界强度值而可保证混凝土最终强度不受到损失。

(二)混凝土冬期施工方法

1. 混凝土材料的选择及要求

配制冬期施工混凝土宜采用硅酸盐水泥或普通硅酸盐水泥；采用蒸汽养护时，宜采用矿渣硅酸盐水泥。水泥强度等级不应低于42.5级，最小水泥用量不应少于300 kg/m³，水灰比不应大于0.6。

使用矿渣硅酸盐水泥时，宜采用蒸汽养护。

拌制混凝土所采用的骨料应清洁，不得含有冰、雪、冻块及其他易冻裂物质。在掺用含有钾离子、钠离子的防冻剂混凝土中，不得采用活性骨料或在骨料中混有该类物质的材料。

冬期施工混凝土用外加剂，应符合现行国家标准《混凝土外加剂应用技术规范》(GB 50119—2003)的有关规定。采用非加热养护方法时，混凝土中宜掺入引气剂、引气型减水剂或含有引气组分的外加剂，混凝土含气量宜控制为3.0%~5.0%。在钢筋混凝土中掺用氯盐类防冻剂时，氯盐掺量不得大于水泥质量的1%(按无水状态计算)，掺用氯盐的混凝土应振捣密实，且不宜采用蒸汽养护。

冬期施工混凝土配合比，应根据施工期间环境气温、原材料、养护方法、混凝土性能要求等经试验确定，并宜选择较小的水胶比和坍落度。混凝土工程冬期施工应加强骨料含水率、防冻剂掺量检查，以及原材料、入模温度、实体温度和强度监测；应依据气温的变化，检查防冻剂掺量是否符合配合比与防冻剂说明书的规定，并应根据需要调整配合比。混凝土冬期施工期间，应按现行国家有关标准的规定对混凝土拌和水温度、外加剂溶液温度、骨料温度、混凝土出机温度、浇筑温度、入模温度，以及养护期间混凝土内部和大气温度进行测量。

冬期施工混凝土强度试件的留置，除应符合现行国家标准《混凝土结构工程施工质量验收规范》(GB 50204—2015)的有关规定外，尚应增加不少于2组的同条件养护试件。同条件养护试件应在解冻后进行试验。

2. 混凝土材料的加热

冬期施工中要保证混凝土结构在受冻前达到临界强度，就需要混凝土早期具备较高的温度，以满足强度较快增长的需要。温度升高所需要的热量一部分来源于水泥的水化热，另一部分则只有采用加热材料的方法获得。加热材料最有效、最经济的方法是加热水，当加热水不能获得足够的热量时，可加热粗、细骨料，一般采用蒸汽加热。任何情况下不能直接加热水泥，可在使用前将水泥置于暖棚,使其温度缓慢均匀升高。

温度较高时会使水泥颗粒表面迅速水化,结成外壳,阻止内部继续水化,形成"假凝"现象,从而影响混凝土强度的增长,应对原材料的最高加热温度进行限制。

若水、骨料达到规定温度仍不能满足要求时,水可加热至100 ℃,但水泥不得与80 ℃以上热水直接接触。

冬期施工中,混凝土拌和物所需要的温度应根据当时的外界气温和混凝土入模温度等因素确定,再通过热工计算确定原材料所需要的加热温度。

3. 混凝土的搅拌与运输

混凝土搅拌前,应用热水或蒸汽冲洗搅拌机。投料顺序为先投入骨料和已加热的水,再投入水泥,以避免水泥"假凝"。混凝土搅拌时间应比常温下延长50%,以使拌和物的温度均匀。

冬期施工混凝土搅拌前,原材料预热宜加热拌和水,当仅加热拌和水不能满足热工计算要求时,可加热骨料、拌和水与骨料的加热温度可通过热工计算确定,水泥、外加剂、矿物掺合料不得直接加热,应置于暖棚内预热。

冬期施工混凝土液体防冻剂使用前应搅拌均匀,由防冻剂溶液带入的水分应从混凝土拌和水中扣除。蒸汽法加热骨料时,应加大对骨料含水率测试频率,并应将由骨料带入的水分从混凝土拌和水中扣除。混凝土搅拌前应对搅拌机械进行保温或采用蒸汽进行加温,搅拌时间应比常温搅拌时间延长30 ~ 60 s。混凝土搅拌时应先投入骨料与拌和水,预拌后再投入胶凝材料与外加剂。胶凝材料、引气剂或含引气组分外加剂不得与60 ℃以上热水直接接触。

混凝土拌和物的出机温度不宜低于10 ℃,入模温度不应低于5 ℃;预拌混凝土或需远距离运输的混凝土,混凝土拌和物的出机温度可根据距离经热工计算确定,但不宜低于15 ℃。大体积混凝土的入模温度可根据实际情况适当降低。混凝土运输、输送机具及泵管应采取保温措施。当采用泵送工艺浇筑时,应采用水泥浆或水泥砂浆对泵和泵管进行润滑、预热。混凝土运输、输送与浇筑过程中应进行测温,其温度应满足热工计算的要求。

4. 混凝土的浇筑

混凝土浇筑前,应清除地基、模板和钢筋上的冰雪和污垢,并应进行覆盖保温。冬期不得在强冻胀性地基上浇筑混凝土;在弱冻胀性地基上浇筑混凝土时,基土不得遭冻;在非冻胀性地基土上浇筑混凝土时,混凝土在受冻前的抗压强度不得低于临界强度。

对于加热养护的现浇混凝土结构,应注意温度应力的危害。加热养护时应合理安排混凝土的浇筑程序和施工缝的位置,以避免产生较大的温度应力;当加热养护温度超过40 ℃时,应征得设计单位的同意,并采取一系列防范措施,如梁支座可处理成活动支座而允许其微幅伸缩,或设置后浇带,分段进行浇筑与加热。

分层浇筑大体积混凝土时,为防止上层混凝土的热量被下层混凝土过多吸收,分层浇筑的时间间隔不宜过长。混凝土分层浇筑时,分层厚度不应小于400 mm。在被上一层混凝土覆盖前,已浇筑层的温度应满足热工计算要求,且不得低于2 ℃。采用加热方法养护现浇混凝土时,应根据加热产生的温度应力对结构的影响采取措施,并应合理安排混凝土浇筑顺序与施工缝留置位置。

5. 混凝土冬期的养护方法

混凝土浇筑后应采用适当的方法进行养护,保证混凝土在受冻前至少已达到临界强度,才能避免其强度损失。冬期施工中混凝土养护的方法很多,有蓄热法、蒸汽加热法、电热法、暖棚法、掺外加剂法等。

(1)蓄热法

蓄热法是利用原材料预热的热量及水泥水化热,通过适当的保温措施,延缓混凝土的冷却,保证混凝土在冻结前达到所要求强度的一种冬期施工方法。该方法适用于室外最低温度不低于−15 ℃的地面以下工程,或表面系数(指结构冷却的表面积与其全部体积的比值)不大于5 m² 的结构。

蓄热法养护具有施工简单、无须外加热源、节能、费用低等特点。因此,在混凝土冬期施工时应优先考虑采用,只有当确定蓄热法不能满足要求时,才考虑选择其他方法。

蓄热法养护的三个基本要素是混凝土的入模温度、围护层的总传热系数和水泥水化热值,应通过热工计算调整以上3个要素,使混凝土冷却至0 ℃时,强度能达到临界强度的要求。

采用蓄热法时,宜选用强度等级高、水化热大的硅酸盐水泥或普通硅酸盐水泥,掺用早强型外加剂;适当提高入模温度;选用传热系数较小、价廉耐用的保温材料,如草帘、草袋、锯末、谷糠、炉渣等;保温层覆盖后要注意防潮和防止透风,对边、棱角部位要特别加强保温。此外,还可采用其他一些有利蓄热的措施,如地下工程可用未冻结的土壤覆盖;用生石灰与湿锯末均匀拌和覆盖,利用保温材料本身发热保温;充分利用太阳的热能,白天有日照时,打开保温材料,夜间再覆盖等。

(2)蒸汽加热法

蒸汽加热养护分为湿热养护和干热养护2类。湿热养护即使蒸汽与混凝土直接接触,利用蒸汽的湿热作用养护混凝土,常用的有棚罩法、蒸汽套法以及内部通汽法;而干热养护则是将蒸汽作为热载体,以某种形式的散热器,将热量传导给混凝土使其升温,有毛管法和热模法等。

毛管法:毛管法是在模板内侧做成沟槽,其断面可做成三角形、矩形或半圆形,间距为 200~250 mm,在沟槽上盖以 0.5~2 mm 的铁皮,使之成为通蒸汽的毛管,通入蒸汽进行加热。毛管法用汽少,但仅适用于以木模浇筑的结构,对于柱、墙等垂直构件加热效果好,而对于平放的构件不易加热均匀。

热模法:热模法是在模板外侧配置蒸汽管,管内通蒸汽加热模板,向混凝土进行间接加热。为了减少热量损失,模板外面再设 1 层保温层。热模法加热均匀、耗用蒸汽少、温度易控制、养护时间短,但设备费用高,适用于墙、柱及框架结构的养护。

棚罩法(蒸汽室法):棚罩法是在现场结构物的周围制作能拆卸的蒸汽室,如在地槽上部加盖简易的盖子或在预制构件周围用保温材料(木材、篷布等)做成密闭的蒸汽室,通入蒸汽加热混凝土。棚罩法设施灵活、施工简便、费用较少,但耗气量大,温度不易均匀,适用于加热地槽中的混凝土结构及地面上的小型预制构件。

蒸汽套法:蒸汽套法是在构件模板外再用 1 层紧密不透气的材料(如木板)做成蒸汽套,蒸汽套与模板间的空隙约为 150 mm,通入蒸汽加热混凝土。采用蒸汽套法时能适当控制温度,其加热效果取决于保温构造,但设施较复杂、费用较高,可用于现浇柱、梁及肋形楼板等整体结构的加热。

内部通汽法:内部通汽法是在混凝土构件内部预留直径为 13~50 mm 的孔道,再将蒸汽送入孔内加热混凝土,当混凝土达到要求的强度后,排除冷凝水,随即用砂浆灌入孔道内加以封闭。内部通汽法节省蒸汽,费用较低,但进汽端易过热而使混凝土产生裂缝,适用于梁、柱、框架单梁等结构构件的加热。

(3)电热法

电热法施工主要有电极法、电热毯法、工频涡流加热法、远红外线养护法等。

电极法:在混凝土内部或表面每隔 100~300 mm 的间距设置电极(直径为 6~12 mm 的短钢筋或厚为 1~2 mm、宽为 30~60 mm 的扁钢),通以低压电流,混凝土的电阻作用使电能变为热能,产生热量对混凝土进行加热。电极的布置应使混凝土温度均匀,通电前应覆盖混凝土的外露表面,以防止热量散失。电极法仅适用于以木模浇筑的结构,且用钢量较大,耗电量也较高,只在特殊条件下采用。

电热毯法:电热毯法采用设置在模板外侧的电热毯作为加热元件,适用于以钢模板浇筑的构件。电热毯由4层玻璃纤维布中间夹以电阻丝制成,其尺寸应根据钢模板外侧龙骨组成的区格大小面定,约为300 mm×400 mm,电压宜为60～80 V,功率宜为每块75～100 W。电热毯外侧应设置耐热保温材料(如岩棉板等)。在混凝土浇筑前先通电将模板预热,浇筑后根据混凝土温度的变化可连续或断续通电加热养护。

工频涡流加热法:工频涡流加热法是在钢模板外侧设置钢管,钢管内穿单根导线,利用导线通电后产生的涡流在管壁上产生热效应,并通过钢模板对混凝土进行加热养护。工频涡流法加热混凝土温度比较均匀,控制方便,但需制作专用模板,故模板投资大,适用于以钢模板浇筑的墙体、梁、柱和接头。

远红外线养护法:远红外线养护法是采用远红外辐射器向混凝土辐射远红外线,对混凝土进行辐射加热的养护方法。产生远红外线的能源除电源外,还可以用天然气、煤气、石油液化气、热蒸汽等,可根据具体条件选择。远红外线养护法具有施工简便、升温迅速、养护时间短、降低能耗、不受气温和结构表面系数的限制等特点,适用于薄壁结构、装配式结构接头处混凝土的加热等。

(4)暖棚法

在所要养护的结构或构件周围用保温材料搭起暖棚,棚内设置热源,以维持棚内的正温环境,可使混凝土的浇筑和养护如同在常温下。暖棚内的加热宜优先选用热风机,可采用强力送风的移动式轻型热风机。采用暖棚法养护混凝土时,棚内温度不得低于5 ℃,并应保持混凝土表面湿润。因搭设暖棚需大量材料和人工,能耗大,费用较高,故暖棚法一般只用于地下结构工程的混凝土量比较集中的结构工程。

(5)掺外加剂法

在冬期混凝土施工中掺入适量的外加剂,可使其强度快速增长,在冻结前达到要求的临界强度,或改善混凝土的某些性能,以满足冬期施工的需要。掺外加剂法是冬期施工的有效方法,可简化施工工艺、节约能源、降低成本,但应符合冬期施工工艺要求的有关规定。目前,冬期施工中常用的外加剂有早强剂、防冻剂、减水剂和引气剂。

防冻剂和早强剂:在冬期施工中,常共同使用防冻剂与早强剂。防冻剂的作用是降低混凝土液相的冰点,使混凝土在负温下不冻结,并使水泥的水化作用能继续进行;早强剂则能提高混凝土的早期强度,使其尽快达到临界强度。

施工中须注意,掺有防冻剂的混凝土应控制水灰比;混凝土的初期养护温度不得低于防冻剂的规定温度,若达不到规定温度时应采取保温措施;对于含有氯盐的防冻剂,由于氯盐对钢筋有锈蚀作用,应严格遵守规范对氟盐的使用及掺量的有关规定。

减水剂:减水剂具有减水及增强的双重作用。混凝土中掺入减水剂,可在不影响其和易性的情况下,大量减少拌和用水,使混凝土孔隙中的游离水减少,因而冻结时承受的破坏力就明显减少;同时,由于拌和用水的减少,可提高混凝土中防冻剂和早强剂的溶液浓度,从而提高混凝土的抗冻能力。

引气剂:在混凝土中掺入引气剂,能在搅拌时引入大量微小且分布均匀的封闭气泡。当混凝土具有一定强度后受冻时,孔隙中的部分水会被冰的冻胀压力挤入气泡中,从而缓解了冰的冻胀压力和破坏性,故可防止混凝土遭受冻害。

采用综合蓄热法养护时,混凝土中应掺加具有减水、引气性能的早强剂或早强型外加剂。对不易保温养护且对强度增长无具体要求的一般混凝土结构,可采用掺防冻剂的负温养护法进行养护。采用暖棚法、蒸汽加热法、电加热法等方法进行养护时,应采取降低能耗的措施。

混凝土浇筑后,对裸露表面应采取防风、保湿、保温措施,对边、棱角及易受冻部位应加强保温。在混凝土养护和越冬期间,不得直接对负温混凝土表面浇水养护。模板和保温层的拆除时混凝土强度应达到受冻临界强度,且混凝土表面温度不应高于5 ℃;墙、板等薄壁结构构件,宜推迟拆模。混凝土强度未达到受冻临界强度和设计要求时,应继续进行养护。当混凝土表面温度与环境温度之差大于20 ℃时,拆模后的混凝土表面应立即进行保温覆盖。

(二) 高温施工

高温施工时,露天堆放的粗、细骨料应采取遮阳防晒等措施。必要时,可对粗骨料进行喷雾降温。高温施工的混凝土配合比设计应分析原材料温度、环境温度、混凝土运输方式与时间对混凝土初凝时间、坍落度损失等性能指标的影响,根据环境温度、湿度、风力和采取温控措施的实际情况,对混凝土配合比进行调整。高温天气条件下施工的混凝土配合比宜在近似现场运输条件、时间和预计混凝土浇筑作业最高气温的天气条件下,通过混凝土试拌、试运输的工况试验确定。水泥用量宜降低,并可采用矿物掺和料替代部分水泥,宜选用水化热较低的水泥,混凝土坍落度不宜小于70 mm。

高温施工混凝土的搅拌应符合下列规定:①应对搅拌站料斗、储水器、皮带运输机、搅拌楼采取遮阳防晒措施。②对原材料进行直接降温时,宜采用对水、粗骨料进行降温的方法。对水直接降温时,可采用冷却装置冷却拌和用水,并应对水管及散热器加设遮阳和隔热设施,也可在水中加碎冰作为拌和用水的一部分。混凝土拌和时掺加的固体冰应确保在搅拌结束前融化,且在拌和用水中应扣除其质量。③需要时,可采取掺加干冰等附加控温措施。

混凝土宜采用白色涂装的混凝土搅拌运输车运输;混凝土输送管应进行遮阳覆盖,并应洒水降温。混凝土拌和物入模温度低于35 ℃。混凝土浇筑宜在早间或晚间进行,且应连续浇筑。当混凝土水分蒸发较快时,应在施工作业面采取挡风、遮阳、喷雾等措施。

混凝土浇筑前,施工作业面宜采取遮阳措施,并应对模板、钢筋和施工机具采用洒水等降温措施,但浇筑时模板内不得积水。混凝土浇筑完成后,应及时进行保湿养护。侧模拆除前宜采用带模湿润养护。

(三) 雨期施工

雨期施工期间,水泥和矿物掺和料应采取防水和防潮措施,并应对粗骨料、细骨料的含水率进行监测,及时调整混凝土配合比。雨期施工期间,应选用具有防雨水冲刷性能的模板脱模剂;混凝土搅拌、运输设备和浇筑作业面应采取防雨措施,并应加强施工机械检查维修及接地接零检测工作。

雨后应检查地基面的沉降,并应对模板及支架进行检查。

雨期施工期间,除应采用防护措施外,小雨、中雨天气不宜进行混凝土露天浇筑,且不应进行大面积作业的混凝土露天浇筑;大雨、暴雨天气不应进行混凝土露天浇筑。采取防止模板内积水的措施。模板内和混凝土浇筑分层面出现积水时,应在排水后再浇筑混凝土。在雨天进行钢筋焊接时,应采取挡雨等安全措施。

混凝土浇筑过程中,雨水冲刷致使水泥浆流失严重的部位,应采取补救措施后再继续施工。

混凝土浇筑完毕后,应及时采取覆盖塑料薄膜等防雨措施。

台风来临前,应对尚未浇筑混凝土的模板及支架采取临时加固措施;台风结束后,应检查模板及支架,已验收合格的模板及支架应重新办理验收手续。

第四节　钢筋混凝土工程计量

一、现浇混凝土基础

各类基础对应预算定额的项目有其相应的基础项目及细石混凝土灌浆。

其中,独立基础和带形基础另有相应的毛石混凝土基础,满堂基础分为有梁式和无梁式。

(一) 预算定额项目的工程量计算规则

基础(含带形基础、独立基础、满堂基础、设备基础和承台基础):按设计图示尺寸以体积计算,不扣除构件内钢筋、预埋铁件和伸入承台基础的桩头所占体积。

带形基础:不分有肋式与无肋式均按带形基础定额计算,有肋式带形基础,肋高(指基础扩大顶面至梁顶面的高)小于 1.2 m 时,合并计算;超过 1.2 m 时,扩大顶面以下的基础部分,按带形基础定额计算,扩大顶面以上部分,按墙定额计算。

箱式基础分别按基础、梁、柱、板、墙等有关规定分解计算。

设备基础:设备基础除块体(块体设备基础是指没有空间的实心混凝土形状)以外,其他类型设备基础分别按基础、梁、柱、板、墙等有关规定分解计算。

(二) 相关说明

独立基础、满堂基础与带形基础的划分:长宽比在 3 倍以内且底面积在 20 m² 以内的为独立基础;底宽在 3 m 以上且底面积在 20 m² 以上的为满堂基础;其余为带形基础。独立桩承台执行独立基础定额,带形桩承台执行带形基础定额,与满堂基础相连的基础梁、桩承台执行满堂基础定额。

二、现浇混凝土柱

各类柱对应预算定额的项目有其相应的柱项目,构造柱按非泵送混凝土编制。凡四边以内的独立柱,无论形状如何均套用独立矩形柱定额;四边以上者均套用独立异形柱定额,圆形柱执行独立异形柱定额;柱与墙构成一体的,柱执行墙相应定额。

(一) 预算定额项目的工程量计算规则

柱按设计图示尺寸以体积计算。不扣除构件内钢筋、预埋铁件所占体积。

有梁板的柱高应按自柱基上表面(或楼板上表面)至上一层楼板上表面之间的高度计算。

无梁板的柱高应按自柱基上表面(或楼板上表面)至柱帽下表面之间的高度计算。

框架柱的柱高应按自柱基上表面至柱顶高度计算。

构造柱按全高计算,嵌接墙体部分(马牙槎)并入柱身体积。

依附柱上的牛腿和升板的柱帽,并入柱身体积计算。

(二) 相关说明

现浇混凝土柱、墙定额中均按规范要求考虑了底部灌水泥砂浆的消耗量。定额消耗量未包括柱、梁节点混凝土等级不同时所需的钢丝网,如有发生按实计算套用"挂钢丝网"相应定额子目,当材料与定额取定不同时,予以换算。

独立现浇门框按构造柱定额执行。

凸出混凝土柱、梁、墙的线条,并入相应构件内。

三、现浇混凝土梁

(一) 预算定额项目的工程量计算规则

同《房屋建筑与装饰工程工程量计算规范》(GB/T 50854—2013)。

(二) 相关说明

凸出混凝土梁的线条,并入相应构件内。

与主体结构不同时浇捣的厨房、卫生间等处墙体下部的现浇混凝土翻边执行圈梁定额。

斜梁是按 10°<坡度≤30° 综合考虑的。坡度≤10° 的执行梁定额,30°<坡度≤45° 的人工乘以系数 1.05,45°<坡度≤60° 的人工乘以系数 1.10,坡度>60° 的人工乘以系数 1.20。

四、现浇混凝土墙

(一) 工程量清单项目对应预算定额的主要项目

直形墙(以墙厚 100 mm 为界限分开列项)、弧形墙。

(二) 预算定额项目的工程量计算规则

同《房屋建筑与装饰工程工程量计算规范》(GB/T 50854—2013)。

(三) 相关说明

现浇混凝土墙定额中按规范要求考虑了底部灌水泥砂浆的消耗量。

凸出混凝土墙的线条,并入相应构件内。

五、现浇混凝土板

(一) 工程量清单项目对应预算定额的主要项目

有梁板、无梁板、平板、栏板、天沟、挑檐板对应预算定额的相同名称项目。

雨篷对应预算定额的项目为雨篷或有梁板。

阳台板对应预算定额的项目为有梁板。

(二) 预算定额项目的工程量计算规则

有梁板、无梁板、平板、拱板、薄壳板、栏板均按设计图示尺寸,以体积计算。不扣除构件内钢筋、预埋铁件及单个面积 $0.3m^2$ 以内的柱垛及孔洞所占体积。有梁板(包括主、次梁与板)按梁、板体积之和计算,无梁板按板和柱帽体积之和计算,各类板伸入砌体墙内的板头并入板体积内计算,薄壳板的肋、基梁并入薄壳体积内计算。

压型钢板混凝土楼板按图示设计尺寸,以体积计算,不扣除构件内压型钢板所占体积。

天沟、挑檐板按设计图示尺寸,以墙外部分体积计算。挑檐与板(包括屋面板)连接时,以外墙外边线为分界线;与梁(包括圈梁等)连接时,以梁外边线为分界线;外墙外边线以外为挑檐、天沟。

雨篷、阳台板按设计图示尺寸以墙外部分体积计算。包括伸出墙外的牛腿和雨篷反挑檐的体积。雨篷梁、板工程量合并,按雨篷以体积计算,高度小于或等于400 mm的栏板并入雨篷体积内计算,栏板高度大于400 mm时,其超过部分,按栏板计算。阳台板套有梁板定额。

其他板按设计图示尺寸,以体积计算。

(三) 相关说明

现浇混凝土栏板定额适用于垂直高度小于1.6 m,厚度小于120 mm的栏板或女儿墙,如设计的栏板或女儿墙的垂直高度大于1.6 m或厚度大于120 mm的,应分别套用墙、柱及压顶定额。现浇混凝土栏板定额已综合压顶、小柱。

挑檐、天沟反口高度在400 mm以内时,执行挑檐定额;挑檐、天沟反口高度超过400 mm时,按全高执行栏板定额。

压型钢板上浇捣混凝土,执行平板定额,人工费乘以系数1.10。

空调板套用平板定额。

飘窗板上下及四周均套用飘窗板定额。

板的划分:①有梁板是指梁与板构成一体,包括板和梁。②无梁板是指板无梁、直接用柱头支撑,包括板和柱帽。③平板是指板无柱、无梁,由墙承重。④屋面檐口斜板包括斜板、压顶、肋板或小柱,按栏板定额人工、机械乘以系数1.15计算。⑤斜板是按10°<坡度≤30°综合考虑的。坡度≤10°的执行板定额,30°<坡度≤45°的人工乘以系数1.05。45°<坡度≤60°的人工乘以系数1.10,

坡度>60°的人工乘以系数1.20。

六、现浇混凝土楼梯

(一) 工程量清单项目对应预算定额的主要项目

整体楼梯〔直形、圆(弧)形〕对应预算定额的项目有其相应的楼梯项目。

(二) 预算定额项目的工程量计算规则

同《房屋建筑与装饰工程工程量计算规范》(GB/T 50854—2013)。

(三) 相关说明

现浇混凝土整体楼梯定额已包括楼梯段、楼梯梁(包括楼梯与休息平台连接梁、斜梁、休息平台四周的梁及楼梯与楼板连接的梁)、休息平台板,不分框架结构和混合结构。但未包括底层起步梯基础(或梁)、梯柱、栏板、栏杆。楼梯是按建筑物1个自然层双跑楼梯考虑,如单坡直行楼梯(即1个自然层无休息平台)按相应定额人工、材料、机械乘以系数1.2;三跑楼梯(即1个自然层两个休息平台)按相应定额人工、材料、机械乘以系数0.9;四跑楼梯(即1个自然层3个休息平台)按相应定额人工、材料、机械乘以系数0.75。定额板式楼梯梯段底板(不含踏步三角部分)厚度取定150 mm,梁式楼梯梯段底板(不含踏步三角部分)厚度取定80 mm,设计与定额取定厚度不同时定额按相应比例调整。

室外整体楼梯按墙外的水平投影面积计算。

七、现浇混凝土其他构件

(一) 预算定额项目的工程量计算规则

台阶按设计图示尺寸,以体积计算。

扶手、压顶按设计图示尺寸,以体积计算。

场馆看台按设计图示尺寸,以体积计算。

散水、坡道按设计图示尺寸,以水平投影面积计算,不扣除单个0.3 m² 以内的孔洞所占面积。

地沟按设计图示尺寸,以体积计算。

(二) 相关说明

现浇混凝土台阶定额适用于无底模的混凝土台阶。有底模的混凝土台阶应按整体楼梯的有关规定计算。

小型构件指单个体积在0.1 m² 以内的未列定额的小型构件。

散水、坡道混凝土按厚度60 mm编制,设计厚度与定额取定不同时应换算;散水、坡道包括了混凝土浇筑、表面压实抹光及嵌缝内容,未包括基础夯实、垫层内容。

室外化粪池、独立井池套用构筑物相应定额。

细石混凝土灌浆定额灌注材料设计与定额取定不同时应换算;空心砖内灌注混凝土,执行小型构件定额。

八、现场预制混凝土构件

(一) 工程量清单项目对应预算定额的主要项目

对应预算定额的项目有地沟盖板和井盖板。

(二) 预算定额项目的工程量计算规则

按设计图示尺寸,以体积计算。不扣除构件内钢筋、预埋铁件及单个尺寸300 mm×300 mm以内的孔洞所占体积。

(三) 相关说明

普通预制混凝土定额,按非泵送混凝土编制,若采用现场搅拌混凝土,套用相应调整费定额子目,混凝土材料替换为现场搅拌混凝土。

定额已包括预制构件场内运输、混凝土浇筑、模板、钢筋制作安装、构件安装,均未包括水泥砂浆抹光,如设计要求抹光的另行计算。设计钢筋含量与定额取定不同时,钢筋主材按实调整,损耗率按2%计取。

九、钢筋工程

(一) 预算定额项目的工程量计算规则

现浇构件钢筋,按设计图示钢筋长度乘以单位理论质量,以质量计算。

定额未包括钢筋接头费用的,钢筋接头费用按以下规定另行计算:①钢筋搭接长度应按设计图示、规范要求计算;设计图示、规范要求未标明搭接长度的,不另计算搭接长度。②钢筋的搭接(接头)数量应按设计图示、规范要求计算。设计图示、规范要求未标明的,按以下规定考虑:①直径小于10 mm的长钢筋按每12 m计算1个钢筋搭接(接头);②直径大于10 mm的长钢筋按9 m计算1个搭接(接头)。

钢筋工程中措施钢筋(包括现浇构件中固定位置的支撑钢筋、梁垫筋(铁)、梁板双层钢筋用的"铁马"、伸出构件的锚固钢筋、预制构件的吊钩等)按设计图纸规定要求、施工方案要求、现行规范要求计算。编制预算时应按现行规范计算措施钢筋。若施工方案采用《混凝土结构用钢筋间隔件应用技术规程》(JGJ/T 219—2010)规定施工的,则板铁马尺寸=450 mm+(板厚−保护层−板上层钢筋直径)×2,材料采用一级10;梁铁马尺寸=梁宽−保护层×2,材料采用三级25。

后张法预应力钢筋按设计图示钢筋(绞线、丝束)长度乘以单位理论质量计算:①低合金钢筋两端均采用螺杆锚具时,钢筋长度按孔道长度减0.35 m计算,螺杆另行计算。②低合金钢筋一端采用镦头插片,另一端采用螺杆锚具时,钢筋长度按孔道长度计算,螺杆另行计算。③低合金钢筋一端采用镦头插片,另一端采用帮条锚具时,钢筋长度按增加0.15 m计算;两端均采用帮条锚具时,钢筋长度按孔道长度增加0.3 m计算。④低合金钢筋采用后张混凝土自锚时,钢筋长度按孔道长度增加0.35 m计算。

低合金钢筋(钢绞线)采用JM、XM、QM型锚具,孔道增加长度按以下规定计算:①孔道长度小于或等于20 m,采用一端张拉时,钢筋长度按孔道长度增加1 m计算,采用两端张拉时,钢筋长度按孔道长度增加2 m计算;②孔道长度大于20 m,采用一端张拉时,钢筋长度按孔道长度增加1.8 m计算,采用两端张拉时,钢筋长度按孔道长度增加3.6 m计算。

碳素钢丝采用锥形锚具,孔道增加长度按以下规定计算:孔道长度小于或等于20 m,采用一端张拉时,钢筋长度按孔道长度增加1 m计算,采用两端张拉时,钢筋长度按孔道长度增加2 m计算;孔道长度大于20 m,采用一端张拉时,钢筋长度按孔道长度增加1.8 m计算,采用两端张拉时,钢筋长度按孔道长度增加3.6 m计算。

碳素钢丝采用墩头锚具时,钢丝束长度按孔道长度增加0.35 m计算。

混凝土构件预埋铁件、螺栓按设计图示尺寸以质量计算。

预应力钢丝束、钢绞线锚具安装按套数计算。

当设计要求钢筋接头采用机械连接时,按数量计算,不再计算该处的钢筋搭接长度。

植筋按数量计算,植入钢筋按长度乘以单位理论质量计算。

钢筋笼、钢筋网片按设计图示钢筋长度乘以单位理论质量计算。

(二) 相关说明

钢筋工程按钢筋的不同品种和规格以现浇构件、预应力构件分别列项,钢筋的品种、规格比例按常规工程设计综合考虑。

除定额规定单独列项计算以外,各类钢筋、铁件的制作成型、绑扎、安装、接头、固定所用人工、材料、机械消耗均已列入相应定额。设计未明确的,直径22 mm及以上的钢筋连接宜按机械连接考虑。

预应力钢筋定额不包括人工时效处理,如设计要求做人工时效处理的,另行计算。

无黏结预应力钢绞线的锚具用量与定额取定不同时,按设计进行调整;有黏结预应力钢绞线的锚具、水泥及波纹管用量与定额取定不同时,按设计进行调整。

后张法钢筋锚固按钢筋帮条焊U形插垫编制,如采用其他方法锚固的,另行计算。

预应力钢丝束、钢绞线综合考虑了一端、两端张拉;锚具按单锚、群锚分别列项,单锚按单孔锚具列入,群锚按3孔列入。预应力钢丝束、钢绞线长度大于50 m时,应采用分段张拉;用于地面预制构件时,应扣除定额中张拉平台摊销费。

植筋定额应包括植入的钢筋材料费,钢筋材料按图示设计尺寸以理论质量计算计入定额,钢筋损耗率按2%计算。若设计未明确,钢筋植入混凝土深度按15倍直径考虑,钢筋植入深度30倍直径以内,每增减1倍直径,其他材料、人工、机械相应增减10%。

钢筋工程中措施钢筋按设计图纸规定要求和施工验收规范要求计算,按品种、规格执行相应定额。如采用其他材料时,另行计算。

型钢组合混凝土构件中,型钢骨架与钢筋均执行《装配式建筑工程消耗量定额》与《房屋建筑和装饰工程消耗量定额》(TY01-31-2015)金属结构工程的相应定额;钢筋中人工费乘以系数1.50、机械乘以系数1.15。

斜板、坡屋面板的钢筋安装人工费乘以系数1.20。

地下连续墙钢筋笼安放,不包括钢筋笼制作,钢筋笼制作按现浇钢筋制按相应定额执行。

现浇构件冷拔钢丝按"钢筋HPB300直径小于10 mm"制安定额执行。

弧形构件钢筋执行钢筋相应定额,人工费乘以系数1.05。

混凝土空心楼板中钢筋网片,执行现浇构件钢筋相应定额,人工乘以系数1.3、机械乘以系数1.15。

非预应力钢筋不包括冷加工,如设计要求冷加工时,应另行计算。

固定预埋铁件(螺栓)所消耗的材料按实计算,执行相应定额。

钢筋设计规格与定额取定不同时,钢筋主材按实调整套用相应定额。如"带肋钢筋HRB400直径为14 mm"套用"带肋钢筋HRB400以内直径为12~18 mm"定额,主材替换为"带肋钢筋HRB400直径为14 mm"。

第四章　砌筑工程

第一节　砌体材料

一、块体

砌体结构工程用的块体有砖、石材及砌块3大类。

(一) 砖

砖有实心砖、多孔砖和空心砖,按其生产方式不同又分为烧结砖和蒸压(或蒸养)砖2大类。

1. 烧结砖

烧结砖有烧结普通砖(为实心砖)、烧结多孔砖和空心砖,烧结以黏土、页岩、煤矸石、粉煤灰为主要原料,经压制成型焙烧而成。按所用原料不同,分别为黏土砖、页岩砖或粉煤灰砖。烧结普通砖的外形为直角六面体,其规格为240 mm×115 mm×53 mm(长×宽×高),即4块砖长加4个灰缝、8块砖宽加8个灰缝、16块砖厚加16个灰缝(简称"四顺八丁十六线")均为1 m。根据抗压强度分为MU30、MU25、MU20、MUI5和MU10这5个强度等级。

烧结多孔砖和空心砖的规格有190 mm×190 mm×90 mm、240 mm×115 mm×90 mm、240 mm×180 mm×115 mm等多种。承重多孔砖的强度等级与烧结普通砖相同,非承重空心砖的强度等级为MU5、MU3和MU2。

2. 蒸压砖

蒸压砖有煤渣砖和灰沙空心砖。

蒸压煤渣砖是以煤渣为主要原料,掺入适量的石灰、石膏,经混合、压制成型、通过蒸压(或蒸养)而成的实心砖;其规格同烧结普通砖,强度等级由抗压、抗折强度而定,有MU20、MU15、MU10和MU7.5这4个强度等级。

蒸压灰沙空心砖以石灰、沙为主要原料,经坯料制备、压制成型、蒸压养护成型而制成的孔洞率大于15%的空心砖。

砖的长均为240 mm,宽均为115 mm,高有53 mm、90 mm、115 mm和175 mm

这4种,强度等级有MU25、MU20、MU15、MU10和MU7.5这5个等级。

(二) 石材

砌筑用的石材分为毛石和料石2类。

毛石又分为乱毛石和平毛石。乱毛石指形状不规则的石块;平毛石指形状不规则,但有2个平面大致平行的石块。毛石的中部厚度不应小于150 mm。

料石按其加工面的平整程度分为细料石、半细料石、粗料石和毛料石4种。料石的宽度、厚度均不宜小于200 mm。

因石材的大小和规格不一,通常用边长为70 mm的立方体试块进行抗压强度试验,取3个试块破坏强度的平均值作为确定石材强度等级的依据,其强度等级有MU100、MU80、MU60、MU50、MU40、MU30和MU20。用于砌体结构的石材最低强度等级为MU30。

(三) 砌块

砌块的种类较多,一般常用的有混凝土空心砌块、加气混凝土砌块及粉煤灰实心砌块。通常把高度为180~350 mm的称为小型砌块,360~900 mm的称为中型砌块。砌块的类型不同,其强度等级也不同。

为此,生产单位供应砌块时,必须提供产品出厂合格证,标明砌块的强度等级和质量指标。砌块的强度等级有MU20、MU15、MU10、MU7.5和MU5.0。用于砌体结构的砌块最低强度等级为MU7.5。

二、砂浆

(一) 原材料要求

一般常用的砂浆有水泥砂浆、石灰砂浆和混合砂浆3种,其主要原材料为水泥、沙、石灰膏及外掺料。

水泥品种及强度等级应根据设计要求、砌体的部位和所处的环境来选择。水泥砂浆采用的水泥,其强度等级不应大于32.5;水泥混合砂浆采用的水泥,其强度等级不宜大于42.5。不同品种的水泥,不得混合使用。

沙宜用中沙,其中毛石砌体宜用粗沙。沙应过筛,不得含有草根、树叶、煤块、炉渣等杂物,其含泥量一般不应超过5%,对强度等级小于M5的混合砂浆也不应超过10%。

生石灰熟化成石灰膏时,应用孔径不大于3 mm×3 mm的网过滤,熟化时间不得少于7 d。灰地中储存的石灰膏应防干燥、冻结和污染,严禁使用脱水硬化的石灰膏。

砂浆掺外掺料可改善其和易性,常用的外掺料有黏土膏、电石膏和粉煤灰等。

砂浆中掺入的有机塑化剂、早强剂、缓凝剂、防冻剂等外加剂,经检验和试配符合要求后方可使用。

(二) 砂浆的强度等级

砂浆的强度等级是用边长70.7 mm的立方体试块,在20 ℃及正常湿度条件下,置于室内不通风处养护28 d的平均抗压极限强度确定的,其强度等级有M15、M10、M7.5、M5和M2.5。用于砌体结构的砂浆最低强度等级为M5。

砂浆试块强度验收时其合格标准应符合以下规定:同一验收批砂浆试块抗压强度平均值必须大于或等于设计强度等级的1.10倍,其中强度最小一组的平均值必须大于或等于设计强度等级的85%。

(三) 砂浆制备与使用

砂浆制备应采用经试配调整后的配合比,配料要准确。水泥配料的误差应控制在±2%以内,沙、石灰膏和外掺料的误差应控制在±5%以内。掺用外加剂时,应先将外加剂按规定浓度溶于水中,再将外加剂溶液与拌和水一起投入拌和,不得将外加剂直接投入拌制的砂浆中。

砂浆应采用机械拌和,拌和时间:①水泥砂浆、水泥混合砂浆不得少于2 min;②水泥粉煤灰砂浆和掺用外加剂的砂浆不得少于3 min。砂浆的稠度对烧结普通砖、蒸压粉煤灰砖砌体宜控制在70～90 mm;对混凝土实心砖、多孔砖、小型空心砌块砌体和蒸压灰砂砖砌体宜为50～70 mm;对烧结多孔砖、空心砖、蒸压加气混凝土砌块砌体宜为60～80 mm;对石砌体宜为30～50 mm。砂浆应随拌随用,水泥砂浆和水泥混合砂浆必须在拌和后3～4 h内使用完毕。如施工期最高气温超过30 ℃时,则应在2～3 h内使用完毕。

第二节 砌筑用脚手架及垂直运输设施

一、脚手架

脚手架是建筑工程施工中堆放材料和工人进行操作的临时设施。脚手架的宽度应满足工人操作、材料堆置和运输的需要,一般为1.5～2.0 m,并保证有足够的强度、刚度和稳定性,力求构造简单,装拆方便并能多次周转使用。

脚手架的种类按照搭设位置不同,可分为外脚手架和里脚手架。搭设在建筑物外围的脚手架叫外脚手架;搭设在建筑物结构内部的脚手架叫里脚手架。按脚手架所用材料可以分为木制脚手架、竹制脚手架和钢管脚手架。

(一) 外脚手架

1. 扣件式钢管脚手架

扣件式钢管脚手架一次性投资较大,但其周转次数多,装拆方便,搭设高度大,并能适应建筑物平立面的变化。

构造要求:扣件式钢管脚手架由钢管、扣件、脚手板、底座等组成。钢管一般用直径为48 mm,厚3.5 mm的焊接钢管。立柱、纵向水平杆和支撑杆(包括剪刀撑、横向斜撑、水平斜撑等)的钢管长宜为4~6.5 m;而用于横向水平杆的钢管长度以2.2 m为宜。扣件用于钢管之间的连接,其基本形式有3种:①直角扣件用于2根钢管呈垂直交叉连接;②旋转扣件用于2根钢管呈任意角度交叉连接;③对接扣件用于2根钢管的对接连接。立柱底端立于底座上,以传递荷载到地面上。脚手板有冲压钢脚手板、钢木脚手板、竹脚手板等,每块脚手板的质量不宜大于30 kg。

扣件式钢管脚手架的基本形式有双排、单排2种,单排脚手架的搭设高度不得超过30 m。

搭设要求:脚手架搭设范围的地基表面应平整且排水畅通,避免地基被水浸泡。如表层土质松软,应用150 mm厚碎石或碎砖夯实。垫板、底座均应准确地放在定位线上。固定件至操作层的距离不应大于2步,超过时,应在操作层下采取临时稳定措施,固定件架设完后方可拆除。

双排脚手架的横向水平杆靠墙的一端至墙装饰面的距离不应小于100 mm,杆端伸出扣件的长度不应小于100 mm。安装扣件时,螺栓要拧紧。除操作层的脚手板外,宜每隔1.2 m高满铺一层脚手板。

2. 碗扣式钢管脚手架

碗扣式钢管脚手架连接具有结构简单、力学性能好、接头构造合理、工作安全可靠、装拆方便、操作容易等特点。

构造要求:碗扣式钢管脚手架的主要构配件有立杆、顶杆、横杆、斜杆以及底座。辅助构件有用于作业面及附壁拉结的杆件。如作业面的间横杆、脚手板、挡脚板、跳梁及架梯,用于连接的立杆连接销、直角销及连接撑等,还有支撑柱垫座、支撑柱可调座、提升滑轮等。

搭设要求:碗扣式钢管脚手架在用于双排外脚手架时,一般立杆横向间距取1.2 m,横杆步距取1.8 m,立杆纵向间距根据建筑物结构、脚手架搭设高度及作业荷载等具体要求确定,可选用0.9 m、1.2 m、1.5 m、1.8 m、2.4 m等多种尺寸,并选用相应的横杆。

斜杆设置:斜杆同立杆的连接与横杆同立杆的连接相同。斜杆可用于增强脚手架的稳定性,不同尺寸的框架应配备相应不同长度的斜杆。斜杆可装成不同的节点构造。

剪刀撑设置:脚手架高度在30 m以下的可每隔4~6跨设置1组沿全高连续搭设的剪刀撑,每道剪刀撑跨越5~7根立杆,设剪刀撑的跨内不再设碗扣式斜杆;对于高度在30 m以上的高层脚手架,应沿脚手架外侧的全高方向连续设置,2组剪刀撑之间要用碗扣式斜杆。纵向水平剪刀撑可以增强水平框架的整体性,具有均匀传递连墙撑的作用。对于30 m以上的高层脚手架,应每隔3~5步架设置1层连续的闭合的纵向水平剪刀撑。竖向剪刀撑的设置应与碗扣式斜杆的设置相配合。

连墙撑设置:连墙撑用于脚手架与建筑物之间的连接,可以提高脚手架的横向稳定性,具有承受偏心荷载和水平荷载作用。一般情况下,连墙撑应尽量连接在横杆层碗扣接头内,同脚手架、墙体保持垂直,并随建筑物及架子的升高及时设置。

拆除脚手架:使用完毕后,应制定拆除方案。拆除前应对脚手架做1次全面检查,清除所有多余物件,并设立拆除区,严禁无关人员进入。

拆除顺序:应自上而下逐层拆除,不允许上下2层同时拆除。连墙撑只能在拆到该层时才许拆除,严禁在拆架前先拆连墙撑。

拆除的构件应用吊具吊下,或人工递下,严禁抛掷,并及时分类堆放。

(二) 里脚手架

里脚手架常搭设在建筑物内部,可用于墙体高度不大于4 m的房屋。使用里脚手架,每一层楼只需要搭设2~3步架。所用工料较少,也比较经济。

常用的里脚手架有:角钢(钢筋、钢管)折叠式里脚手架;支柱式里脚手架;木、竹、钢制马凳式里脚手架。

角钢(钢筋、钢管)折叠式里脚手架由角钢等制作而成,其架设间距砌墙时为1.2~2.0 m;粉刷时宜为2.2~2.5 m。

支柱式里脚手架由若干支柱和横杆组成,上铺脚手板,搭设间距:砌墙时宜为2.0 m;粉刷时不超过2.5 m。

二、垂直运输设施

砌体结构施工的垂直运输设施有井字架和龙门架。通过在井字架或龙门架内设置吊盘,施工用料放在吊盘上,利用卷扬机进行垂直运输,但对于高层建筑施工时要采用施工电梯。

(一) 井字架

井字架是用型钢或钢管加工做成定型井架,小型建筑也可用脚手架材料搭设而成。井字架起重能力一般为 1~3 t,提升高度一般在 60 m 以内。

井字架多为单孔井架,但也可构成两孔或多孔井架。井架内设吊盘(也可在吊盘下架设混凝土料斗),两孔或三孔井架可分别设吊盘或料斗,以满足同时运输多种材料的需要。井字架价格低廉、稳定性好、运输量大;但缆风绳多,影响施工和交通。若附设于建筑物时可不设缆风绳。

(二) 龙门架

龙门架是由 2 根立柱及天轮梁(横梁)构成的门式起重设备。在龙门架上装设滑轮、导轨、吊盘(上料平台)、安全装置,以及起重索、缆风绳后,构成 1 个完整的垂直运输体系。

龙门架一般单独设置。有外脚手架时,可设在脚手架的外侧或转角部位,其稳定靠拉设缆风绳解决;也可设在外脚手架的中间,用拉杆将龙门架的立柱与脚手架拉结起来,以确保龙门架和脚手架的稳定,但在垂直于脚手架的方向仍需设置缆风绳并设置附墙拉结。必要时与龙门架相接的脚手架应加设剪刀撑予以加强。

龙门架构造简单,制作容易,用材少,装拆方便。起重能力一般为 0.6~2 t,提升高度一般为 15~30 m,适用于中小型工程。但是在施工时不能同时实施水平运输,必须利用手推车等来配合。考虑到施工安全,目前我国大部分地区已经明确规定,建筑物垂直运输不得使用井字架及龙门架。外架不得使用竹、木脚手架。

(三) 施工电梯

目前,在高层建筑施工中常采用人货两用的施工电梯,吊笼装在井架外侧,沿齿条式轨道升降,附着在外墙或其他建筑物结构上,可载重货物 1.0~1.2 t,也可容纳 12~15 人。其高度随着建筑物主体结构施工而接高,可达 100 m。施工电梯特别适用于高层建筑,也可用于高大建筑、多层厂房和一般楼房施工中的垂直运输。

施工电梯是将吊笼安装在井架外侧,沿其齿条轨道升降的人货两用垂直运输机械。多用于高层建筑、多层厂房的施工。

施工电梯可附着在外墙或其他建筑结构上,随建筑物主体结构的施工接高。其垂直运输高度可达100 m,载货量1.0～1.2 t,载人12～15人。

第三节 砌筑体施工

一、一般规定

砖的品种、强度等级必须符合设计要求,并应规格一致。用于清水砌体表面的砖还应边角整齐,色彩均匀。不同品种的砖不得在同一楼层混砌。

砌筑烧结普通砖、多孔砖、蒸压灰沙砖、粉煤灰砖砌体时,砖应提前1～2 d适度湿润,严禁采用干砖或处于湿水饱和状态的砖砌筑。烧结类块体相对含水率为60%～70%,其他非烧结类块体相对含水率为40%～50%。

砂浆品种、强度等级及稠度应符合设计和规范的要求。

灰沙砖、粉煤灰砖早期收缩值大,要求出窑后停放时间不应少于28 d,以预防砌体早期开裂。

多孔砖的孔洞应垂直于受压面,有利于砂浆结合层进入上、下砖块的孔洞中,以提高砌体的抗剪强度和整体性。

不得在下列墙体或部位设置脚手眼:①12 cm厚墙、料石墙、清水墙和独立柱;②过梁上与过梁呈60°的三角形范围及过梁净跨度1/2的高度范围内;③宽度小于1 m的窗间墙;④砌体门窗洞口两侧20 cm(石砌体为30 cm)和转角处45 cm(石砌体为60 cm)范围内;⑤梁或梁垫下及其左右50 cm范围内。

二、施工工艺

砌筑砖墙通常有抄平、放线、摆砖样、立水准仪、立头角、勾缝等工序。

(一) 抄平

砌砖前,在基础防潮层或楼面上定出各层标高,并用水泥砂浆或C10细石混凝土抄平。

(二) 放线

在抄平的墙基上,按龙门板上轴线定位钉为准拉麻线,弹出墙身中心轴线,并定出门窗洞口位置。

(三) 摆砖样

在弹好线的基面上,经验丰富的瓦工根据墙身长度(按门、窗洞口分段)和组砌方式进行摆砖样,使每层砖的砖块排列和灰缝宽度均匀。

(四) 立水准仪

水准仪的使用包括:水准仪的安置、粗平、瞄准、精平、读数五个步骤。安置,将仪器安装在三脚架上并至于两观测点之间;粗平,利用水准气泡进行校准使仪器粗略水平;瞄准,用仪器中的望远镜进行目标瞄准;精平,使用仪器的望远镜视线精确水平;读数,在仪器精确水平后,使用十字丝来读取尺上的读数。

(五) 立头角

头角即墙角,是确定墙身两面横平竖直的主要依据。盘角时,主要大角盘角不要超过5皮砖,应随砌随盘,然后将麻线挂在墙身上(称为挂准线);盘角时还要与皮数杆对照,检查无误后才能挂线,再砌中间墙。

(六) 勾缝

勾缝使清水墙面美观、牢固。勾缝宜用1:1.5的水泥砂浆,沙应用细沙,也可用原浆勾缝。

(七) 楼板安装

安装前,应在墙顶面铺上砂浆。安装时,楼板端支承部位坐浆饱满,楼板表面平整,板缝均匀,最好事先将楼板安放位置画好线。注意楼板搁在墙上的尺寸和按设计规定放置构造筋。阳台安装时,挑出部分应用临时支撑。

三、质量要求

砌筑质量应符合现行国家标准《砌体结构工程施工质量验收规范》(GB 50203—2011)的要求。做到"横平竖直、砂浆饱满、组砌得当、接槎可靠"。

(一) 横平竖直

砖砌体主要承受垂直力,为使砖砌筑时横平竖直、均匀受压,要求砌体的水平灰缝应平直、竖向灰缝应垂直对齐,不得游丁走缝。

(二) 砂浆饱满

砂浆层的厚度和饱满度对砖砌体的抗压强度影响很大,要求水平灰缝和垂直灰缝的厚度控制在8~12 m,且水平灰缝的砂浆饱满度不得小于80%(可用百格网检查),可保证砖均匀受压,避免受弯、受剪和局部受压状态的出现。

(三) 组砌得当

为提高砌体的整体性、稳定性和承载力,砖块排列应遵守上下错缝的原则,避免垂直通缝出现,错缝或搭砌长度一般不小于60 mm。为满足错缝要求,实心墙体组砌时,一般采用一顺一丁、三顺一丁和梅花丁(同一皮中丁砖与顺砖相间排列)的砌筑形式。砌筑方法一般采用"三一"砌法,即用大铲一铲灰、一皮砖、一挤揉的砌筑方法。

(四) 接槎可靠

接槎是指墙体临时间断处的接合方式,一般有斜槎和直槎2种方式。

规范规定:砖砌体的转角处和交接处应同时砌筑,严禁无可靠措施的内外墙分砌施工。在抗震设防烈度为8度及8度以上的地区,对不能同时砌筑而又必须留置的临时间断处应砌成斜槎,普通砖砌体斜槎水平投影长度不应小于高度的2/3。多孔砖砌体的斜槎长高比不应小于1/2。斜槎高度不得超过1步脚手架的高度。非抗震设防及抗震设防烈度为6度、7度地区的临时间断处,当不能留斜槎时,除转角处外,可留直槎,但直槎必须做成凸槎,且应加设拉结钢筋:拉结筋的数量为每12 cm墙厚放置1根直径为6 mm的钢筋(墙厚为12 cm时放置2根直径为6 mm的钢筋),间距沿墙高不得超过50 cm,埋入长度从墙的留槎处算起,每边不应小于50 cm,对于抗震设防烈度6度、7度的地区,不应小于100 cm,末端应有90°弯钩。墙砌体接槎时,必须将接槎处的表面清理干净,浇水湿润,并应填实砂浆,保持灰缝平直。

第四节 石砌体施工

一、石砌体施工工艺

(一) 毛石砌体施工

毛石砌体应采用铺浆法砌筑。砂浆必须饱满,叠砌面的黏灰面积应大于80%。砌体的灰缝厚度宜为20~30 mm,石块间不得有相互接触现象。

毛石砌体宜分皮卧砌。

毛石块之间的较大空隙,应先填塞砂浆然后再嵌实碎石块。

毛石应上下错缝、内外搭砌。不得采用外面侧立毛石中间填心的砌筑方法,同时也不允许出现过桥石(仅在两端搭砌的石块)、铲口石(尖石倾斜向外的石块)和斧刃石(尖石向下的石块)。

砌筑毛石基础的第一皮石块应坐浆,并将石块的大面向下。同时,毛石基础的转角处、交接处应用较大的平毛石砌筑。

砌筑毛石墙体的第一皮及转角处、交接处和洞口,应采用较大的平毛石。

(二) 料石砌体施工

料石砌体也应该采用铺浆法砌筑。料石砌体的砂浆铺设厚度应略高于规定的灰缝厚度,其高出厚度:细料石宜为 3 ~ 5 mm;粗料石、毛料石宜为 6 ~ 8 mm。砌体的灰缝厚度:细料石砌体不宜大于 5 mm;粗料石、毛料石砌体不宜大于 20 mm。

料石基础的第一皮料石应坐浆丁砌,以上各层料石可按一顺一丁进行砌筑。

料石墙体厚度等于 1 皮料石宽度时,可采用全顺砌筑形式。料石墙体厚度等于 2 皮料石宽度时,可采用两顺一丁或丁顺组砌的形式。

在料石和毛石或砖的组合墙中,料石砌体、毛石砌体、砖砌体应同时砌筑,并每隔 2 或 3 皮料石层用"丁砌层"与毛石砌体或砖砌体拉结砌合。"丁砌层"的长度宜与组合墙厚度相同。

二、石砌体勾缝

石砌体勾缝多采用平缝或凹缝,一般采用 1∶1 水泥砂浆。毛石砌体要保持砌合的自然缝。

三、石砌体的质量要求

石砌体的组砌形式应符合的规定:①内外搭砌,上下错缝,拉结石、丁砌石交错设置。②在 0.7 m² 毛石墙面中,拉结石不应少于 1 皮。

第五节　砌体工程冬期施工

一、砌体工程冬期施工条件

当室外日平均气温预计连续 5 d 稳定低于 5 ℃或者当日最低气温低于 0 ℃时,砌体工程应采取冬期施工措施。

二、砌体工程冬期施工要求

块材在砌筑前应清除冰霜,在负温条件下,块体不浇或少浇水,应加大砂浆的稠度。

石灰膏不受冻,块体不遭水浸冻,沙中无冰块和大于 10 mm 冻块。

适当减小灰缝厚度(如砖墙厚为 8~10 mm)。

水和沙可预先加热,其中水温不得超过 80 ℃,沙温不得超过 40 ℃。

每日砌筑完成后,应在砌体表面覆盖保温材料。

砂浆的用水量越多、遭受冻结越早、冻结时间越长、灰缝厚度越厚,其冻结的危害程度越大。

三、砌体工程冬期施工方法

当室外日平均气温连续 5 d 稳定低于 5 ℃时,砌体工程应采取冬期施工措施。

冬期施工时,砖在砌筑前应清除冰霜,在正温条件下应浇水,在负温条件下,如浇水困难,则应增大砂浆的稠度。砌筑时,不得使用无水泥配制的砂浆,所用水泥宜采用普通硅酸盐水泥;石灰膏、黏土膏等不应受冻,如遭冻结,应经融化后使用;拌制砂浆用沙,不得有大于 1 cm 的冻结块;砌体用砖或其他块材不得遭水浸冻。为使砂浆呈正温度,拌和前,水和沙可预先加热,但水温不得超过 80 ℃,沙的温度不得超过 40 ℃。每日砌筑后,应在砌体表面覆盖保温材料。

砌体工程冬期施工常用方法有掺盐砂浆法和冻结法。

(一) 掺盐砂浆法

掺盐砂浆法是在拌和水中掺入氯盐,以降低冰点,使砂浆中的水分在负温条件下不冻结,强度继续保持增长。其施工方法要点如下:①当采用掺盐(NaCl、CaCl$_2$)砂浆法时,宜将砂浆强度等级按常温施工的强度等级提高 1 级。②砂浆掺外加剂,增加搅拌时间。③用 2 次投料法热拌,砂浆温度不低于 5 ℃。④砌后覆盖保温。⑤掺盐砂浆法的缺点是易吸湿、析盐、锈蚀钢筋。另外,由于氯盐对埋设在砌体中的钢筋及钢预埋件具有腐蚀作用,配筋砌体不得采用该方法。在对装饰工程有特殊要求的建筑物,处于潮湿环境下的建筑物,变电所、发电站等接近高压电线的建筑物,经常处于地下水位变化范围内,没有防水措施的砌体中不得采用氯盐砂浆。

另外,为便于施工,砂浆在使用时的温度不应低于 5 ℃,且当日最低气温等于或小于-15 ℃时,对砌筑承重墙体的砂浆标号应按常温施工提高 1 级。

(二)冻结法

冻结法是采用不掺外加剂的砂浆砌筑墙体,允许砂浆遭受一定程度的冻结。当气温回到5 ℃以上后,砂浆开始解冻,强度在经过冻结、融化、再硬化的过程,其强度以及与砌体的黏结力都有不同程度的下降。其施工方法要点如下:①为了保证砌体在解冻时的正常沉降,规范规定每日砌筑高度及临时间段的高度差,均不得大于1.2 m。门窗框的上部应留出不小于5 mm的间隙。砌体水平灰缝厚度不宜大于10 mm。留置在砌体中的洞口和沟槽等,宜在解冻前填砌完毕。解冻前应清除结构上的临时荷载,注意解冻期观测和加固。②由于砌筑物在解冻时变形比较大,对于空斗墙、毛石墙、承受侧压力的砌筑物,对于在解冻期间可能受到振动或动力荷载的砌筑物,对于在解冻期间不允许发生沉降的砌筑物,均不得采用冻结法施工。

第六节　砌筑工程计量

一、砖砌体工程

砖砌体工程清单项目包括砖基础、砖砌挖孔桩护壁、实心砖墙、多孔砖墙、空心砖墙、空斗墙、空花墙、填充墙、实心砖柱、多孔砖柱、砖检查井、零星砌砖、砖散水、地坪、砖地沟、明沟。

(一)工程量计算规则

砖基础工程量按设计图示尺寸以体积计算,包括附墙垛基础宽出部分体积,扣除地梁(圈梁)、构造柱所占体积,不扣除基础大放脚T形接头处的重叠部分及嵌入基础内的钢筋、铁件、管道、基础砂浆防潮层和单个面积小于或等于0.3 m²的孔洞所占体积,靠墙暖气沟的挑檐不增加。

基础长度:外墙按外墙中心线,内墙按内墙净长线计算。

砖砌挖孔桩护壁工程量按设计图示尺寸,以"m³"计量。

实心砖墙、多孔砖墙、空心砖墙工程量按设计图示尺寸,以体积计算,扣除门窗洞口,嵌入墙内的钢筋混凝土柱、梁、圈梁、挑梁、过梁,以及凹进墙内的壁龛、管槽、暖气槽、消火栓箱所占体积,不扣除梁头、板头、檩头、垫木、木楞头、沿椽木、木砖、门窗走头、砖墙内加固钢筋、木筋、铁件、钢管及单个面积小于或等于0.3 m²的孔洞所占体积。凸出墙面的腰线、挑檐、压顶、窗台线、虎头砖、门窗套的体积也不增加。凸出墙面的砖垛并入墙体体积内计算。

外墙:斜(坡)屋面无檐口天棚者算至屋面板底,有屋架且室内外均有天棚者算至屋架下弦底另加200 mm;无天棚者算至屋架下弦底另加300 mm,出檐宽度超过600 mm时按实砌高度计算,与钢筋混凝土楼板隔层者算至板顶。平屋顶算至钢筋混凝土板底。

内墙:位于屋架下弦者,计算至屋架下弦底;无屋架者计算至天棚底另加100 mm;有钢筋混凝土楼板隔层者计算至楼板顶;有框架梁时计算至梁底。

女儿墙:从屋面板上表面算至女儿墙顶面(如有混凝土压顶时算至压顶下表面)。

内、外山墙:按其平均高度计算。

框架间墙:不分内外墙按墙体净尺寸以体积计算。

围墙:高度算至压顶上表面(如有混凝土压顶时算至压顶下表面),围墙柱并入围墙体积内。

空斗墙工程量按设计图示尺寸以空斗墙外形体积计算,墙角、内外墙交接处、门窗洞口立边、窗台砖、屋檐处的实砌部分体积并入空斗墙体积内。

空花墙工程量按设计图示尺寸以空花部分外形体积计算,不扣除空洞部分体积。

填充墙工程量按设计图示尺寸以填充墙外形体积计算。

实心砖柱、多孔砖柱工程量按设计图示尺寸以体积计算,扣除混凝土及钢筋混凝土梁垫、梁头、板头所占体积。

砖检查井工程量按设计图示数量计算。

零星砌砖工程量计算规则如下:①以"m"计量,按设计图示尺寸截面积乘以长度计算。②以"m"计量,按设计图示尺寸水平投影面积计算。③以"m"计量,按设计图示尺寸长度计算。④以"个"计量,按设计图示数量计算。

砖散水、地坪工程量按设计图示尺寸以面积计算。

砖地沟、明沟工程量以"m"计量,按设计图示以中心线长度计算。

(二)工程量计算规则相关说明

"砖基础"项目适用于各种类型的砖基础、柱基础、墙基础、管道基础等。

基础与墙(柱)身使用同一种材料时,以设计室内地面为界(有地下室者,以地下室室内设计地面为界),以下为基础、以上为墙(柱)身。当基础与墙身使用不同材料,设计室内地面高度小于或等于±300 mm时,以不同材料为分界线;高度大于±300 mm时,以设计室内地面为分界线。

砖围墙以设计室外地坪为界,以下为基础,以上为墙身。

框架外表面的镶贴砖部分,按零星项目编码列项。

空斗墙的窗间墙、窗台下、楼板下、梁头下等的实砌部分,按零星砌砖项目编码列项。

"空花墙"项目适用于各种类型的空花墙,使用混凝土花格砌筑的空花墙,实砌墙体与混凝土花格应分别计算,混凝土花格按混凝土及钢筋混凝土中预制构件相关项目编码列项。

台阶、台阶挡墙、梯带、锅台、炉灶、蹲台、池槽、池槽腿、砖胎模、花台、花池、楼梯栏板、阳台栏板、地垄墙、小于或等于 $0.3 m^2$ 的孔洞填塞等,应按零星砌砖项目编码列项。砖砌锅台与炉灶可按外形尺寸以"个"计量,砖砌台阶可按水平投影面积以"m^2"计量,小便槽、地垄墙可按长度计量,其他工程以"m"计量。

二、砌块砌体工程

砌块砌体工程清单项目包括砌块墙、砌块柱。

(一) 工程量计算规则

砌块墙工程量按设计图示尺寸,以体积计算,扣除门窗洞口,嵌入墙内的钢筋混凝土柱、梁、圈梁、挑梁、过梁及凹进墙内的壁龛、管槽、暖气槽、消火栓箱所占体积,不扣除梁头、板头、檩头、垫木、木楞头、沿椽木、木砖、门窗走头、砌块墙内加固钢筋、木筋、铁件、钢管及单个面积小于或等于 $0.3 m^2$ 的孔洞所占体积。凸出墙面的腰线、挑檐、压顶、窗台线、虎头砖、门窗套的体积也不增加。凸出墙面的砖垛并入墙体体积内计算。

墙长度:外墙按中心线,内墙按净长计算。

外墙:斜(坡)屋面无檐口天棚者算至屋面板底;有屋架且室内外均有天棚者算至屋架下弦底另加 200 mm;无天棚者算至屋架下弦底另加 300 mm,出檐宽度超过 600 mm 时按实砌高度计算;与钢筋混凝土楼板隔层者算至板顶。平屋面算至钢筋混凝土板底。

内墙:位于屋架下弦者,计算至屋架下弦底;无屋架者计算至天棚底另加 100 mm;有钢筋混凝土楼板隔层者计算至楼板顶;有框架梁时计算至梁底。

女儿墙:从屋面板上表面计算至顶面(如有混凝土压顶时算至压顶下表面)。

内、外山墙:按其平均高度计算。

框架间墙:不分内外墙按墙体净尺寸以体积计算。

围墙:高度计算至压顶上表面(如有混凝土压顶时算至压顶下表面)。围墙柱并入围墙体积内。

砌块柱工程量按设计图示尺寸以体积计算,扣除混凝土及钢筋混凝土梁垫、梁头、板头所占体积。

(二)工程量计算规则相关说明

砌块排列应上、下错缝搭砌,如果搭错缝长度满足不了规定的压搭要求,应采取压砌钢筋网片的措施,具体构造要求按设计规定。若设计无规定,应注明由投标人根据工程实际情况自行考虑。

当砌体垂直灰缝宽大于30 mm时,采用C20细石混凝土灌实。

三、石砌体工程

石砌体工程清单项目包括石基础、石勒脚、石墙、石挡土墙、石柱、石栏杆、石护坡、石台阶、石坡道、石地沟、明沟。

(一)工程量计算规则

石基础工程量按设计图示尺寸以体积计算,包括附墙垛基础宽出部分体积,不扣除基础砂浆防潮层及单个面积小于或等于0.3 m²的孔洞所占体积,靠墙暖气沟的挑檐不增加体积。

基础长度:外墙按中心线,内墙按净长计算。

石勒脚工程量按设计图示尺寸以体积计算,扣除单个面积大于0.3 m²的孔洞所占体积。

石墙工程量按设计图示尺寸以体积计算。扣除门窗洞口,嵌入墙内的钢筋混凝土柱、梁、圈梁、挑梁、过梁,以及凹进墙内的壁龛、管槽、暖气槽、消火栓箱所占体积,不扣除梁头、板头、檩头、垫木、木楞头、沿椽木、木砖、门窗走头,石墙内加固钢筋、木筋、铁件、钢管及单个面积小于或等于0.3 m²的孔洞所占体积。凸出墙面的腰线、挑檐、压顶、窗台线、虎头砖、门窗套的体积也不增加。凸出墙面的砖垛并入墙体体积内计算。

墙长度:外墙按中心线,内墙按净长计算。

外墙:斜(坡)屋面无檐口天棚者算至屋面板底;有屋架且室内外均有天棚者算至屋架下弦底另加200 mm;无天棚者算至屋架下弦底另加300 mm,出檐宽度超过600 mm时按实砌高度计算,有钢筋混凝土楼板隔层者算至板顶。平屋顶算至钢筋混凝土板底。

内墙:位于屋架下弦者,计算至屋架下弦底,无屋架者计算至天棚底另加100 mm;有钢筋混凝土楼板隔层者计算至楼板顶;有框架梁时计算至梁底。

女儿墙:从屋面板上表面算至女儿墙顶面(如有混凝土压顶时算至压顶下

表面)。

内、外山墙:按其平均高度计算。

围墙:高度算至压顶上表面(如有混凝土压顶时算至压顶下表面),围墙柱并入围墙体积内。

石挡土墙、石柱工程量按设计图示以体积计算。

石栏杆工程量按设计图示以长度计算。

石护坡、石台阶工程量按设计图示尺寸以体积计算。

石坡道工程量按设计图示以水平投影面积计算。

石地沟、明沟工程量按设计图示以中心线长度计算。

(二) 工程量计算规则相关说明

石基础、石勒脚、石墙的划分:基础与勒脚应以设计室外地坪为界,勒脚与墙身应以设计室内地面为界。石围墙内外地坪标高不同时,应以较低地坪标高为界,以下为基础;内外标高之差为挡土墙时,挡土墙以上为墙身。

"石基础"项目适用于各种规格(粗料石、细料石等)、各种材质(砂石、青石等)和各种类型(柱基、墙基、直形、弧形等)基础。

"石勒脚""石墙"项目适用于各种规格(粗料石、细料石等)、各种材质(砂石、青石、大理石、花岗石等)和各种类型(直形、弧形等)的勒脚和墙体。

"石挡土墙"项目适用于各种规格(粗料石、细料石、块石、毛石、卵石等)、各种材质(砂石、青石、石灰石等)和各种类型(直形、弧形、台阶形等)的挡土墙。

"石柱"项目适用于各种规格、各种石质、各种类型的石柱。

"石栏杆"项目适用于无雕饰的一般石栏杆。

"石护坡"项目适用于各种石质和各种石料(粗料石、细料石、片石、块石、毛石、卵石等)的护坡。

第五章　结构安装工程

结构安装即将装配式结构的各构件用起重设备安装到设计位置上。结构安装的施工特点:①受预制构件的类型和质量影响大。构件类型数量影响排放场地及施工进度;构件质量(强度、外形尺寸和埋件位置)影响进度和质量。②机械选择起关键作用。取决于安装参数;决定了吊装方法与工期。③构件受力变化多。运输、起吊产生附加应力,需正确选择吊点;有时需验算强度、稳定性,并采取相应措施。④高空作业多,工作面小,易发生事故,故需加强安全措施。

第一节　起重机械与索具设备

结构安装工程中常用的起重机械有桅杆式起重机、自行杆式起重机和塔式起重机等。除了起重机外,还要使用很多辅助工具及设备,如卷扬机、起重滑轮组、钢丝绳等索具设备。

一、桅杆式起重机

桅杆式起重机具有制作简单、装拆方便、起重量大(200 t以上)、可就地取材、受地形限制小等特点,宜在大型起重设备不能进入时使用,一般用于安装工程量集中且构件又较重的工程。

桅杆式起重机的桅杆和起重杆一般采用技术格构式,即由四根角钢和横向、斜向缀条(角钢或扁钢)联结而成。

常用的桅杆式起重机有独脚拔杆、人字拔杆、悬臂拔杆和牵缆式桅杆起重机。

(一)独脚拔杆

独脚拔杆是由起重滑轮组、卷扬机、缆风绳、锚碇等组成。独脚拔杆只能举升重物,不能将重物水平移动。为了吊装的构件不碰撞拔杆,起重时拔杆保持不大于10°的倾角,底部要设置拖子以便移动,缆风绳的数量一般为6~12

根,缆风绳与地面的夹角为30°~45°。按制作拔杆的材料可将独脚拔杆分为木独脚拔杆、钢管独脚拔杆和格构式独脚拔杆。

(二) 人字拔杆

人字拔杆是2根圆木或2根钢管,通过钢丝绳绑扎或铁件铰接而成。两杆夹角不宜超过30°,顶部交叉处悬挂滑车组,底部设有拉杆或拉绳以平衡拔杆本身的水平推力,拔杆下端两脚的距离为高度的1/3~1/2。

人字拔杆的侧向稳定性比独脚拔杆好,但构件起吊后的活动范围较小,多用于安装重型构件或作为辅助设备以吊装厂房屋盖体系上的构件。

(三) 悬臂拔杆

悬臂拔杆是在独脚拔杆的中部或2/3高度处,装上1根铰接的起重臂。悬臂拔杆具有较大的起重高度和起重半径,但起重量较小,一般用于轻型构件的吊装。

(四) 牵缆式桅杆起重机

牵缆式桅杆起重机是在独脚拔杆下端装1根可以起伏和全回转的起重臂而成。牵缆式桅杆起重机可以将构件吊到起重机半径范围内的任何位置,适用于构件多且集中的工程。

牵缆式桅杆起重机的性能和作用因所用的材料不同而有所差异。起重量5 t以下的桅杆式起重机大多使用圆木制成,用来吊装小构件;用角钢制成的格构式截面杆件的牵缆式起重机,桅杆高度可达80 m,起重量可达60 t,多用于重型工业厂房、化工厂大型塔罐或者高炉的安装,但是此种桅杆缆风绳较多;一般工业厂房的吊装采用的大多是无缝钢管制作的牵缆式桅杆起重机,桅杆高度为25 m左右,起重量为10 t左右。

二、自行杆式起重机

自行杆式起重机包括履带式起重机、汽车式起重机和轮胎式起重机3种。3种自行杆式起重机的主要优缺点见表5-1。

表5-1　几种自行杆式起重机的特点比较

类型	主要优点	主要缺点	适应范围
履带式起重机	操纵灵活,能360°回转,能在松软、泥泞的地面上作业,也可在崎岖不平的道路上行驶	履带对路面的破坏大,转移时多用平板拖车装运	装配式结构的施工,特别是单层工业厂房结构安装中使用广泛

续表

类型	主要优点	主要缺点	适应范围
汽车式起重机	行驶速度快,灵活性好,能够迅速转移场地	对地路面质量要求高,不能负荷行驶,作业范围为270°(驾驶室上方不能作业)	一般建筑工地
轮胎式起重机	能够较快转移工作地点,稳定性好,转弯半径小,作业范围为360°	对地路面质量要求高,不适合在松软或者泥泞的地面上作业,不宜长距离行驶	一般建筑工地

(一) 履带式起重机

履带式起重机的行走装置为链式履带,可有较小的对地面压力。其由行走装置、回转机构、机身及起重臂等部分组成。回转机构为装在底盘上的转盘,可使机身回转360°;机身内部有动力装置、卷扬机及操纵系统;起重臂用角钢组成的格构式杆件接长,下端铰接在机身上,顶端设有2套滑轮组(起重滑轮组及变幅滑轮组),钢丝绳通过滑轮组连接到机身内部的卷扬机上。若变换起重臂端的工作装置,则构成了单斗挖土机。

履带式起重机具有较大的起重能力,对路面质量要求不高,在平整坚实的地面上能持荷行驶,在松软泥泞的路面上可作业;但其行走时速度较慢,且履带对路面的破坏性较大,故当进行长距离转移时,需用平板拖车运输。目前广泛应用于单层工业厂房等装配式结构施工中。目前常用的履带式起重机型号有,国产的W1-50、W1-100、W1-200,日本的KH-180、KH-100等。

履带式起重机主要技术性能参数包括起重量、起重半径及起重高度。其中,起重量为额定值,为起重机安全工作所允许的最大起重重物的质量(不包括吊钩、滑轮组的质量);起重半径指起重机回转中心至吊钩中心的水平距离;起重高度指起重机吊钩中心至停机地面的垂直距离。

起重量、起重半径及起重高度3个参数之间存在互相制约的关系。每一种型号的起重机都有几种臂长,当起重臂长一定时,随着起重臂仰角的增大,起重量和起重高度增大,而起重半径减小;当起重臂仰角一定时,随着起重臂长增加,起重半径及起重高度增大,而起重量减小。

(二) 轮胎式起重机

轮胎式起重机即将起重机构安装在加重型轮胎和轮轴组成的特制地盘上的一种自行式全回转起重机,其上部构造与履带式起重机基本相同。为了保证安装作业时机身的稳定性,起重机设有4个可伸缩的支腿,以增强机身的稳定性,并且保护轮胎,必要时还可在支腿下加垫,以扩大支撑面。轮胎式起重机行驶时对路面破坏小,行驶速度介于履带式起重机和汽车式起重机之间。

三、塔式起重机

塔式起重机俗称塔吊,是1种具有竖直的塔身,起重臂安装在塔身顶部且可作360°回转的起重机。塔式起重机具有较大的工作空间,起重高度大,除了用于结构安装工程之外,还多用于多层及高层建筑工程施工中。

塔式起重机按其行走机构、变幅方式、起重能力分为多种类型。常用的塔式起重机的类型按照在工程中使用和架设方法的不同可分为轨道式塔式起重机、爬升式塔式起重机、附着式塔式起重机等。

(一) 轨道式塔式起重机

轨道式塔式起重机即在多层房屋施工中应用广泛的可在轨道上行驶的起重机,又称自行式塔式起重机。轨道式塔式起重机种类繁多,可负荷行驶,有的只能在直线轨道上行驶,有的可沿L形或U形轨道行驶。轨道式塔式起重机作业面大,生产效率较高,覆盖范围为长方形空间,塔身受力性能好,拆装快,无须与结构物拉结,但是施工占用的场地较多,且铺设轨道的工作量较大,施工时的台班费用较高。

常用的轨道式塔式起重机型号有QT1-2型、QT1-6型、QT1-60/80型、QT1-20型、QT1-15型、QT1-25型等。QT1-2型塔式起重机是一种塔身回转式轻型塔式起重机,主要由塔身、起重臂和底盘组成,该种起重机塔身可以折叠,能整体运输。

(二) 爬升式塔式起重机

爬升式塔式起重机是自升式塔式起重机的一种,由底座、套架、塔身、塔顶、行车式起重臂、平衡臂等部分组成。一般情况将其安装在建筑物内部(电梯井或特设开间)结构上,一般每安装2层或3层楼爬升1次。爬升式塔式起重机体积小、不占施工用地、易于随建筑物升高,因此适用于现场狭窄的高层建筑结构的安装;其不足之处是增加了建筑物的造价,且安装部位必须最后施工,起重拆卸困难。目前常用的爬升式塔式起重机的型号有QT5-4/40型、QT5-4/60型、QT3-4型,也可将QT1-6轨道式塔式起重机改装成为爬升式塔式起重机。

(三) 附着式塔式起重机

附着式塔式起重机固定在建筑物近旁混凝土基础上,且每隔20 m左右的高度用系杆与近旁的结构物用锚固装置连接起来。其稳定性能好,爬升高度可达100 m。

附着式塔式起重机占用的施工场地很小,特别适合在狭窄的工地施工。附着式塔式起重机还可以装在建筑物内作为爬升起重机使用,或作为轨道式塔式起重机使用。但是由于塔身固定,其服务范围受到一定的限制。

附着式塔式起重机的液压自升系统由顶升套架、长行程液压千斤顶、支承座、顶升横梁、定位销等组成。常用的附着式塔式起重机的型号有QTZ40型、QTZ63型、QTZ100型、QTZ125型、QTZ160型、FO/23B型、H3/36型等。

四、索具设备

结构安装工程中除了起重机还需要许多辅助工具及设备,如钢丝绳、卷扬机、滑轮组等。

(一) 钢丝绳

结构吊装中常用的钢丝绳是由6股钢丝绳围绕1根绳芯(一般为麻芯)捻成,每股钢丝绳又由多根直径为0.4~2 mm的高强钢丝按一定规则捻制而成,每股钢丝越多,绳的柔性越好。钢丝绳具有强度高、韧性好、耐磨的特点。使用时应注意:钢丝绳穿过滑轮组时,滑轮直径应比绳径大1~1.25倍;应定期对钢丝绳加油润滑,以减少磨损和腐蚀;使用前应检查核定,每一断面上断丝不超过3根,否则不能使用。

(二) 卷扬机

卷扬机又称绞车,按驱动方式可分为手动卷扬机和电动卷扬机,用于结构吊装的卷扬机多为电动卷扬机。电动卷扬机又分慢速和快速2种。慢速卷扬机主要用于吊装结构、冷拉钢筋和张拉预应力钢筋;快速卷扬机主要用于垂直运输、水平运输及打桩。

卷扬机使用时,必须用地锚予以固定,以防止工作时产生滑动造成倾覆。根据牵引力的大小,固定卷扬机的方法有4种,即螺栓锚固法、水平锚固法、立桩锚固法和压重物锚固法。

(三) 滑轮组

滑轮组是由一定数量的定滑轮和动滑轮组成,并通过绕过定滑轮和动滑轮的绳索相连,成为整体,从而达到省力和改变力的方向的目的。

(四)吊具

在构件安装过程中,常要使用一些吊装工具,如吊索、卡环、花篮螺栓、横吊梁等。

1. 吊索

主要用来绑扎构件以便起吊,可分为环状吊索(又称万能吊索)和开式吊索(又称轻便吊索或八股头吊索)2种。

吊索是用钢丝绳制成的,因此,钢丝绳的允许拉力即为吊索的允许拉力。在吊装中,吊索的拉力不应超过其允许拉力。吊索拉力取决于所吊构件的质量及吊索的水平夹角,水平夹角应不小于30°,一般为45°~60°。2根吊索的拉力按式(5-1)计算,即

$$P = Q/2\sin\alpha \tag{5-1}$$

式中,P——每根吊索的拉力;

$\quad Q$——吊装构件的质量;

$\quad \alpha$——吊索与水平线的夹角。

4根吊索的拉力按式(5-2)计算,即

$$P = Q/2(\sin\alpha + \sin\beta) \tag{5-2}$$

式中,P——每根吊索的拉力;

$\quad \alpha、\beta$——不同吊索与水平线的夹角。

2. 卡环

用于吊索与吊索或吊索与构件吊环之间的连接。卡环由弯环和销子2部分组成,按销子与弯环的连接形式分为螺栓卡环和活络卡环。活络卡环的销子端头和弯环孔眼无螺纹,可直接抽出,常用于柱子吊装,活络卡环的优点是在柱子就位后,在地面用系在销子尾部的绳子可将销子拉出,解开吊索,避免了高空作业。

使用活络卡环吊装柱子时应注意以下几点。

(1)绑扎时应使柱子起吊后销子尾部朝下,以便拉出销子。同时要注意,吊索在受力后要压紧销子,销子因受力,在弯环销孔中产生摩擦力,销子才不会掉下来。若吊索没有压紧销子,滑到边上,形成弯环受力,销子很可能会自动掉下来,容易发生危险。

(2)在构件起吊前要用白棕绳(直径为10 mm)将销子与吊索的八股头(吊索末端的圆圈)连在一起,用铅丝将弯环与八股头捆在一起。

(3)拉绳人应选择适当位置和起重机落钩中的有利时机(即当吊索松弛不

受力且使白棕绳与销子轴线基本呈直线时)拉出销子。

3. 花篮螺栓

花篮螺栓利用丝杠进行伸缩,能调节钢丝绳的松紧,可在构件运输中捆绑构件,在安装校正中松、紧缆风绳。

4. 轧头(卡子)

轧头(卡子)是用来连接2根钢丝绳的,故又称钢丝绳卡扣。

钢丝绳卡扣连接一般常用夹头固定法。通常使用的钢丝绳夹头有骑马式、压板式和拳握式3种,其中骑马式连接力最强,应用也最广;压板式其次;拳握式由于没有底座,容易损坏钢丝绳,连接力也差,只用于次要的地方。

钢丝绳夹头在使用时应注意以下几点。

(1)选用夹头时,应使其U形环的内侧净距比钢丝绳直径大1～3 mm,直径过大卡扣卡不紧,容易发生事故。

(2)上夹头时一定要将螺栓拧紧,直到绳被压扁1/4～1/3直径时为止,并在绳受力后,再将夹头螺栓拧紧一次,以保证接头牢固可靠。

(3)夹头要一顺排列,U形部分与绳头接触,不能与主绳接触。如果U形部分与主绳接触,则主绳被压扁后,受力时容易断丝。

(4)为了便于检查接头是否可靠和发现钢丝绳是否滑动,可在最后1个夹头后面约500 mm处再安1个夹头,并将绳头放出1个"安全弯"。当接头的钢丝绳发生滑动时,"安全弯"首先被拉直,应立即采取措施处理。

5. 吊钩

吊钩有单钩和双钩2种。在吊装施工中常用单钩,双钩多用于桥式和塔式起重机上。

6. 横吊梁

横吊梁又称铁扁担。前面讲过吊索与水平面的夹角越小,吊索受力越大。吊索受力越大,则其水平分力也就越大,对构件的轴向压力也就越大。当吊装水平长度大的构件时,为使构件的轴向压力不致过大,吊索与水平面的夹角应不小于45°。但是吊索要占用较大的空间高度,增加了对起重设备起重高度的要求,降低了起重设备的使用价值。为了提高机械的利用程度,必须缩小吊索与水平面的夹角,因此加大的轴向压力,由一金属支杆代替构件承受,该金属支杆即横吊梁。因而,横吊梁有2个作用:①减小吊索高度;②减少吊索对构件的横向压力。

横吊梁的形式很多,可以根据构件特点和安装方法自行设计和制造,但需做强度和稳定性验算。

横吊梁常用形式有钢板横吊梁和钢管横吊梁。柱吊装采用直吊法时,用钢板横吊梁,使柱保持垂直;吊屋架时,用钢管横吊梁,可减小索具高度。

第二节　单层装配式混凝土工业厂房结构吊装

一、吊装前的准备工作

吊装前的准备工作包括:场地清理与道路铺设、构件的运输与堆放、构件的拼装与加固、构件的质量检查、构件的弹线与编号、基础准备等。

(一) 场地清理与道路铺设

起重机进场前,按照现场施工平面布置图,标出起重机的开行路线、构件运输及堆放位置,清理场地上的杂物,铺设好运输道路,做好排水工作,铺设水电管线。

(二) 构件的运输与堆放

在工厂制作或施工现场集中制作的构件,吊装前要运送到吊装地点就位。根据构件的质量、外形尺寸、运输量、运距、现场条件等选用合适的运输方式。通常采用载重汽车和平板拖车。

构件运输过程中,必须保证构件不损坏、不变形、不倾覆,并且要为吊装工作创造有利条件。因此,要求路面平整,有足够的路面宽度和转弯半径,并根据路面情况掌握行车速度。构件运输应符合下列规定。

运输时的混凝土强度。为了防止构件在运输过程中受震动而损坏,当设计无具体规定时,钢筋混凝土构件的混凝土强度等级不应小于设计的混凝土强度标准值的75%;对于屋架、薄腹梁等构件不应小于设计的混凝土强度标准值。

构件支承的位置和方法,应根据其受力情况确定,不得引起混凝土的超应力出现或损伤构件。

构件装运时应绑扎牢固,防止移动或倾倒。对构件边部或与链索接触处的混凝土,应采用衬垫加以保护。

运输细长构件时,行车应平稳,并可根据需要对构件设置临时水平支撑。

构件的堆放应按平面布置图所示位置堆放,避免二次搬运。构件堆放应符合下列规定。

(1)堆放构件的场地应平整坚实,并具有排水措施,堆放构件时应使构件与地面之间有一定空隙。

(2)应根据构件的刚度及受力情况,确定构件平放或立放,并应保持其稳定。

(3)重叠堆放的构件,吊环应向上,标志应向外,其堆垛高度应根据构件与垫木的承载能力及堆垛的稳定性确定,各层垫木的位置应在1条垂直线上。

1. 柱的运输

长度6 m以内的柱一般用汽车运输,较长的柱用拖车运输。柱在运输车上应立放,并采取稳定措施防止倾倒。柱在运输车上,一般采取两点支承;较细长的柱,当两点支承抗弯能力不足时应采用平衡梁三点支承。

2. 吊车梁的运输

T形吊车梁及腹板较厚的鱼腹式吊车梁可以平运,2个支点分别在距梁的两端1～1.3 m处;腹板较薄的鱼腹式吊车梁,可将鱼腹朝上,并在预留孔中穿入铁丝将各梁连在一起。

3. 屋架的运输

屋架一般尺寸较大,侧向刚度差,一般均现场制作。在预制厂制作的钢屋架,要用拖车或特制钢拖架运输。18 m以内的钢屋架,可在载重汽车上加装运输支架,将屋架装在支架两侧,每车装两榀屋架,屋架与支架间绑牢,并在屋架端头用角钢连接,以防运输过程中因屋架左右摇摆产生变形。

(三) 构件的拼装与加固

天窗架及大跨度屋架一般制成2个半榀,在施工现场拼装成整体。拼装工作一般在拼装台上进行,拼装台要坚实牢固,不允许产生不均匀沉降。拼装台的高度应满足屋架拼装操作的要求(如安装附件以及在拼装节点处焊接、拧螺栓等施工操作的要求)。构件的拼装方法有立拼和平拼2种,平拼构件在吊装前要临时加固后翻身扶直。

1. 钢筋混凝土屋架的拼装

拼装的位置即构件布置图中吊装前就位的位置,避免二次搬运。

拼装顺序:①做好支墩。每半榀屋架要做2个砖砌支墩,支墩上放方木或钢筋混凝土预制块。支墩一般高出地面300 mm,垫木厚度根据屋架起拱要求确定。中间支墩至屋架跨中净距一般为400～500 mm。②竖立支架。稳定屋架的支架,立柱用梢头直径不小于100 mm的圆木制成,埋入土中0.8～1.0 m。每榀屋架用6～8个支架,其位置应与屋架拼装节点、安装支撑连接件的预留孔眼或预埋铁件错开。③屋架块体就位。将2个半榀屋架吊至支墩上,上、下弦拼接点对齐,下拼接点同时对好穿预应力钢筋的预留孔,预留孔连接处用铁皮管连接,然后用8号铁丝将屋架与支架绑牢。④检查并校正2个半榀屋架是否在同一平面上,并检查垂直度。⑤穿预应力钢筋。⑥焊上弦拼接钢板及灌筑下弦接头立缝,防止灌缝砂浆流入预留孔中。⑦预应力钢筋张拉、锚固及孔道灌浆。⑧焊接下弦拼接钢板及灌筑上弦接头立缝。

2. 天窗架的拼装

一般6 m跨度的钢筋混凝土天窗架都采取平拼。9 m跨度的钢筋混凝土天窗架,在翻身过程中容易发生变形,因此应采取立拼。如果采取平拼,在翻身时必须先进行加固,以确保天窗架不变形。

(1)天窗架的拼装操作工艺

铺设支垫→找正→垫平→加固→电焊→另一面焊接。

(2)天窗架拼装的操作要点

铺设支垫。清理好拼装场地后,根据天窗架拼装节点,铺设尺寸为100 mm×100 mm×1 000 mm的方木,要求平整;然后将天窗块体平放在支垫上,再用木楔子垫平找正。要求跨度尺寸准确,并且必须垫平在同一水平面上。

天窗架加固。在天窗架垫平找正后,对天窗架要进行加固。天窗架高度在2 m以内时加固1道,超过2 m时加固2道。加固用梢头直径不小于100 mm的杉篙,并用8号铅丝绑扎,但杉篙的两头不应超过天窗架立柱300 mm。

焊接。焊接前必须再一次对天窗架的平整度和跨度尺寸,以及天窗架的垂直度进行检查,发现有不符合要求处应修理调整好,必须准确无误后才能焊接。先焊接一面,然后将天窗架翻身再焊接另一面。整个天窗架拼装焊接好后,将天窗架吊运到指定位置竖立放好,要注意必须用双面斜撑支住,以防止倒塌伤人或损坏构件。

(四)吊装前对构件的质量检查

为保证工程质量及吊装工作的顺利进行,在吊装之前应对构件进行一次全面检查,检查的主要内容有以下2点。

(1)混凝土构件的强度。当无设计要求时,一般柱子要达到混凝土设计强度的75%,大型构件应达到100%,预应力混凝土构件孔道灌浆的强度不宜低于15 MPa。

(2)构件的外形尺寸、钢筋的搭接、预埋件的位置等是否满足设计要求,以及构件的外观有无缺陷、变形、裂缝等,不合格构件不予使用。

(五) 构件的弹线与编号

构件经质量检查合格后,可在构件表面弹出安装准线,作为构件安装、对位、校正的依据。在对构件弹线的同时应按设计图纸将构件逐个编号,并标志在明显部位;对于上下、左右难以分辨的构件应加以注明。

1. 柱弹线

柱应该在柱身的三面弹出安装中心线(2个宽面1个窄面)。矩形截面柱,按几何中心弹线;工字形截面柱除应弹出几何中心线外,还应在工字形截面柱的翼缘部分弹出1条与中心线平行的线,以避免校正时产生观测误差。在柱顶与牛腿面上还要弹出屋架及吊车梁的吊装准线。

2. 屋架弹线

屋架在上弦顶面应弹出几何中心线,并从跨中向两端分别弹出天窗架、屋面板的吊装准线,在屋架的2个端头弹出屋架的纵、横吊装准线。

3. 梁弹线

吊车梁的两端面及顶面弹出几何中心线作为吊装准线。

(六) 杯形基础的准备

装配式混凝土柱一般为杯形基础,杯形基础是单层工业厂房中唯一现浇的构件。在浇筑杯形基础时,应保证定位轴线及杯口尺寸准确。其准备工作主要是柱子吊装前的杯底抄平和杯口顶面弹线。对杯底抄平时应测量出杯底原有标高,并测量出所吊柱的柱脚至牛腿面的实际长度以及相应的杯底实际标高,再计算柱子牛腿顶面的设计标高与杯底实际标高之间的距离进行调整。为便于调整柱子牛腿面的标高,浇筑后的杯底标高应比设计标高低 50 mm。

1. 杯底标高调整

首先测量各柱从柱脚至牛腿面的长度以及相应的杯底标高,再根据安装后柱子牛腿面的设计标高计算出杯底应调整的高度,并用水泥砂浆或细石混凝土填抹至所需要的标高。

2. 杯底标高调整值确定方法

对杯底找平时,先要测出杯底原有标高(小柱测中间一点,大柱测4个角点),再量出柱脚底面至牛腿面的实际长度,从而计算出杯底标高调整值,并在杯口内标出。然后用水泥砂浆或细石混凝土将杯底垫平至标识处。

3. 杯口顶面中心线弹法

首先将经纬仪支架在纵向柱列的控制桩上,前视另一端桩点。随后利用经纬仪纵转的方法,在杯口上逐个地点出轴线位置的点,并弹出轴线位置,利用轴线再量出柱子外边线,并弹出柱子外边线。

纵向轴线及柱边线弹好之后,将经纬仪移到横向主轴线控制桩上,用同样方法在横向定出1条主轴线及柱边线。

二、构件吊装工艺

(一) 柱的吊装

单层工业厂房的钢筋混凝土柱的截面形式有矩形、工字形、双肢形等,一般在现场进行预制。

1. 柱的绑扎

绑扎柱的工具主要有吊索(又称千斤绳)、卡环(又称卸甲)、横吊梁等。如采用活络式卡环,可使其在高空中脱钩更为方便。另外,在吊索和构件之间可垫以麻袋或模板等,以减小吊索面与构件表面之间的磨损,保护预制柱构件。

柱的绑扎方法、绑扎点数与柱的质量、几何尺寸、配筋、起重性能等因素有关。一般中小型柱多为一点绑扎,重型柱或配筋少而细长的柱多为两点或多点绑扎。绑扎点位置应使2根吊索的合理作用点高于柱子重心。有牛腿的柱,绑扎点常选在牛腿以下,工字形断面的柱和双肢柱,应选在矩形断面处,否则应在绑扎点处用方木加固翼缘。常用的绑扎方法有以下2种。

(1)斜吊绑扎法。当柱子的宽面抗弯能力满足吊装要求时可采用此法。该方法直接将柱子在平卧的状态下从底模上吊起,无须翻身,也不用铁扁担;柱身起吊后呈倾斜状态,吊索在柱子宽面的一侧,起重钩可低于柱顶,起重高度可以较小,但因柱身倾斜,就位时对正比较困难。

(2)直吊绑扎法。当柱平卧起吊的抗弯强度不足时可采用直吊绑扎法。采用直吊绑扎法需将柱先翻身成侧立,再绑扎起吊。此法吊索从柱子两侧引出,上端通过卡环或滑轮挂在铁扁担上,柱身呈垂直状态,便于插入杯口,容易对位,但由于铁扁担高于柱顶,起重高度较高,起重臂也较长。

2. 柱的吊装

混凝土强度达到混凝土强度标准值的75%以上时方可吊装。柱子的吊装方法,根据柱子质量、长度,起重机性能和现场施工条件而定,有单机吊装和双机抬吊。单机吊装的方法,根据柱在起吊过程中的运动特点,可分为旋转法和滑行法。

(1)旋转法。采用旋转法吊装柱时,柱的平面布置要求三点共弧,即绑扎点、柱脚中心和基础杯口中心三点应在以起重机停机点为圆心,起重半径为半径的圆弧上,柱脚靠近杯口。在起吊过程中,起重机边收钩边回转,柱脚位置不变,使柱绕柱脚旋转而成为直立状态后再插入杯口。

当条件限制,三点共弧布置有困难时,可采取绑扎点或柱脚与杯口中心两点共弧,但这时要改变回转半径,起重臂要起伏。

注意:旋转法吊装柱时,起重臂仰角不变,起重机位置不变,仅一边旋转起重臂,一边上升吊钩,柱脚的位置在旋转过程中不移动。

旋转法吊装柱特点:柱受震动小,生产效率高,但对起重机的机动性要求较高,柱布置时占地面积较大,适用于中小型柱的吊装。

(2)滑行法。采用滑行法吊柱时,柱的平面布置要求绑扎点和基础杯口中心两点共弧,柱预制与排放时绑扎点应布置在基础杯口附近。在起吊过程中,起重臂不动,起重钩上升,柱顶上升,柱脚沿地面向基础滑行,直至柱竖直再将柱吊至柱基础杯口上方,插入杯口。

滑行法吊装柱特点:在滑行过程中,柱受震动大,但对起重机的机动性要求较低(起重机只升钩,起重臂不旋转),当采用独脚拔杆、人字拔杆吊装柱时,常采用此法。为了减少滑行阻力,可在柱脚下面设置托木滚筒。

3. 柱的就位和临时固定

柱脚插入杯口内,应使柱身大体垂直,在柱脚离杯底30~50 mm时开始对位。用8个楔块从四边插入杯口,用撬棍扳动柱脚使其中心线与杯口中心线对正,然后放松吊钩,使柱子沉入杯底。再次复核柱脚与杯口中心线是否对准,然后打紧楔块将柱临时固定。应注意:打紧楔块时应两人同时在柱子两侧对称打以防柱脚移动。柱临时固定后,起重机方可脱钩。

4. 柱的校正

柱吊装以后要做平面位置、标高及垂直度校正。但柱的平面位置在柱的对位时已校正好,而柱的标高在柱基础杯底找平时已控制在允许范围内,故柱吊装后主要是垂直度的校正。校正方法是用2台经纬仪从柱的相邻两边检查柱的中心线是否垂直。一台设置在横轴线上,另一台设置在与纵轴线成不大于15°的位置上,如果经纬仪位置合适,1次最多可以检查3根柱了。没有经纬仪时也可用线垂检查。

当偏差值较小时,可用打紧或稍放松的楔块的方法校正(10 t以下的柱);偏差值较大时,则可用螺旋千斤顶平顶法、螺旋千斤顶斜顶法、撑杆校正法、千斤顶立顶法、缆风绳等方法进行。

在实际施工中,无论采用哪种方法,均须注意以下几点。

(1)应先校正偏差大的,后校正偏差小的。如果2个方向偏差相近,则先校正小面,后校正大面(校正时,不要1次将1个方向的偏差完全校好,可保留8~

10 mm,因为在校正另一个方向时会影响已校正过的方向)。校正好一个方向后,稍打紧两面相对的4个楔子,再校正另一个方向。

(2)柱子在2个方向的垂直度都校正好后,应再复查平面位置,如偏差在5 mm以内,则打紧8个楔子,并使其松紧基本一致,如两面相对的楔子松紧不一,则在风力作用下,柱子将向松的一面偏斜。8 t以上的柱子校正后,如用木楔固定,最好在杯口另用大石块或混凝土楔塞紧,柱底脚与杯底四周空隙较大者应垫入钢板,以防木楔被压缩,柱子偏斜。

(3)在阳光照射下校正柱子垂直度时,要考虑温差的影响,因为柱子受太阳光照射后,阳面温度较阴面高,由于温差,柱子向阴面弯曲,柱顶有水平位移。水平位移的数值与温差数值、柱子长度、厚度尺寸等因素有关,一般为8~10 mm,有些特别细长的柱子,可达40 mm以上。长度小于10 m的柱子,可以不考虑温差的影响。细长柱子可以在早晨、阴天校正,或当日初校、次日晨复校;也可根据经验,采取预留偏差的办法解决。

5. 最后固定

为防止外界影响出现新偏差,柱校正后应立即进行最后固定。柱采用灌注细石混凝土的方法进行最后固定。浇筑工作分两阶段进行,第一次灌至楔块底面,待混凝土强度达到25%后,拔去楔块再灌满混凝土至杯口顶面。

(二) 吊车梁的吊装

吊车梁的吊装必须在柱子杯口二次灌注混凝土的强度达到75%设计强度后进行。因为吊车梁的高度和长度小且结构对称,一般采用平吊法。

1. 绑扎、起吊、就位、临时固定

吊车梁吊起后应基本保持水平。因此其绑扎点应对称设在梁的两侧,吊钩应对准梁的重心。在梁的两端应绑扎溜绳以控制梁的转动,避免悬空时碰撞柱子。

吊车梁对位时应缓慢降钩,使吊车梁端与柱牛腿面的横轴线对准。在对位过程中不宜用撬棍顺纵轴线方向撬动吊车梁,因为柱子顺轴线方向的刚度较差,撬动后会使柱顶产生偏移。

在吊车梁安装过程中,应用经纬仪或线垂校正柱子的垂直度,若产生了竖向偏移,应将吊车梁吊起重新进行对位,以消除柱的竖向偏移。

吊车梁本身的稳定性较好,一般对位后,无须采取临时固定措施,起重机即可松钩移走。当梁高与底宽之比大于4时,可用8号铁丝将梁捆在柱上,以防倾倒。

2. 校正、最后固定

吊车梁吊装后,需校正标高、平面位置和垂直度。吊车梁的标高在进行杯形基础杯底找平时,已对牛腿面至柱脚的高度做过测量和调整,因此误差不会太大,如存在少许误差,也可待安装轨道时,在吊车梁面上抹1层砂浆找平层加以调整。吊车梁的平面位置和垂直度可在屋盖吊装前校正,也可在屋盖吊装后校正。但较重的吊车梁,由于摘钩后校正困难,可边吊边校。平面位置的校正,主要是检查吊车梁的纵轴线以及2根吊车梁之间的跨距是否符合要求。施工规范规定吊车梁吊装中心线对定位轴线的偏差不得大于5 mm。在屋盖吊装前校正时,跨距不得有正偏差,以防屋盖吊装后柱顶向外偏移,使跨距的偏差过大。

检查吊车梁吊装中心线偏差的常用方法有以下3种。

(1)通线法。根据柱的定位轴线,在车间两端地面定出吊车梁定位轴线的位置,打下木桩并设置经纬仪。用经纬仪先将车间两端的4根吊车梁位置校正准确,并检查2根吊车梁之间的跨距是否符合要求。然后在4根已校正的吊车梁端部设置支架(或垫块),垫高200 mm,并根据吊车梁的定位轴线拉钢丝通线,然后根据通线(用撬棍)逐根拨正吊车梁。

(2)平移轴线法。在柱列边设置经纬仪,逐根将杯口上柱的吊装中心线投影到吊车梁顶面处的柱身上,并做标记。若柱安装中心线到定位轴线的距离为 α,则标记距吊车梁定位轴线应为 $\lambda-\alpha$(λ 为柱定位轴线到吊车梁定位轴线之间的距离,一般 λ 为750 mm)。可据此逐根拨正吊车梁的吊装中心线,并检查2根吊车梁之间的跨距是否符合要求。

(3)边吊边校法。较重的吊车梁脱钩后校正比较困难,一般采取边吊边校法。该法与仪器放线法相似。先在厂房跨度一端距吊车梁纵轴线400~600 mm(能通视即可)的地面上架设经纬仪,使经纬仪的视线与吊车梁的纵轴线平行,在1根木尺上弹2条短线 A、B,两线的间距等于视线与吊车梁纵轴线的距离。吊装时,将木尺的 A 线与吊车梁中心线重合;用经纬仪观测木尺上的 B 线,同时指挥拨动吊车梁,使尺上的 B 线与望远镜内的纵轴线重合为止。在检查及拨正吊车梁中心线的同时,可用靠尺和垂球检查吊车梁的垂直度。若发现有偏差,可在吊车梁两端的支座面上加斜垫铁纠正,每端叠加垫铁不得超过3块。

吊车梁校正之后,立即按设计图纸用电焊做最后固定,并在吊车梁与柱的空隙处,浇筑细石混凝土。

(三) 屋架的吊装

屋架安装的施工顺序:绑扎→扶直与就位→吊升→对位→临时固定→校

正和最后固定。

1. 屋架的绑扎

屋架的绑扎点应选在上弦节点处或靠近节点，左右对称。翻身扶直屋架时，吊索面与水平面的夹角不宜小于60°，吊装时吊索与水平面的夹角不宜小于45°。绑扎中心必须在屋架中心之上，防止屋架晃动和倾翻。

屋架绑扎吊点的数目及位置与屋架的形式、跨度、安装高度及起重机的吊杆长度有关，一般需经验算确定。跨度小于或等于18 m的屋架可两点绑扎，跨度在18 m以上时可采取四点绑扎，屋架跨度超过30 m时应考虑使用横吊梁，以减小吊索高度。

2. 屋架扶直与就位

钢筋混凝土屋架或预应力混凝土屋架多在施工现场平卧叠浇，吊装前先翻身扶直，然后起吊运至预定位置就位。屋架的侧向刚度较差，扶直时需要采取加固措施。屋架扶直有正向扶直和反向扶直2种方法。

（1）正向扶直。起重机位于屋架下弦一侧，吊钩对准屋架上弦重点，收紧吊钩，起重臂稍拾使屋架脱模。然后升臂同时升钩，使屋架以下弦为轴缓慢转为直立状态。

（2）反向扶直。起重机位于屋架上弦一侧，吊钩对准屋架上弦重点，然后升钩并降臂，使屋架以下弦为轴缓慢转为直立状态。

屋架扶直后应随即就位。就位的位置与起重机的性能和吊装方法有关，同时应考虑屋架的安装顺序、两端朝向等问题。一般靠柱边斜放，应尽量少占场地，就位范围在布置预制平面图时就应加以确定。就位位置与屋架预制位置在起重机开行路线同一侧时，称作同侧就位，反之称作异侧就位。

3. 屋架的吊升、对位与临时固定

屋架的吊升即先将屋架吊离地面约300 mm，并将屋架转运至吊装位置下方，然后将屋架提升超过柱顶约300 mm，再利用屋架端头的溜绳，将屋架调正对准柱头，缓缓将屋架降至柱顶，进行对位，并立即进行临时固定，最后起重机才可摘钩离去。

第一榀屋架的临时固定必须十分重视，一般是用4根缆风绳从两侧将屋架拉牢，也可将屋架与抗风柱连接。其他各榀屋架可用工具式支撑，以前一榀屋架为依托进行固定。

工具式支撑由直径为50 mm的钢管做成，两端各装有2只撑脚，其上有可调节松紧的螺栓，故也是屋架校正器。每榀屋架至少要用2个工具式支撑。当屋架经校正，最后固定并安装了若干块大型屋面板以后，才可将支撑取下。

4. 屋架校正及最后固定

屋架校正的主要内容是垂直偏差,可用经纬仪或线垂检测。用经纬仪检测屋架垂直度的方法:在屋架上安装具有相同标识的3个卡尺,1个安装在上弦中点附近,另外2个分别安装在屋架的两端,以上弦轴线为起点分别在3个卡尺上量出500 mm,并做好标记,然后在距屋架上弦轴线卡尺一侧500 mm处地面上,放置1台经纬仪,用来检查3个卡尺上的标志是否在同一垂直面上。

线垂检查法即在屋架上安装具有相同标志的3个卡尺,但卡尺上标志至屋架几何中线的距离可短些(一般可取300 mm),在两端头卡尺的标志间连一通线,自屋架顶卡尺的标志处向下挂线垂,检查3个卡尺标志是否在同一垂直面上。若发现卡尺上的标志不在同一垂直面上,即表示屋架存在垂直度偏差,可通过转动工具式支撑撑脚上的螺栓加以调整,并在屋架两端的柱顶垫入斜垫铁校正。

屋架校至垂直后,立即用电焊固定。焊接时,先焊接屋架两端呈对角线的两侧边,再焊另外两边,避免两端同侧施焊而影响屋架的垂直度。

(四) 天窗架与屋面板的吊装

天窗架可以单独吊装,也可以在地面上先与屋架拼装成整体后同时吊装。目前钢筋混凝土天窗架采用单独吊装的方式较多。天窗架单独吊装时,应在天窗架两侧的屋面板吊装后进行,其吊装过程与屋架基本相同。

屋面板吊装时应由两边檐口对称、逐块吊向屋脊,使屋架受力均匀,有利于屋架稳定。屋面板有预埋吊环,一般可采用一钩多吊,以加快吊装速度。屋面板就位后,应立即与屋架上弦焊牢,除最后一块只能焊两点外,每块屋面板应焊三点。

三、结构吊装方案

单层工业厂房的结构吊装方案的内容主要包括:结构吊装方法的选择、起重机械的选择、起重机的开行路线、构件的平面布置等。吊装方案应根据厂房的结构形式、跨度、安装高度、构件质量和长度、吊装工期、现有起重设备、现场环境等因素综合研究确定。

(一) 结构安装方法

单层工业厂房结构安装方法有分件吊装法和综合吊装法2种,比较见表5-2。

表5-2　分件吊装法与综合吊装法比较

方法名称	优点	缺点	使用范围
分件吊装法	吊装过程中索具更换次数少,吊装速度快、效率高、可操作性和操作的熟练程度较高;吊装现场不会过分拥挤,现场的施工组织较容易;可给构件校正、焊接固定、混凝土浇筑养护提供充足时间	起重机开行路线长,停机点多,不能及早为后续工作提供工作空间	一般单层工业厂房多采用该方法
综合吊装法	起重机开行路线短,停机次数少,能及早为下道工序提供工作面,因此其他后续工种可以进入已吊装完的节间进行工作	由于在1个停机点要分别吊装不同种类构件,索具更换频繁,接卸不能发挥使用效率;误差累积后不易纠正;构件供应种类多变,平面布置杂乱,现场拥挤,矫正困难	只有使用移动不便的起重机时才采用该方法

1. 分件吊装法

分件吊装法指在厂房结构吊装时,起重机每开行1次仅吊装1种或2种构件。一般分3次开行吊装完全部构件。第一次开行吊装柱,并进行校正和固定;第二次开行吊装吊车梁、连系梁及柱间支撑;第三次开行以节间为单位吊装屋架、天窗架、屋面板、屋面支撑等。

2. 综合吊装法

综合吊装法指起重机仅开行一次就吊装完所有结构构件,具体步骤是先吊装4根柱,随即进行校正和最后固定,然后吊装该节间的吊车梁、连系梁、屋架、天窗架、屋面板等构件。一般情况下,不宜采用该方法。

(二) 起重机选择

1. 起重机类型的选择

起重机类型的选择主要根据厂房结构的特点,即厂房的跨度、构件的质量,安装高度以及施工现场条件和现有起重设备、吊装方法确定。一般中小型厂房多采用履带式起重机,也可采用桅杆式起重机。重型厂房多采用履带式起重机以及塔式起重机,在结构安装的同时进行设备的安装。

2. 起重机型号的选择

选择起重机型号时要考虑起重机的3个工作参数——起重量 Q、起重高度 H 和起重半径 R,同时考虑吊装不同类型的构件变换不同的臂长,以充分发挥起重机的性能。

(1)起重量 Q

起重机的起重量必须大于所吊装构件的质量与索具重量之和,即

$$Q \geqslant Q_1 + Q_2 \tag{5-3}$$

式中,Q——起重机的起重量;

Q_1——构件的重量;

Q_2——索具的重量。

(2)起重高度 H

起重机的起重高度,必须满足所吊装构件的安装高度要求,即

$$H = h_1 + h_2 + h_3 + h_4 \tag{5-4}$$

式中,H——起重机的起重高度;

h_1——停机面至安装支座顶面的高度;

h_2——安装间隙;

h_3——绑扎点至所吊构件底面的高度;

h_4——索具高度。

(3)起重半径 R

当起重机可以不受限制开到安装支座附近区安装构件时,可不验算起重半径,但当起重机受到限制不能靠近安装支座附近去安装构件时,则应验算当起重机半径为定值时其起重量与起重高度是否满足吊装要求。

(4)起重臂长 L

起重臂不跨越其他构件的长度计算。

起重机吊装单层工业厂房的柱子和屋架时,起重臂一般不跨越其他构件,此时,起重臂长度按式(5-5)计算,即

$$L \geqslant \frac{H + h_0 - h}{\sin \alpha} \tag{5-5}$$

式中,L——起重臂长度;

H——起重高度;

h_0——起重臂顶至吊钩地面的距离;

h——起重臂底铰至停机面的距离;

α——起重臂仰角,一般取 $70° \sim 77°$。

起重臂跨越其他构件的长度计算。当起重机安装屋面板等节间构件时,起重臂需要跨越其他构件,起重臂的长度分2种情况:吊装有天窗架的屋面时,按跨越天窗架吊装跨中屋面板计算;吊装平屋面时,按跨越屋架吊装跨中屋面

板和吊装跨边屋面板2种情况计算。计算结果取两者中较大值,计算方法有数解法和图解法。

3. 起重机数量的选择

同时投入施工现场的起重机数量,可根据工程量、工期及起重机的台班产量,按式(5-6)计算,即

$$N = \frac{1}{TCK} \sum \frac{Q_i}{P_i} \tag{5-6}$$

式中,N——起重机数量;

T——工期;

C——1 d工作班数;

K——时间利用系数,一般取0.8 ~ 0.9;

Q_i——某种构件的工程量;

P_i——起重机安装某种构件的产量定额。

几台起重机同时工作要考虑工作面是否允许,相互之间是否会造成干扰,影响工效等问题。此外还须考虑构件的装卸、拼装、排放等工作需要。

(三) 起重机的开行路线

起重机的开行路线和停机位置与起重机的性能,构件的尺寸、质量、平面布置、供应方式、安装方法等因素有关。

采用分件吊装时,起重机开行路线有以下2种。

(1)柱吊装时,起重机开行路线分为跨边开行和跨中开行。

如果柱子布置在跨内:当起重半径$R>L/2$(L为厂房跨度)时,起重机在跨中开行,每个停机点可吊2根柱;当起重半径$R \geqslant \sqrt{(L/2)^2 + (b/2)^2}$($b$为柱距)时,起重机在跨中开行,每个停机点可吊4根柱;当起重半径$R<L/2$时,起重机在跨内靠边开行,每个停机点可吊1根柱;当起重半径$R \geqslant \sqrt{a^2 + (b/2)^2}$($a$为开行路线到跨边的距离)时,起重机在跨内靠边开行,每个停机点可吊2根柱;当柱子布置在跨外时,起重机在跨外开行,每个停机点可吊1或2根柱。

(2)屋架扶直就位及屋盖系统吊装时,起重机在跨中开行。

(四) 构件平面布置

1. 构件平面布置的要求

现场构件合理布置能够有效避免二次搬运,充分发挥起重机的效率,避免造成人力物力的浪费。构件平面布置的一般要求如下。

(1)每跨的构件宜布置在本跨内,如场地狭窄、布置有困难时,也可布置在

跨外便于安装的地方。

（2）构件的布置应便于支模和浇筑混凝土,对预应力构件应留有抽管以及穿筋的操作场地。

（3）构件的布置要满足安装工艺的要求,尽可能在起重机的工作半径内,以减少起重机"跑吊"的距离及起重杆的起伏次数。

（4）构件的布置应保证起重机、运输车辆的道路畅通,起重机回转时,机身不得与构件相碰。

（5）构件的布置应注意安装的朝向,避免在空中调向,影响进度和安全。

（6）构件应布置在坚实的地基上。

2. 预制阶段构件的平面布置

柱预制阶段的平面布置。柱的布置方式一般有斜向布置和纵向布置2种。

（1）斜向布置。柱子如采用旋转法起吊,可按三点共弧斜向布置。当柱子较长、场地受限时,很难做到三点共弧。此时,采用滑行法起吊,柱子的布置要求为两点共弧:①柱脚与杯口两点共弧;②绑扎点与杯口两点共弧。

（2）纵向布置。用滑行法起吊,柱子按两点共弧纵向布置,绑扎点靠近杯口,柱子可以2根叠浇,每次停机可吊2根柱子。

布置柱子时,还要注意牛腿的朝向问题。当柱布置在跨内时,牛腿应朝向起重机;若柱布置在跨外,则牛腿应背向起重机,使柱吊装后牛腿朝向符合设计要求。

屋架预制阶段的平面布置。屋架一般在跨内平卧叠浇预制,每叠3或4榀,布置的方式有正面斜向布置、正反斜向布置和正反纵向布置3种,其中斜向布置较多,以便于屋架的扶直与排放。

吊车梁预制阶段的平面布置。吊车梁一般在预制场预制,然后运到工地。当吊车梁安排在现场预制时,可靠近柱基顺纵向轴线或略做倾斜布置,也可插在柱子的空当中预制。如具有运输条件,也可另行在场外集中布置预制。

3. 安装阶段构件的就位与堆放

安装阶段构件的就位布置,是指柱子已安装完毕其他构件的就位布置,包括屋架的扶直、就位,吊车梁、屋面板的运输就位等。

屋架的扶直就位。吊装屋架前,先将屋架由平卧转为直立,并立即进行就位排放。屋架与屋架之间净距不小于200 mm,并用支撑及铁丝相互间撑牢拉紧。

屋架扶直。屋架一般为叠浇预制,为防止屋架扶直过程中的碰撞损坏,可选用2种措施:①在屋架端头搭设道木墩法。该法可使叠浇预制的上层屋架

(底层除外)在翻身扶直的过程中,其屋架下弦始终置于道木墩上转动,不致跌落受碰损。②放钢筋棍法。屋架扶直过程是先利用屋架上弦上的吊环将屋架稍提一下,使上、下层屋架分离;然后在屋架上弦节点处垫放木楔,并落钩使屋架上弦脱空而置于节点处的垫木楔上。待屋架上弦在垫木楔上置稳安后,将吊索绕上弦绑扎,此时就可进行屋架扶直工作。当屋架准备起钩扶直时,先将3~5根直径为30 mm、长为200 mm的钢筋放置在下弦节点处,然后再稍落吊钩,并用撬棍将屋架撬离1个屋架下弦宽度距离,此时即可起钩扶直屋架。

屋架就位。屋架扶直后应立即进行就位。按就位的位置不同,可分为同侧就位和异侧就位。同侧就位时,屋架的预制位置与就位位置均在起重机开行路线的同一侧。异侧就位时,须将屋架由预制的一边转至起重机开行路线的另一边就位,此时,屋架两端的朝向已有变动。因此,在预制屋架时,应先对屋架就位的位置加以考虑,以便确定屋架两端的朝向及预埋件的位置等问题。

常用的屋架就位的方式有2种:①靠柱边斜向就位;②靠柱边成组纵向就位。

屋面板的就位、堆放。单层工业厂房除了柱、屋架、吊车梁在施工现场预制外,其他构件(如连系梁、屋面板)均在场外制作。屋面板堆放在跨内、跨外均可,根据起重机吊装屋面板时的起重半径确定,一般布置在跨内,6~8块叠放;若车间跨度在18 m以内,采用纵向堆放;若跨度大于24 m,可采用横向堆放。

第三节　多层装配式混凝土框架结构吊装

装配式钢筋混凝土框架结构已较广泛应用于多层、高层民用建筑和多层工业厂房中。该种结构的全部构件在工厂或现场预制后进行吊装。多层装配式钢筋混凝土框架结构房屋施工的特点:构件类型多、数量大、各构件接头复杂、技术要求高。

一、起重机械的选择和布置

(一) 起重机械的选择

起重机械的选择,主要根据装配式框架结构的高度、构件质量及工程量等确定。一般多层工业厂房和10层以下民用建筑多采用轨道式塔式起重机;5层以下民用建筑及高度在 18 m 以下的工业厂房,可选用履带式起重机或轮胎式起重机;高层建筑(10 层以上)普通塔式起重机已不够用,可采用爬升式塔式起重机或附着式塔式起重机。

塔式起重机的型号主要根据建筑物的高度、平面尺寸、构件质量、施工现场地形条件,以及现有设备条件确定。

(二) 塔式起重机的平面布置

塔式起重机的布置方案主要取决于房屋平面形状、构件质量、起重机的性能、施工现场地形条件,以及现有设备条件。

二、柱的吊装与接头

(一) 柱的吊装

1. 柱的绑扎和起吊

10 m 以内的柱多采用一点绑扎、旋转法起吊;对于长 14～20 m 的柱,则须采用两点绑扎;对质量较大和更长的柱可采用三点或多点绑扎。

柱的起吊方法与单层工业厂房柱的吊装基本相同,一般采用旋转法。上层柱的底部都有外伸钢筋,吊装时应采取保护措施,以防止碰弯钢筋。

2. 柱的临时固定和校正

底层柱的临时固定和校正方法与单层工业厂房柱相同。

上层柱的吊装视柱的质量不同,采用的临时固定和校正方法也不同。柱质量较轻时,采用方木和钢管支撑进行临时固定和校正。框架结构的内柱四面均用方木临时固定和校正;框架边柱两面用方木;另一面用方木加钢管支撑做临时固定和校正,框架的角柱两面均用方木加钢管支撑临时固定和校正。钢管支撑上端与柱上端的夹箍相连,下端与楼板上的预埋件连接。

柱的校正工作应多次反复进行。第一次在起重机脱钩后焊接前进行初校;第二次在柱接头电焊后进行,以校正焊接引起钢筋收缩不均产生的偏差;第三次是在柱子与梁连接和楼板吊装后,以消除增加的荷载和梁柱间电焊产生的偏差。

3. 柱接头施工

柱接头施工的形式主要有榫式接头、插入式接头和浆锚式接头 3 种。

(二) 梁与柱的接头

梁与柱的接头做法很多,常用的有明牛腿式刚性接头、齿槽式梁柱接头和浇筑整体式梁柱接头。

明牛腿式刚性接头在梁吊装时,只要将梁端预埋钢板和柱子牛腿上的预埋钢板焊接后,起重机即可脱钩,然后进行梁与柱的钢筋焊接。

齿槽式梁柱接头利用梁柱接头处设的齿槽传递梁端剪力。

三、结构吊装方法

多层装配式框架结构的吊装方法有分件吊装法和综合吊装法2种。

(一) 分件吊装法

分件吊装法即塔式起重机每开行1次吊装1种构件,按照柱、梁、板的顺序分次开行吊装。分件吊装法根据流水方式分为分层分段流水吊装法和分次大流水吊装法2种。

(二) 综合吊装法

综合吊装法即起重机在吊装构件时,以节间为单位1次吊装完毕该节间所有构件,吊装工作逐节间进行。综合吊装法一般在起重机跨内开行时采用。

四、构件的平面布置和堆放

预制构件的现场布置方案取决于建筑物结构特点,起重机的类型、型号及布置方式。

(一) 构件布置应遵循的原则

预制构件应尽量布置在起重机的工作半径范围之内。

重型构件尽可能布置在起重机周围,中小型构件布置在重型构件的外侧。

构件叠浇时应满足吊装顺序要求。

(二) 构件的现场布置方式

装配式框架结构的柱一般在现场预制,其他构件均在工厂预制。

梁、板等构件运至工地后,一般堆放在柱的外侧。

柱现场布置方式与起重机的相对位置特点见表5-3。

表5-3　柱现场布置方式与起重机的相对位置特点

柱与起重机轨道	特点
平行	柱通长预制,能减少柱接头的偏差,减少内应力
垂直	起重机跨内开行,可使柱的吊装点在起重半径范围内
斜向	可用旋转法吊装,适用较长的柱

第四节　结构安装工程计量

一、金属结构工程

(一) 工程量清单编制规定

1. 钢屋架、钢托架、钢桁架、钢架桥

以榀计量,按标准图设计的应注明标准图代号,按非标准图设计的项目特征必须描述单榀屋架的质量。

2. 钢柱

实腹钢柱类型是指十字形、T形、L形、H形等。

空腹钢柱类型是指箱形、格构等。

型钢混凝土柱浇筑钢筋混凝土,其混凝土和钢筋应按现行国家标准《房屋建筑与装饰工程工程量计算规范》(GB/T 50854—2013)中相关项目编码列项。

3. 钢梁

梁类型指H形、L形、T形、箱形、格构式等。

型钢混凝土梁浇筑钢筋混凝土,其混凝土和钢筋应按现行国家标准《房屋建筑与装饰工程工程量计算规范》(GB/T 50854—2013)中相关项目编码列项。

4. 钢板楼板、墙板

钢板楼板上浇筑钢筋混凝土,其混凝土和钢筋应按现行国家标准《房屋建筑与装饰工程工程量计算规范》(GB/T 50854—2013)中相关项目编码列项。

5. 钢构件

钢墙架项目包括墙架柱、墙架梁和连接杆件。

钢支撑、钢拉条类型指单式、复式;钢檩条类型指型钢式、格构式;钢漏斗形式指方形、圆形;天沟形式指矩形沟或半圆形沟。

6. 相关问题及说明

应在综合单价中考虑金属构件的切边、不规则及多边形钢板发生的损耗。

防火要求指耐火极限。

(二) 定额项目编制说明

1. 金属构件制作

金属构件制作包括分段制作和整体预装配的人工材料,机械台班用量、整体预装配用的螺栓及锚固杆件用的螺栓。

除特殊注明外,均包括场内材料运输、号料、加工、组装,以及成品堆放、装车等工序。

金属构件制作子目中,均已包括刷1遍防锈漆工料。

踏步式、爬式钢梯包括梯围栏、平台。U形爬梯套用爬式钢梯子目。

除设计钢材规格、比例与定额不同时,可按实调整外,其他材料、机械不进行调整。

钢栏杆与钢楼梯、钢平台、钢走道板配套使用。其他部位的栏杆、扶手应套用其他章节的相关定额子目。

零星小品(构件)是指挂落、眄角花、冰裂窗、拱门、花基等,以及单件在30 kg以内定额未列项目的金属构件。

金属零星构件是指除零星小品(构件)以外单件在50 kg以内未列项目的金属构件。

2. 金属构件安装

定额金属构件安装按单机作业考虑。

定额金属构件安装按机械起吊点中心回转半径15 m以内的距离计算,如超出15 m,另按构件1 km运输子目执行。

每一工作循环中,均包括机械的必要位移。

起重机类型综合考虑,无论使用何种类型起重机均不予调整。

定额不包括起重机械、运输机械行驶道路和修整,铺垫工作的人工、材料和机械。

定额不包括焊缝无损探伤(如X射线透视、超声波探伤、磁粉探伤、着色探伤等)、探伤固定支架制作和被检工件的退磁。上述所发生的费用均另行计算。

金属构件安装工程所需搭设的临时性脚手架,在措施项目中考虑。

钢网围墙子目不包括挖土、混凝土基础、立柱及基础回填。

(三) 定额工程量计算规则

金属构件制作安装工程量,按设计图示尺寸以质量计算,不扣除孔眼(0.04 m²内)、切边、切肢的质量,焊条、铆钉、螺栓等不另增加质量,不规则或多边形钢板以其外接矩形面积乘以厚度乘以单位理论质量计算。

钢梯的质量包括梯梁和踏步的质量,梯栏杆另按相应子目计算。

钢网围墙按垂直投影净面积计算。

二、木结构工程

(一) 木屋架、柱、梁

圆木屋架工程量,按设计截面竣工木料,以体积计算;如需刨光时,按屋架刨光后竣工木材体积 1m³ 增加 0.05 m³ 计算。与屋架连接的挑檐木、支撑、马尾和折角工程量,并入屋架竣工木料体积内计算,带气楼的屋架和正交部分半屋架并入所依附屋架的体积内计算。圆木屋架连接的挑檐木、支撑等如为方木时,其方木部分应乘以系数 1.70 折合成圆木后并入屋架竣工木料内。

木柱和木梁工程量,按设计图示尺寸,以体积计算。

(二) 枋、桁、椽子

枋、桁、椽子工程量,按设计图示尺寸,以体积计算。

(三) 斗拱

斗拱工程量,按设计图示数量,以座计算。

柱头座斗工程量,按设计图示尺寸,以体积计算。

(四) 戗角、博风板、封檐板

戗角工程量按设计图示尺寸,以体积计算。

博风板、封檐板均按设计图示尺寸,以面积计算。

(五) 古式栏杆、飞来椅 (吴王靠)、挂落、坐凳面、木楼梯

古式木栏杆按设计图示尺寸,以面积计算。

飞来椅、博古架、挂落、睁角花按设计图示尺寸,以长度计算。

木凳面按设计图示尺寸,以面积计算。

木楼梯按设计图示尺寸,以水平投影面积计算,不扣除宽度小于 300 mm 的楼梯井伸入墙内部分不计算。

(六) 屋面木基层

檩木上钉桷板工程量,按屋面的斜面积计算,不扣除屋面烟囱及斜沟部分所占面积,天窗挑檐重叠面积并入屋面基层工程量内。

檩木工程量按竣工木料,以体积计算。简支檩长度按设计规定计算,如设计无规定时,按屋架或山墙中距增加 200 mm 计算,如两端出山,檩条长度算至博风板;连续檩条的长度按设计长度计算,其接头长度按全部连续檩木总体积的 5% 计算。

第六章　防水工程

第一节　建筑防水的分类与等级

一、建筑防水分类

建筑防水按其构造做法不同,可分为结构防水和材料防水两大类。结构防水主要依靠结构构件材料自身的密实性及其某些构造措施(坡度、埋设止水带等),使结构构件起到防水作用;材料防水则依靠防水材料经过施工形成整体封闭防水层阻断水的通路,以达到防水的目的或增强抗渗漏的能力。

建筑防水按防水材料的不同,可分为柔性防水和刚性防水。柔性防水又分为卷材防水和涂膜防水;刚性防水指混凝土防水,采用的材料主要有普通细石混凝土和补偿收缩混凝土。

二、建筑防水等级

(一)屋面防水等级的划分

多年的防水工程实践证明,重要、高级建筑的屋面工程如采用低档次的防水材料和简单的防水设防难以保证使用功能的要求;而一般性建筑如采用高档次的防水材料和防水构造,则会加大建筑工程的造价,在某种意义上讲会造成浪费。因此,根据建筑物的性质、重要程度、使用功能要求、防水层合理使用年限、建筑结构特点等,结合国内当前经济发展阶段,可将屋面防水划分为4个等级,见表6-1。

表6-1　屋面防水等级划分

屋面防水等级	项目			
	建筑物类别	防水层耐用年限/年	防水层选用材料	设防要求
I	特别重要的民用建筑和对防水有特殊要求的工业建筑	25	宜选用合成高分子防水卷材、高聚物改性沥青防水卷材、合成高分子防水涂料、细石防水混凝土等材料	3道或3道以上防水设防

续表

屋面防水等级	项目			
	建筑物类别	防水层耐用年限/年	防水层选用材料	设防要求
Ⅱ	重要的工业与民用建筑、高层建筑	15	宜选用高聚物改性沥青防水卷材、合成高分子防水材、金属板材、合成高分子防水料、高聚物改性沥青防水涂料、细石混凝土、平瓦、油毡瓦等材料	2道防水设防
Ⅲ	一般的工业与民用建筑	10	宜选用三毡四油沥青防水卷材、高聚物改性沥青防水卷材、合成高分子防水材、金属板材、高聚物改性沥青防水涂料、合成高分子防水涂料、细石混凝土、平瓦、油毡瓦等材料	1道防水设防
Ⅳ	非永久性的建筑	5	可选用二毡三油沥青防水卷材、高聚物改性沥青防水涂料等材料	1道防水设防

(二) 地下工程防水等级

地下防水工程的设计和施工遵循防水设计原则,并根据建筑功能及使用要求,按现行规范正确划定防水等级,合理确定防水方案。现行规范规定地下工程防水等级及其适用范围见表6-2。

表6-2 地下工程防水等级及其适用范围

防水等级	标准	适用范围
一级	不允许渗水,结构表面无湿渍	人员长期停留的场所;若有少量湿渍会使物品变质、失效的储物场所及严重影响设备正常运转和危及工程安全运营的部位;极重要的战备工程
二级	不允许漏水,结构表面可有少量湿渍 工业与民用建筑。总湿渍面积不应大于总防水即面积(包括顶板、墙面、地面)的1/1 000;任意100 m^2 防水面积上的湿渍不超过1处,单个湿渍的最大面积不大于0.1 m^2 其他地下工程。总湿渍面积不应大于总防水面积的6/1 000;任意100 m^2 防水面积上的湿渍不超过4处,单个湿渍的最大面积不大于0.2 m^2	人员经常活动的场所;在有少量湿渍的情况下不会使物品变质、失效的储物场所及基本不影响设备正常运转和工程安全运营的部位;重要的战备工程

防水等级	标准	适用范围
三级	有少量漏水点。不得有线流和漏泥砂 任意100 m²防水面积上的漏水点数不超过7处,单个漏水点的最大漏水量不大于2.5 L/(m²·d),单个湿渍的最大面积不大于0.3 m²	人员临时活动的场所,即一般战备工程
四级	有漏水点,不得有线流和漏泥砂 整个工程平均漏水量不大于2 L/(m²·d);任意100 m²防水面积的平均漏水量不大于4 L/(m²·d)	对渗漏水无严格要求的工程

第二节　屋面防水工程

一、卷材防水屋面

(一) 卷材防水屋面的构造

卷材防水屋面是用胶黏剂将卷材逐层黏结铺设成一层整体不透水的覆盖层。卷材有一定的韧性,可以适应一定程度的胀缩和变形,其类型有沥青防水卷材、高聚物改性沥青防水卷材、合成高分子防水卷材等。其中,沥青卷材用沥青胶做粘贴层,高聚物改性沥青防水卷材则用改性沥青胶做粘贴层,合成高分子系列卷材需用特制的胶黏剂冷做粘贴层。

卷材防水屋面属柔性防水屋面,其优点是质量轻、防水性能较好,尤其是防水层具有良好的柔韧性,可以适应一定程度的胀缩和变形;缺点是易起鼓、老化,产生渗漏水时修补找漏困难。

(二) 卷材防水层的选用

防水卷材的种类选用应考虑以下因素:①根据当地历年最高气温、最低气温,屋面坡度,使用条件等因素,选择耐热度、柔性相适应的卷材。②根据地基变形程度,结构形式,当地年温差、日温差、震动等因素,选择拉伸性相适应的卷材。③根据屋面防水卷材的暴露程度,选择耐紫外线、耐穿刺、耐老化保持率或耐霉性能相适应的卷材。④自粘橡胶沥青防水卷材和自粘聚酯毡改性沥青防水卷材(厚度为0.5 mm铝箔覆面者除外),不得用于外露的防水层。

(三) 卷材防水的施工要点

1. 卷材施工顺序

卷材铺贴应按"先高后低,先远后近"的顺序施工。高低跨屋面,应先铺高跨屋面,后铺低跨屋面。在同高度大面积的屋面,应先铺离上料点较远的部位,后铺较近部位。

卷材大面积铺贴前,应先做好节点密封处理、附加层和屋面排水较集中部位(屋面与水落口连接处、檐口、天沟、檐沟、屋面转角处、板端缝等)的处理、分格缝的空铺条处理等,然后由屋面最低标高处向上施工。铺贴天沟、檐沟卷材时,宜顺天沟、檐沟方向铺贴,从水落口处向分水线方向铺贴,以减少搭接。为保证防水层的整体性,减少漏水的可能性,屋面防水工程尽量不划分施工段;当需要划分施工段时,施工段的划分宜设在屋脊、天沟、变形缝等处。

2. 卷材铺贴方向

屋面防水卷材的铺贴方向,应根据屋面的坡度、防水卷材的种类及屋面工作条件按表6-3确定。

表6-3 卷材铺贴方向

卷材种类	屋面坡度		
	小于3%	大于3%小于等于25%或屋面有振动时	大于25%
大面积屋面	平行于屋脊	平行或垂直于屋脊	应采取防止卷材下滑的措施
叠层铺贴时	上、下层卷材不得互相垂直		
铺贴天沟、德沟卷材时	宜顺天沟、檐沟方向,减少搭接		

3. 卷材与基层的连接方式

卷材与基层连接方式有4种:满粘、条粘、点粘和空铺。在工程应用中,可根据建筑部位、使用条件、施工情况用其中1种或2种,且应在图纸上注明其适用条件与具体施工方法,按表6-4确定。

表6-4 岩材与基层连接方式

铺贴方法	具体做法	适应条件
满粘法	又称全粘法,即在铺粘防水卷材时,卷材与基面全部粘贴牢固的施工方法,通常在热熔、冷粘、自粘时使用该种方法粘贴卷材	屋面防水面积较小,结构变形不大,找平层干燥

铺贴方法	具体做法	适应条件
空铺法	铺贴防水卷材时,卷材与基面仅在四周一定宽度内黏结,其余部分不黏结。施工时檐口、屋脊、屋面转角、伸出屋面的出气孔、烟囱根等部位,采用满粘,粘贴宽度不小于800 mm	适应于基层潮湿,找平层水汽难以排出及结构变形较大的屋面
条粘法	铺贴防水卷材时,卷材与屋面采用条粘法,每幅卷材黏结面不少于2条。每条黏结宽度不少于150 mm,檐口、屋脊、伸出屋面管口等细部作法同空铺法	适应结构变形较大、基面潮湿、排气困难的层面
点粘法	铺贴防水卷材时,卷材与基面采用点粘法,要求每平方米范围内至少有5个黏结点。每个黏结点的面积不少于100 mm×100 mm,屋面四周黏结,檐口、屋脊、伸出屋面管口等细部作法同空铺法	适应于结构变形较大、基面潮湿、排气有一定困难的屋面

4. 卷材的搭接

卷材搭接的宽度卷材搭接的方法、宽度和要求,应根据屋面坡度、卷材品种和铺贴方法按表6-5确定。

表6-5　卷材搭接宽度

卷材类型		满粘法/mm	空铺法、点粘法、条粘法/mm
高聚物改性沥青卷材		80	100
自粘聚合物改性沥青		60	—
合成高分子防水卷材	胶粘剂	80	100
	胶粘带	50	60
	单缝焊	60,有效焊接宽度不小于25	
	双缝焊	80,有效焊接宽度10×2+空腔宽	

搭接缝技术要求如下:①平行于屋脊的搭接缝应顺流水方向搭接,垂直于屋脊的搭接缝应顺当地年最大频率风向搭接。②相邻两幅卷材的接头应相互错开80 mm以上,以免多层接头重叠使卷材粘贴不平。③叠层铺贴时,上、下层卷材间的搭接缝应错开。④叠层铺设的各层卷材在天沟与屋面的连接处应采取交叉接法搭接,搭接缝应错开;接缝宜留在屋面或天沟侧面,不宜留在沟

底。⑤在铺贴卷材时,不得污染檐口的外侧和墙面。⑥高聚物改性沥青防水卷材和合成高分子防水卷材的搭接缝,宜用材料性能相容的密封材料封严。

5. 卷材防水层施工方法

卷材防水层各类施工方法及其适用范围见表6-6。

表6-6 防水层施工方法

名称	作法	适应范围
热熔法	火焰加热熔化防水卷材底部热熔胶进行黏结	底层涂有热熔胶的高聚物改性沥青防水卷材,如SBS和APP改性沥青防水卷材
热风焊接法	热空气焊枪加热卷材搭接缝进行黏结	合成高分子防水卷材搭接缝焊接,如PVC高分子防水卷材
冷粘法	胶粘剂进行卷材与基面、卷材与卷材	高分子防水卷材、高聚物改性沥青防水卷材,如三元乙丙、氯化聚乙烯、SBS改性沥青防水卷材
自粘法	带有自粘胶的防水卷材,无须涂刷胶粘剂,直接粘贴基面	自粘高分子防水卷材、自粘高聚物改性沥青防水卷材
机械钉压法	镀锌钢钉或铜钉固定防水卷材	多用于木基面上铺设高聚物改性沥青防水卷材或穿钉后热风焊接搭接缝,局部固定基面的高分子防水卷材
压埋法	卷材与基面大部分不粘连,上面采用卵石压埋,但搭接缝及周边要全粘	用于空铺法、倒置式屋面

二、涂膜防水屋面

(一) 涂膜防水屋面的构造

涂膜防水屋面即将以高分子合成材料为主体的涂料涂抹在经嵌缝处理的屋面板或找平层上,形成具有防水效能的坚韧涂膜。

(二) 防水涂料

防水涂料是一种流态或半流态物质,涂布在屋面基层表面,经溶剂或水分挥发或各组分间的化学反应,形成有一定弹性和一定厚度的薄膜,使基层表面与水隔绝,起到防水密封作用。

防水涂料能在屋面上形成无接缝的防水涂层,涂膜层的整体性好,并能在复杂基层上形成连续的整体防水层。因此特别适用于形状复杂的屋面;或在Ⅰ级、Ⅱ级防水设防的屋面上作为一道防水层与卷材复合使用,可以很好弥补卷材防水层接缝防水可靠性差的缺陷,也可以与卷材复合共同组成一道防水层,在防水等级为Ⅱ级的屋面上使用。

防水涂料按其组成材料可分为沥青基防水涂料、高聚物改性沥青防水涂料、合成高分子防水涂料等。其中,沥青基涂料由于性能低劣、施工要求高,已被淘汰。

高聚物改性沥青防水涂料是以沥青为基料,用合成高分子聚合物进行改性,配制而成的水乳型、溶剂型或热熔型防水涂料。高聚物改性沥青防水涂料在柔韧性、抗裂性、强度、耐高低温性能、使用寿命等方面都比沥青基材料有了较大的改善。常用的品种有氯丁橡胶改性沥青涂料、丁基橡胶改性沥青涂料、丁苯橡胶改性沥青涂料、SBS改性沥青涂料、APP改性沥青涂料等。

合成高分子防水涂料是以合成橡胶或合成树脂为主要成膜物质配制而成的水乳型或溶剂型防水涂料。根据成膜机理分为反应固化型、挥发固化型和聚合物水泥防水涂料3类。由于合成高分子材料本身的优异性能,以此为原料制成的合成高分子防水涂料有较高的强度和延伸率,优良的柔韧性、耐高低温性能、耐久性和防水能力。常用的品种有丙烯酸防水涂料、EVA防水涂料、聚氨酯防水涂料、沥青聚氨酯防水涂料、硅橡胶防水涂料、聚合物水泥防水涂料等。

为了保证涂膜防水层具有良好的防水能力、耐久性和耐穿刺能力,除了对防水材料的性能提出一定的要求之外,涂膜必须具有足够的厚度,以抵御外力的作用,如基层开裂,风、雨、雪的侵蚀,人为破坏等。因此规范对不同材性的防水涂料组成一道防水层的厚度做出规定。

施工时可根据涂料的品种和屋面构造形式的需要,在涂膜防水层中增设胎体增强材料。胎体增强材料就是在涂膜防水层中增强用的聚酯无纺布、化纤无纺布、玻纤网格布等材料。

(三) 涂膜防水施工

涂膜防水层的施工顺序和卷材防水层施工顺序基本相同,在涂膜防水施工前同样需要对结构层进行处理。需要注意的是,在板缝嵌填处理时,还需在板端缝处进行柔性密封处理。对非保温屋面的板缝上应留设深度不小于20 mm的凹槽,并嵌填嵌缝油膏。在油膏嵌填前应将板缝清理干净,随即满涂冷底子油1遍,待其干燥后,及时冷嵌或热灌油膏。油膏的覆盖宽度应超出板缝两边至少20 mm。嵌缝后,应沿缝及时做好保护层。

涂膜防水屋面的保温层及基层处理与卷材防水屋面的处理基本相同。基层处理剂涂刷完毕,干燥后可进行涂膜防水处理。防水涂膜应分遍涂布,待涂布的涂料干燥成膜后,方可涂布1遍涂料,前后2遍涂料的方向应相互垂直。涂布时,一般先将涂料直接分散倒在屋面基层上,用脚皮刮板来回刮涂,使其厚薄均匀一致、不涂底、不存在气泡、表面平整。通常涂膜防水层的收头处应用防水涂料多遍涂刷或用密封材料封严。

防水涂料在施工时,对易开裂、渗水的部位应增设加胎体增强材料作为附加层,常用的胎体增强材料有聚酯无纺布和化纤无纺布。对于铺设胎体增强材料,当屋面坡度小于15%时,可平行于屋脊铺设;当屋面坡度大于15%时,应垂直于屋脊铺设,并由屋面最低处向上进行。胎体增强材料长边搭接宽度不得小于50 mm,短边搭接宽度不得小于70 mm。采用二层胎体增强材料时,上、下层不得垂直铺设,接缝应错开,其间距不应小于幅宽的1/3。同时应沿找平层分隔缝增设带有胎体增强材料的空铺附加层,其空铺宽度宜为100 mm。

三、刚性防水屋面

(一) 刚性防水屋面的构造

刚性防水屋面是指利用刚性防水材料做防水层的屋面。与前述的卷材及涂膜防水屋面相比,刚性防水屋面所用材料易得、价格便宜、耐久性好、维修方便,但刚性防水层材料的表观密度大、抗拉强度低、极限拉应变小,易受混凝土或砂浆的干湿变形、温度变形和结构变形的影响而产生裂缝。因此,刚性防水屋面主要适用于防水等级为Ⅲ级的屋面防水,也可用作Ⅰ级、Ⅱ级屋面多道防水设防中的1道防水层;不适用于设有松散保温层的屋面、大跨度和轻型屋盖的屋面,以及受到振动或冲击的建筑屋面。刚性防水层的节点部位应与柔性材料复合使用,才能保证防水的可靠性。

刚性防水屋面种类主要有普通细石混凝土防水屋面、补偿收缩混凝土防水屋面、纤维混凝土防水屋面、预应力混凝土防水屋面等。现重点介绍普通细石混凝土防水屋面。

(二) 细石混凝土防水层施工

1. 施工准备工作

屋面结构层为装配式钢筋混凝土屋面板时,应用细石混凝土嵌缝,其强度等级应不小于C20;灌缝的细石混凝土宜掺膨胀剂。当屋面板缝宽度大于40 mm或上窄下宽时,板缝内应设置构造钢筋。灌缝高度与板面平齐,板端应用密封材料嵌缝密封处理。

由室内伸出屋面的水管、通风管等须在防水层施工前安装,并在周围留凹槽以便嵌填密封材料。檐口挑出支模及分格缝模板应按要求制作并刷隔离剂。

刚性防水层的混凝土、砂浆配合比应按设计要求,由实验室试验确定。尤其是掺有各种外加剂的刚性防水层,其外加剂的掺量要经过严格试验,以获得最佳掺量范围。按工程量的需要,宜一次备足水泥、砂、石等材料需要的量,保证混凝土连续一次浇捣完成。原材料进场应按规定要求对材料进行抽样复验,合格后才能使用。

2. 施工环境条件

刚性防水层严禁在雨天施工,雨水进入刚性防水材料中,会增加水灰比,同时使刚性防水层表面的水泥浆被雨水冲走,造成防水层疏松、麻面、起砂等现象,丧失防水能力。

施工环境温度宜为 $5 \sim 35$ ℃,不得在负温和烈日暴晒下施工,也不宜在雪天或大风天气施工,以避免混凝土、砂浆受冻或失水。

3. 隔离层施工

刚性防水层和结构层之间应脱离,即在结构层与刚性防水层之间增加一层低强度等级砂浆、卷材、塑料薄膜等材料,起隔离作用,使结构层和刚性防水层变形互不受约束,以减少结构变形使防水混凝土产生的拉应力,减少刚性防水层的开裂。具体做法有砂浆隔离层(包括黏土砂浆隔离层和石灰砂浆隔离层)和卷材隔离层2类。

因为隔离层材料强度低,在隔离层继续施工时,要注意对隔离层加强保护。混凝土运输不能直接在隔离层表面进行,应采取垫板等措施。绑扎钢筋时不得扎破隔离层表面,浇捣混凝土时不能振破隔离层。

4. 分格缝留置

留置分格缝是为了减少因温差、混凝土干缩、徐变、荷载、振动、地基沉陷等变形造成的刚性防水层开裂。分格缝应按设计要求设置。如无明确规定时,可按下述原则设置:①分格缝应设置在结构层屋面板的支承端、屋面转折处(如屋脊)、防水层与突出屋面结构的交接处,并应与板缝对齐。②纵横分格缝间距一般不大于6 m,或"一间一分格",分格面积不超过36 m² 为宜。③现浇板与预制板交接处,按结构要求留有伸缩缝、变形缝的部位,分格缝宽宜为 $10 \sim 20$ mm。④分格缝可采用木板,在混凝土浇筑前支设,混凝土浇筑完毕,收水初凝后取出分格缝模板;或采用聚苯乙烯泡沫板支设,待混凝土养护完成、嵌填密封材料前按设计要求的高度用电烙铁熔去表面的泡沫板。

5. 钢筋网片施工

防水层内应按设计要求配置钢筋网片,一般配置直径为 $4 \sim 6$ mm,间距为

100～200 mm的双向钢筋网片。网片采用绑扎和焊接均可,其位置以居中偏上为宜,保护层厚度不小于10 mm;钢筋要调直,不得有弯曲、锈蚀、沾油污;分格缝处钢筋网片要断开。为保证钢筋网片位置留置准确,可采用先在隔离层上满铺钢丝绑扎成型,再按分格缝位置剪断的方法施工。

6. 细石混凝土防水层施工

浇捣混凝土前,应将隔离层表面浮渣、杂物清除干净;检查隔离层质量及平整度、排水坡度和完整性;支好分格缝模板,标出混凝土浇捣厚度,厚度不宜小于40 mm。材料及混凝土质量要严格保证,经常检查是否按配合比准确计量,每工作班进行不少于2次的坍落度检查,并按规定制作检验的试块。加入外加剂时,应准确计量,投料顺序得当,搅拌均匀。

混凝土搅拌应采用机械搅拌,搅拌时间不少于2 min。混凝土运输过程中应防止漏浆和离析。采用掺加抗裂纤维的细石混凝土时,应先加入纤维干拌均匀后再加水,干拌时间不少于2 min。

混凝土的浇捣按"先远后近、先高后低"的原则进行。1个分格缝范围内的混凝土必须1次浇捣完成,不得留施工缝。混凝土宜采用小型机械振捣,如无振捣器,可先用木棍等插捣,再用小滚(30～40 kg,长600 mm左右)来回滚压,边插捣边滚压,直至密实和表面泛浆,泛浆后用铁抹子压实抹平,并要确保防水层的设计厚度和排水坡度。铺设、振动、滚压混凝土时必须严格保证钢筋间距及位置的准确。

混凝土收水初凝后,及时取出分格缝隔板,用铁抹子第二次压实抹光,并及时修补分格缝的缺损部分,做到平直整齐;待混凝土终凝前进行第三次压实抹光,要求做到表面平光、不起砂、不起皮、无抹板压痕为止。抹压时,不得撒干水泥或干水泥砂浆。

待混凝土终凝后,必须立即进行养护,应优先采用表面喷洒养护剂养护,也可用蓄水养护法或稻草、麦草、锯末、草袋等覆盖后浇水养护,养护时间不少于14 d,养护期间保证覆盖材料湿润,并禁止无关人员上屋面踩踏或在上继续施工。

第三节　地下防水工程

由于地下工程常年受到潮湿和地下水的有害影响,对地下工程防水的处理比屋面工程要求更高、更严,防水技术难度更大,必须认真对待,确保工程取得良好的防水效果,满足使用方面的要求。

目前,地下工程的防水方案有下列几种:①采用防水混凝土结构。利用提高混凝土结构本身的密实性达到防水要求。防水混凝土结构既能承重又能防水,应用较广泛。②采用排水方案。利用盲沟、渗排水层等措施,将地下水排走,以达到防水要求。此法多用于重要的、面积较大的地下防水工程。③在地下结构表面设防水层,如抹水泥砂浆防水层或贴卷材防水层等。

为增强防水效果,必要时采取"防""排"结合的多道防水方案。

一、卷材防水屋

地下工程卷材防水选用高聚物改性沥青类或合成高分子类卷材,该种防水层具有良好的韧性和延伸性,可以适应一定的结构振动和微小变形,防水效果较好,目前仍作为地下工程的一种防水方案被较广泛采用。其缺点是沥青油毡吸水率大、耐久性差、机械强度低,直接影响防水层质量,而且材料成本高、施工工序多、操作条件差、工期较长,发生渗漏后修补困难。

(一) 卷材防水层材料

地下防水的油毡除应满足强度、延伸性、不透水性外,更要有耐腐蚀性。因此,宜优先采用沥青矿棉纸油毡、沥青玻璃布油毡、再生橡胶沥青油毡等。

铺贴油毡用的沥青胶的技术标准与油毡屋面要求基本相同。由于用在地下其耐热度要求不高。在浸蚀性环境中宜用加填充料的沥青胶,填充料应耐腐蚀。地下油毡防水层的施工方法,有外防外贴法和外防内贴法2种。

(二) 卷材防水层施工方法

1. 外防外贴法施工

外防外贴法(简称外贴法)施工即待混凝土垫层及砂浆找平层施工完毕,在垫层四周砌保护墙的位置干铺1层油毡条、再砌半砖保护墙高为300~500 mm,并在内侧抹找平层。

干燥后,刷1道或2道冷底子油,再铺贴底面及砌好保护墙部分的油毡防水层,在四周留出油毡接头,置于保护墙上,并用2块木板或其他合适材料将油毡接头压于其间,从而防止接头断裂、扭伤、弄脏;然后在油毡层上做保护层,再进行钢筋混凝土底板及砌外墙等结构施工,并在墙的外边抹找平层、刷冷底子油干燥后,铺贴油毡防水层(先贴留出的接头,再分层接铺到要求的高度)。

完成后,立即刷涂1.5~3 mm厚的热沥青或加入填充料的沥青胶,以保护油毡随即砌保护墙至油毡防水层稍高的地方。保护墙与防水层之间的空隙用砂浆随砌随填。

2. 外防内贴法施工

外防内贴法(简称内贴法)施工即先做好混凝土垫层及找平层,在垫层四周干铺1层油毡并在其上砌1砖厚的保护墙,内侧抹找平层,刷1遍或2遍冷底子油,然后铺贴油毡防水层。完成后,表面涂刷2~4 mm厚热沥青或加填充料的沥青胶,随即铺撒干净、预热过的绿豆砂,以保护油毡;接着进行钢筋混凝土底板及砌外墙等结构施工。

3. 卷材铺贴要求及结构缝的施工

保护墙每隔5~6 m及转角处必须在缝内留缝并用油毡条或沥青麻丝填塞,以保护墙伸缩时不会拉裂防水层。地下防水层及结构施工时,地下水位要设法降至底部最低标高至少300 mm以下并防止地面水流入。卷材防水层施工时,气温不宜低于5 ℃,最好在气温为10~25 ℃时进行。沥青胶的浇涂厚度一般为1.5~2.5 mm,最大不超过3 mm。卷材长、短边的接头宽度均不小于100 mm。上下两幅卷材压边应错开1/3幅卷材宽;各层油毡接头应错开300~500 mm,两垂直面交角处的卷材要互相交叉搭接。

应特别注意:阴阳角部位、穿墙管及变形缝部位的卷材铺贴是防水薄弱的地方,铺贴比较困难,因而操作要仔细,并增贴附加卷材层及采取必要的加强构造措施。

二、防水混凝土

防水混凝土以调整结构混凝土的配合比或掺外加剂的方法提高混凝土的密实度、抗渗性、抗蚀性,满足设计对地下建筑的抗渗要求,达到防水的目的。防水混凝土具有施工简便、工期短、造价低、耐久性好、工程造价低等优点,在地下工程中得到了广泛应用。目前常用的防水混凝土主要有普通防水混凝土、外加剂防水混凝土等。

(一) 普通防水混凝土

1. 普通防水混凝土的要求和材料的制备

防水混凝土是通过控制材料选择,混凝土拌制、浇筑、振捣的施工质量,以减少混凝土内部的空隙和消除空隙间的连通,最后达到防水要求。

防水混凝土的抗渗性能不应小于0.6 MPa,环境温度不得高于80 ℃,处于侵蚀性介质中防水混凝土的耐侵蚀系数不应小于0.8,防水混凝土结构垫层的抗压强度等级不应小于10 MPa,厚度不应小于100 mm;衬砌厚度不应小于200 mm;裂缝宽度不得大于0.2 mm;钢筋保护层厚度迎水面不应小于35 mm,当直接处于侵蚀介质中时,保护层厚度不应小于50 mm。

防水混凝土的原材料中,水泥标号不宜低于32.5级,要求抗水性好、泌水小、水化热低,并具有一定的抗腐蚀性。细骨料要求颗粒均匀、圆滑、质地坚实,含泥量不大于3%的中粗砂,泥块含量不得大于1.0%。砂的粗细颗粒级配适宜,平均粒径0.4 mm左右。粗骨料要求组织密实、形状整齐,含泥量不大于1%,泥块含量不得大于0.5%。颗粒的自然级配适宜,粒径为5~40 mm,且吸水率不大于1.5%。

防水混凝土的水泥用量在一定水灰比范围内,1m³混凝土水泥用量一般不小于300 kg;掺有活性掺和料时,水泥用量不得少于280 kg/m³,但也不宜超过400 kg/m³。同时,砂率宜为35%~45%,水泥与砂的比例应控制在1:2~1:2.5。在保证振捣的密实前提下,水灰比尽可能小,一般不大于0.55。坍落度不宜大于50 mm,泵送时入泵坍落度宜为100~140 mm。防水混凝土的配合比应通过试验确定,其抗渗水压值应比设计要求提高0.2 MPa。

2. 普通防水混凝土的施工

防水混凝土所用模板,除满足一般要求外,应特别注意模板拼缝严密,支撑牢固。一般不宜用螺栓或铁丝贯穿混凝土墙固定模板,以防螺栓或铁丝贯穿混凝土墙面引起渗漏水,影响防水效果。但当墙较高需用螺栓贯穿混凝土墙固定模板时,应采用止水措施。一般可采用螺栓加焊止水环、套管加焊止水环、螺栓加堵头等方法。

混凝土浇筑应严格做到分层连续进行,每层厚度不宜超过400 mm,上、下层浇筑的时间间隔一般不超过2 h。混凝土应用机械振捣密实,振捣时间宜为10~30 s。在混凝土终凝后(一般在浇后4~6h),应在其表面覆盖草袋,并经常浇水养护,养护时间不少于14 d。

在混凝土浇筑过程中,顶板、底板不宜留施工缝,顶拱、底拱不宜留纵向施工缝。墙体需留水平施工缝时,不应留在剪力与弯矩最大处或底板与侧壁交接处,应留在底板表面以上不小于300 mm的墙上。墙体设有孔洞时,施工缝距孔洞边缘不宜小于300 mm。如必须留设垂直施工缝时,应留在结构的变形缝处。施工缝的形式有凸缝、凹缝、金属止水缝等。

在施工缝处继续浇筑混凝土前,应将施工缝处松散的混凝土凿除,清理浮粒和杂物,用水冲洗干净,保持湿润,再铺20~25 mm厚水泥与砂的比例为1:1的水泥砂浆1层,所用材料和灰砂比应与混凝土中的砂浆相同。

防水混凝土的后浇带应设置在受力和变形较小的部位,宽度可为1 m。后浇带应在其两侧混凝土浇筑达42 d后施工,施工前应将接缝处的混凝土凿毛,清洗干净,保持湿润,并刷水泥净浆,再用不低于两侧混凝土强度等级的补偿收缩混凝土浇筑,振捣密实,养护时间不得少于28 d。

(二)外加剂防水混凝土

外加剂防水混凝土是在混凝土中掺入一定的有机或无机的外加剂,改善混凝土的性能和结构组成,提高混凝土的密实性和抗渗性,从而达到防水目的。

外加剂种类较多,各自的性能、效果及适用条件不尽相同,应根据地下建筑防水结构的要求和施工条件,选择合理、有效的防水外加剂。常用的外加剂防水混凝土有三乙醇胺防水混凝土、加气剂防水混凝土、减水剂防水混凝土、氯化铁防水混凝土等。其施工要点同普通防水混凝土。

三、水泥砂浆防水层

水泥砂浆防水层是采用普通水泥砂浆、聚合物水泥防水砂浆、掺外加剂或掺和料防水砂浆等材料,采用多层抹压施工或机械喷涂形成的刚性防水层。水泥砂浆防水层依靠特定的施工工艺要求或在水泥砂浆内掺入外加剂、聚合物提高水泥砂浆的密实性或改善水泥砂浆的抗裂性,从而达到防水抗渗的目的。

水泥砂浆防水层按掺入外加剂的不同,可分为普通水泥砂浆防水层、防水砂浆防水层、聚合物水泥砂浆防水层和纤维聚合物水泥砂浆防水层4种。

水泥砂浆防水层与卷材、金属、混凝土等防水材料相比,具有施工操作简便、造价适宜、容易修补等优点,但普通水泥砂浆韧性差、较脆、极限拉伸强度较低。近年来,利用高分子聚合物材料制成聚合物改性砂浆提高了水泥砂浆的抗拉强度和韧性。由于水泥砂浆防水层与混凝土具有良好的黏结能力,既可用于结构主体的迎水面,也可以在背水面作为大面积轻微渗漏时修补使用。

水泥宜用强度等级为32.5以上的普通硅酸盐水泥、膨胀水泥或矿渣硅酸盐水泥,如有浸蚀介质作用时,应按设计要求选用。砂宜用中砂,不含杂质,含泥量应小于3%,配合比按工程需要确定。水泥净浆的水灰比宜控制在0.37~0.40或0.55~0.60范围内。水泥砂浆灰砂比宜用1:2.5,其水灰比为0.60~0.65,稠度宜控制在7~8 cm,如掺外加剂或采用膨胀水泥时,其配合比应执行专门的技术规定。

施工时,必须对基层表面进行严格而细致的处理,包括清理、浇水、凿槽和补平等工作。保证基层表面潮湿、清洁、坚实、大面积平整而表面粗糙,可增强防水层与结构表面的黏结力。

防水层的第1层是在基面上抹素灰,厚2 mm,分2次抹成;第2层抹水泥砂浆,厚 4~5 mm,在第 1 层初凝时抹上,以增强 2 层黏结;第 3 层抹素灰,厚 2 mm,在第 2 层凝固并有一定强度,表面适当洒水湿润后进行;第 4 层抹水泥砂浆,厚 4~5mm,同第 2 层操作。若采用 4 层防水时,此层应表面抹平压光;若用 5 层防水,第 5 层刷水泥浆 1 遍,随第 4 层抹平压光。

采用水泥砂浆防水层时,结构物阴阳角、转角均应做成圆角。防水层的施工缝需留斜坡阶梯形,层次要清楚,可留在地面或墙面上,离开阴阳角 200 mm 左右,接缝时,先在阶梯形处均匀涂刷 1 层水泥浆然后依次层层搭接。

四、止水带

地下建筑的变形缝(沉降缝或伸缩缝)、地下通道的连接口等处,两侧的基础结构之间留一定宽度的空隙,两侧的基础分别浇筑,是结构防水的薄弱环节,若产生渗漏,抗渗堵漏较为困难。为防止变形缝处的渗漏水现象,除在构造设计中考虑防水能力外,通常还用止水带防水。

常见的止水带材料有橡胶止水带、塑料止水带、氯丁橡胶板止水带和金属止水带等。其中,橡胶及塑料止水带均为柔性材料,其抗渗、适应变形能力强,是常用的止水带材料;氯丁橡胶板是一种新的止水材料,具有施工简便、防水效果好、造价低且易修补的特点;在高温环境条件下,无法采用橡胶止水带或塑料止水带时才采用金属止水带。

止水带的构造形式有埋入式、可卸式、粘贴式等。目前较多采用的是埋入式。此外,根据防水设计的要求,在同一变形缝处,可采用数层、数种止水带的构造形式。

五、地下防水工程渗漏及防治方法

(一) 地下防水工程渗漏原因分析

地下室堵漏混凝土配合比在现场施工时配制不准确,特别是水灰比增大,使混凝土收缩大,出现裂缝引起渗漏。

混凝土保护层厚度不够。混凝土保护层厚度按规范要求应为 20~35 mm,但施工时常常不能保证而出现裂缝,造成渗漏。

不重视细部的构造处理,对变形缝、施工缝、后浇带、预留接口、混凝土主体结构等部位采取的地下室堵漏措施不当。

混凝土拌合物中,砂石含泥量大或混入杂物,成为漏水隐患。

模板表面清理不干净,隔离剂涂刷不均匀、接缝不严密、混凝土漏振或少振,特别是地下室外墙与底板处及预埋件周围,出现蜂窝、麻面、孔洞,造成地下室渗漏。

成品保护不善。购置的地下室堵漏材料或已完工的地下室堵漏层保管不善,施工不慎造成破坏且未及时修补而造成渗漏。

(二) 促凝灰浆堵漏

堵漏灰浆应根据每次用量,随用随拌,常用的有以下几种。

(1)促凝水泥浆。在水灰比为0.55~0.60的水泥浆中,掺入占水泥质量1%的促凝剂,搅拌均匀而成。

(2)快凝水泥砂浆。将水泥∶砂子=1∶1干拌均匀后,用促凝剂∶水=1∶1的混合液代替拌和水,以水灰比为0.45~0.50调制而成。

(3)快凝水泥胶浆(简称胶浆)。用水泥和促凝剂直接拌合而成,根据使用条件不同,配合比为水泥∶促凝剂=1∶(0.5~0.6)或1∶(0.8~0.9),该种胶浆其凝结时间很快,可以达到迅速堵住渗漏的目的。

常见漏水情况分为慢渗、快渗、急流和高压急流4种。在渗漏工程修堵前,必须找出渗漏的准确部位,做出标记,才能进行处理。检查方法:漏水量大或比较明显的渗漏部位,可直接察觉;慢渗或不明显的渗漏,可将渗漏处擦干,均匀薄薄地撒上1层干水泥粉,表面出现湿痕处即是漏水的准确位置。堵漏原则为使大漏变小漏,由缝漏变孔漏,将大面积漏水缩小为小面积,使漏水集于一点或数点,最后堵塞漏水点。

1. 孔洞堵漏

(1)直接堵塞法

直接堵塞法在水压不大(一般水位在2 m左右)、漏水孔洞较小时采用。操作时根据漏水量大小,以漏点为圆心剔成直径为10~30 mm,深20~50 mm的圆槽,槽壁必须与基面垂直,不能上大下小。剔完后用水将槽冲洗干净,随即用水泥胶浆(水泥∶促凝剂=1∶0.6)捻成与槽直径接近的锥形体,待胶浆开始凝固时,迅速将胶浆用力堵塞于槽内,并向槽壁四周挤压严密,使胶浆与槽壁紧密黏合,持续挤压0.5 min,检查无渗漏后,再抹上防水面层。

(2)下管堵漏法

下管堵漏法在水压较大(水位为2~4 m)、漏水孔洞较大时采用。操作时根据漏水处空鼓、坚硬程度,决定剔凿孔洞的大小和深度。在孔洞底部铺碎石1层,上面盖1层油毡或铁片,并将一胶管穿透油毡埋至碎石内以引走渗漏水;然后用水泥胶浆(水灰比为0.8~0.9)将孔洞一次灌满;待胶浆开始凝固时,立即用力沿孔洞四周将胶浆压实,使其表面略低于基层面10~20 mm。经检查无渗漏后,抹上防水层的第1、2层,待其有一定强度后,拔出胶管,按直接堵塞法将管孔堵塞,最后抹防水层的第3、4层即可。

(3)木楔堵漏法

木楔堵漏法在孔洞漏水水压很大时(水位在5 m以上)采用。其做法是先将漏水处孔洞四周松散石子剔除并用水冲洗干净,然后用水泥胶浆将一适当直径的铁管,稳牢于漏水处已剔好的孔洞内,铁管外端应比基面低20 mm,管的四周用素浆和砂浆抹好;待其有一定强度时,将浸过沥青的木楔打入铁管内,并填入干硬性砂浆,表面再各一道抹素浆及砂浆;经24 h后,检查无渗漏现象,再做好防水抹面层。

2. 裂缝堵漏

(1)直接堵塞法

直接堵塞法用于堵塞水压较小的裂缝渗漏水。其做法是沿裂缝剔成八字形边坡沟槽,清洗干净后,将水泥胶浆搓成条形,待胶浆开始凝固时,迅速填入沟槽中,用力向槽内和沿沟槽两侧将胶浆挤压密实,使之与槽壁紧密结合。如果裂缝较长,可分段堵塞。堵塞完毕并检查无渗漏后,用素浆和砂浆沟槽找平并扫成毛面。待其有一定强度后,再做好防水层。

(2)下线堵漏法

下线堵漏法用于水压较大、裂缝不大的漏水的处理。与裂缝漏水直接堵塞法相同,先剔好沟槽,然后在沟槽底部沿裂缝放置1根线,线径视漏水量确定,线长200~300 mm,按裂缝直接堵塞法将胶浆条填塞并挤实于沟槽中,接着立即将线抽出,使渗漏水顺线孔流出。

当裂缝较长时,可分段堵塞,各段间留20 mm孔隙。根据漏水量大小,在孔隙处采用孔洞漏水下钉堵漏法或下管堵漏法将其缩小。下钉法是将胶浆包在钉杆上,待胶浆开始凝固时,插于20 mm的孔隙中并压实,同时转动并立即拔出钉杆,使漏水顺钉眼流出。经检查除钉眼外,其他部分无渗漏时,再沿沟槽抹素浆,砂浆各1道。待其上强度后,再按孔洞漏水直接堵塞法堵塞钉眼。

(3)下半圆铁片堵漏法

下半圆铁片堵漏法在水压较大的裂缝急流漏水时采用。处理前,把漏水的裂缝剔成八字形边坡沟槽,尺寸视漏水量大小而定。在沟槽底部每隔500~1 000 mm扣上1个带有圆孔的半圆铁片,将胶管插入铁片孔内,然后按裂缝漏水直接堵塞法分段堵塞,让漏水顺胶管流出。经检查无渗漏后,沿沟槽抹1道素浆、砂浆。待其上强度后,再按孔洞漏水直接堵塞法拔管堵眼,最后再将整条裂缝抹好防水层。

(三) 氰凝、丙凝灌浆堵漏法

氰凝、丙凝灌浆材料具有良好的抗渗性能,该类堵漏法适用范围如下:①混凝土结构内部松散、蜂窝、麻面、孔洞造成的渗漏水;②混凝土施工缝结合不严导致的缝隙漏水;③混凝土结构出现的局部裂缝漏水;④采用止水带处理变形缝时,止水带与混凝土结合不严形成的接触面间漏水。

目前市场供应氰凝灌浆材料的预聚体有 TT-I、TT-2、TM-I、TP-I 等型号。氰凝浆液的配制时,按预聚体(主剂)、增塑剂、乳化剂、溶剂、催化剂顺序称量加入容器内,拌和均匀即可使用。丙凝注浆材料有丙烯酰胺、亚甲基双丙烯酰胺、三乙醇胺、过硫酸铵等材料搅拌均匀即成,一般配成浓度(质量分数,下同)为 10% 的丙凝溶液,使用时可做适当调整,其变化范围为 7% ~ 15%。施工工艺主要为裂缝处理→布置灌浆孔→埋设灌浆嘴→封闭漏水部位→试灌→灌浆→封孔。

第四节　防水工程计量

一、瓦、型材及其他屋面

(一) 预算定额项目的工程量计算规则

各种屋面和型材屋面(包括挑檐部分)按设计图示尺寸以面积计算(斜屋面按斜面面积计算)。不扣除房上烟囱、风帽底座、风道、小气窗、斜沟等所占面积,小气窗的出檐部分不增加面积。计算公式为

$$S_斜 = S_水 \times C \tag{6-1}$$

式中,$S_斜$——斜屋面面积;

$S_水$——水平投影面积;

C——屋面延尺系数,延尺系数又称为屋面系数,是指屋面斜长度或斜面积与水平宽度或面积的比例系数。

隔延尺系数又称屋脊系数,是指斜脊长度与水平宽度的比例系数。

屋脊线按设计图示尺寸扣除屋脊头水平长度计算;斜沟、檐口滴水线、滴水、泛水、钢丝网封沿板等按设计图示尺寸,以延长长度计算。

镶贴琉璃件等按设计图示数量计算。

阳光板屋面和玻璃采光顶屋面按设计图示尺寸,以面积计算(斜屋面按斜

面面积计算),不扣除面积小于或等于 0.3 m² 洞所占面积。

膜结构屋面按设计图示尺寸以需要覆盖的水平投影面积计算,膜材料可以调整含量。

(二) 相关说明

瓦屋面定额按直接铺在橡条上考虑,瓦屋面未包括橡条、木基层封檐板及檐口天栅,如有发生套用其他专业定额。

水泥瓦或黏土瓦如果穿铁丝、钉铁钉,每 1 m² 檐瓦人工费乘以系数 1.05。镀锌铁丝 20 号每 1 m² 增加 0.007 kg、铁钉每 1 m² 增加 0.004 9 kg。

型材屋面定额中镀锌钢板的咬口和搭接的工料已包括在相应定额内。

阳光板、玻璃采光顶屋面预埋件按实际用量计算,套用相应定额。

阳光板屋面如设计为滑动式采光顶,可以按设计增加 U 形滑动盖帽等材料、部件,定额人工费乘以系数 1.05。

膜结构屋面的钢支柱、锚固支座混凝土基础等执行其他章节相应定额。

25°<坡度≤45°及弧形、锯齿形、人字形等不规则瓦屋面,人工费乘以系数 1.1;坡度>45°的,人工费乘以系数 1.3。

二、屋面防水及其他

(一) 预算定额项目的工程量计算规则

屋面卷材防水按设计图示尺寸以面积计算(斜屋面按斜面面积计算,不包括平屋顶找坡)。不扣除房上烟囱、风帽底座、风道、屋面小气窗和斜沟等所占面积,上翻部分也不另计算。屋面的女儿墙、伸缩缝、天窗等处的弯起部分,按设计图示尺寸计算;设计无规定的,伸缩缝、女儿墙、天窗的弯起部分按 500 mm 并入立面工程量内计算。

屋面檐沟卷材防水、涂料防水按设计图示尺寸展开面积并入屋面计算;屋面檐沟防水砂浆按设计图示尺寸展开面积计算;镀锌铁皮天沟按设计图示尺寸长度计算。

(二) 相关说明

防水卷材、防水涂料及防水砂浆定额,以平面和立面列项。

25°<坡度≤45°及弧形、锯齿形、人字形等不规则屋面或平面,人工费乘以系数 1.1;坡度>45°的,人工费乘以系数 1.3。

冷粘法以满铺为依据编制,点、条铺粘者按其相应定额的人工费乘以系数 0.91,黏合剂乘以系数 0.7。

　　规范规定的卷材屋面和防水卷材的附加层、加强层、搭接、拼缝、压边、留搓用量、接缝收头找平层的嵌缝、冷底子油已计入相应定额内,不另行计算。

　　防水工程中卷材、涂料、砂浆找平层、面层的种类、厚度与定额不同时,可以调整。

三、墙面防水、防潮

(一) 预算定额项目的工程量计算规则

　　楼地面防水、防潮层按设计图示尺寸以墙间净空面积计算,扣除凸出地面的构筑物、设备基础等所占面积,不扣除间壁墙及单个面积小于或等于0.3 m²的柱、垛、烟囱和孔洞所占面积,平面与立面交接处,上翻高度小于或等于300 mm时,按展开面积并入平面工程量内计算,高度大于300 mm时,按立面防水层计算。

　　墙基防水、防潮层外墙按中心线,内墙按净长乘以宽度,以面积计算。

　　墙立面防水、防潮层,不论内、外墙,均按设计图示尺寸,以面积计算。

(二) 相关说明

　　立面是以直形为依据编制的,如为弧形,相应定额的人工费乘以系数1.15,材料、机械乘以1.05。

四、楼(地)防水、防潮

(一) 预算定额项目的工程量计算规则

　　楼地面防水、防潮层按设计图示尺寸以墙间净空面积计算,扣除凸出地面的构筑物、设备基础等所占面积,不扣除间壁墙及单个面积小于或等于0.3 mm的柱、垛、烟囱和孔洞所占面积,平面与立面交接处,上翻高度小于或等于300 mm时,按展开面积并入平面工程量内计算,高度大于300 mm时,按立面防水层计算。

(二) 相关说明

　　止水带、变形缝定额,设计的主要材料与定额不同可以换算,其他不变。

　　屋面变形缝和出屋面排气(管)道定额,不含保温层和细石砼保护层,其保温层和细石砼保护层另按其他章节的规定计算。

　　屋面泛水定额,含附加1道防水层,立墙反上部分的防水层按本节相应定额计算。

第七章　建筑装饰与节能工程

第一节　抹灰工程

抹灰即将各种砂浆、装饰性石屑浆、石子浆,涂抹在建筑物的墙面、顶棚、地面等表面,除了可保护建筑物外,还可以作为饰面层起到装饰作用。抹灰工程按使用材料和装饰效果,分为一般抹灰和装饰抹灰。

一、一般抹灰施工

一般抹灰按使用要求、质量标准和操作工序不同,分为普通抹灰、中级抹灰与高级抹灰3种。

普通抹灰为1底层、1面层、2遍成活,分层赶平、修整。

中级抹灰为1底层、1中层、2面层、3遍成活,需做标筋,分层赶平、修整,表面压光。

高级抹灰为1底层、几遍中层、1面层,多遍成活,需做标筋,角棱找方,分层赶平、修整,表面压光。

抹灰一般分3层,即底层、中层和面层。底层主要起与基层黏结的作用,厚度为5~7 mm。中层主要起找平作用,厚度为5~12 mm。中层涂抹之后,在灰浆凝固之前,应每隔一定距离交叉刻痕,以便能与面层更好黏结。面层起装饰作用,厚度为2~5 mm。

一般抹灰的施工工艺为:基层处理→设置标筋→护角施工→抹灰层施工→面层施工。

(一) 基层处理

抹灰前应对砖石、混凝土及木基层表面做处理,清除灰尘、污垢、油渍等,并洒水湿润。对于表面凹凸明显的部位,应事先剔平,对于平整光滑的表面拆模时随即做凿毛处理,或用铁抹子满刮水灰比为0.37~0.4(内掺水重3%~5%的108胶)的水泥浆一遍,或用混凝土界面处理剂处理。抹灰前应检查门窗框位置是否正确,与墙连接是否牢固。连接处的缝隙应用水泥砂浆或水泥混合砂浆(加少量麻刀)分层嵌塞密实。凡室内管道穿越的墙洞和楼板洞,凿剔墙后安装的管道,墙面的脚手孔洞均应用配比比例为1:3的水泥砂浆嵌填密实。不同基层材料(如砖石与木、混凝土结构)相接处应铺钉金属网并绷紧牢固,金属网与各结构的搭接宽度从相接处起每边不小于100 mm。为控制抹灰层的厚度和墙面的平整度,在抹灰前应先检查基层表面的平整度,并用与抹灰层相同的砂浆设置尺寸为50 mm×50 mm的灰饼或宽约100 mm的标筋。抹灰工程施工前,对室内墙面、柱面和门洞的阳角,宜用配比比例为1:2的水泥砂浆做暗护角,其高度不低于2 m,每侧宽度不小于50 mm。对外墙窗台、窗楣、雨篷、阳台、压顶、突出腰线等,上面应做成流水坡度,下面应做滴水线或滴水槽,滴水槽的深度和宽度均不应小于10 mm,并要求整齐一致。

(二) 设置标筋

为有效控制墙面抹灰层的厚度与垂直度,使抹灰面平整,抹灰层涂抹前应设置标筋(又称冲筋)作为底层、中层抹灰的依据。

在设置标筋时,先用托线板检查墙面的平整、垂直程度,以确定抹灰厚度,再在墙两边上角离阴角边100~200 mm处按抹灰厚度用砂浆做边长约50 mm四方形的标准块,称为灰饼。然后根据2个灰饼吊挂垂直线,做墙面下角的2个灰饼,随后以上角和下角的2个灰饼面为基准拉线,每隔1.2~1.5 m加做若干灰饼。在上、下灰饼之间用砂浆抹1条宽100 mm左右的垂直灰埂,即标筋,以其作为抹底层及中层的厚度,并作为控制和找平的标准。

顶棚抹灰一般不做灰饼和标筋,而是在靠近顶棚四周的墙面上弹1条水平线以控制抹灰层厚度,并作为抹灰找平的依据。

(三) 护角施工

室内外墙面、柱面和门窗洞口的阳角容易受到碰撞而损坏,故该处应采用配比比例为1:2的水泥砂浆做暗护角,其高度应不低于2 m,每侧宽度应不小于50 mm。待砂浆收水稍干后,用捋角器抹成小圆角。

(四) 抹灰层施工

标筋稍干后,即可进行抹灰层的涂抹。涂抹应分层进行,以免1次涂抹较厚,砂浆内外收缩不一致导致开裂。一般在涂抹水泥砂浆时,每遍厚度以5~7 mm为宜;涂抹石灰砂浆和水泥混合砂浆时,每遍涂抹厚度以7~8 mm为宜。

在分层涂抹时,应防止涂抹后1层砂浆时破坏已抹砂浆的内部结构而影响与前一层的黏结,应避免几层湿砂浆合在一起收缩率过大,导致抹灰层开裂、空鼓。

砂浆稠度一般宜控制:底层抹灰砂浆为100~120 mm,中层抹灰砂浆为70~80 mm。底层砂浆与中层砂浆的配合比应基本相同。中层砂浆强度不能高于底层,底层砂浆强度不能高于基层,故混凝土基层上不能直接抹石灰。

为使底层砂浆与基层黏结牢固,抹灰前基层一定要浇水湿润。砖基层一般宜浇2遍水,使砖面渗水深度为8~10 mm。混凝土基层宜在抹灰前1 d浇水,使水渗入混凝土表面下2~3 mm。抹灰层除用手工涂抹外,还可利用机械喷涂。机械喷涂抹灰将砂浆的拌制、运输和喷涂三者有机衔接起来。

(五) 面层施工

室内抹灰采用水泥砂浆,总厚度应控制在25 mm以内,罩面应待底层灰五六成干后进行。如果底层灰过干,则应先浇水湿润。分纵、横2遍涂抹,最后用钢抹子压光,不得留抹纹。

室外抹灰一般应设有分格缝,留槎位置应留在分格缝处。水泥砂浆罩面宜用木抹子抹成毛面。应用同一品种与规格的原材料,由专人配料,采用统一的配合比。底层浇水要匀,干燥程度要基本一致。

抹灰工程一般应遵循先外墙后内墙、先上后下、先顶棚后地面的施工顺序。

二、装饰抹灰施工

装饰抹灰即采用装饰性强的材料,使建筑物具备一些特定色调与光泽。随着经济的发展,装饰抹灰技术也有了较大的发展,出现了大量新的工艺。

装饰抹灰的种类很多,包括水刷石、水磨石、干粘石、斩假石等。虽然名称不同,但底层的做法基本相同,均为用配比比例为1:3的水泥砂浆打底,仅面层的做法不同。

(一) 水刷石

水刷石是一种常见的室外墙面装饰抹灰。先用配比比例为1:3的水泥砂浆将底面湿润,再刮1层1 mm厚的水泥浆,随即用12 mm厚同配合比的水泥砂浆打底找平,待砂浆终凝后,在其上按设计要求弹出分格线,沿分格线安装分格木条,并用水泥浆将其固定。在抹面层之前,先洒水将底层湿润,并刮1道水泥浆,以增强面层与底层的黏结。其后,抹1层厚为8~12 mm、稠度为50~70 mm、配合比为1:2.5的水泥石子浆,拍平压实,并使石子分布均匀。待水泥石子达到一定强度(以手指轻按无指痕)后,用刷子蘸水从上而下轻刷表面,刷掉表层水泥浆,以石子露出表面1~2 mm为宜。

(二) 干粘石

干粘石即将干石子直接粘在砂浆层上的装饰做法,其底层做法同水刷石。在底层硬化后,先浇水湿润,再抹1层厚6 mm的配比比例为1:2.5～1:2的水泥砂浆层,随即抹厚为2 mm的配比比例为1:0.5的水泥石灰营作为黏结层,随后将不同色彩的石子(粒径为4～8 mm)甩粘拍平压实在黏结层上,使石子嵌入黏结层的深度不小于粒径的1/2,拍平时,不得将砂浆拍出,以免影响美观,待达到一定强度后,洒水养护。

(三) 斩假石

斩假石又称剁斧石。施工时先用配比比例为1:2.5～1:2的水泥砂浆打底,硬化后在表面洒水湿润,刮素水泥浆一道,随即用配比比例为1:1.25的水泥砂浆罩面,厚度为10 mm左右。然后用铁抹子横竖反复压几遍直至赶平压实,边角无空隙,随即用软毛刷蘸水将表面水泥浆刷掉,使露出的石渣均匀一致。面层抹完约隔24 h后浇水养护,斩假石的面层养护2～3 d,应防止夏日暴晒。面层强度达到设计强度的70%时,即可试剁,如石子颗粒不发生脱落,便可用剁斧正式斩假施工。斩假施工的方向要一致,剁纹要深浅均匀,一般2遍成活,分格缝、墙角及柱子周边预留15～20 mm的长度。

(四) 假面砖

假面砖又称仿面砖,适用于室外装饰。其底层抹灰前要进行基层清理,去除油污、浮尘、残留砂浆等,然后洒水湿润。抹3 mm厚水泥砂浆(配比比例为1:3)打底,中层抹灰宜用3 mm厚的配比比例为1:1的水泥砂浆,面层抹灰宜用5:1:9(水泥:石灰膏:细砂)的水泥石灰砂浆,按色彩需要掺入适量矿物颜料,面层厚3～4 mm。

待中层灰凝固后,洒水湿润,抹上面层彩色砂浆,压实抹平。待面层灰收水后,用铁梳或铁辊顺着靠尺由上而下划出深约1 mm的竖纹。然后按假面砖尺寸弹线,并沿线用铁创刨或铁钩划沟,沟深为3～4 mm。待其全部划好后,清扫假面砖表面。

第二节 饰面工程

饰面工程即将块材镶贴(安装)在基层上,以形成饰面层的施工。饰面工程分为饰面板和饰面砖两大类。饰面板面层材料有木饰面板、大理石、金属饰面板、铝塑复合板、玻璃面板等。饰面砖有陶瓷面砖、陶瓷锦砖、水泥花砖等。

一、饰面板施工

(一) 木饰面板施工

木饰面板、金属饰面板、铝塑复合板以及玻璃面板的施工工艺基本相同。

木饰面板即将天然木材或科技木刨切成一定厚度的薄片,黏附于胶合板表面,然后热压而成的用于室内装修或家具制造的表面材料,一般约 3 mm 厚。木饰面板种类繁多,常用的有樱桃木、榉木、柚木、枫木、胡桃木、橡木、花梨木等。

金属饰面板包括不锈钢饰板和铝单板。不锈钢饰板有镜面板、拉丝板、磨砂板、纹板、喷砂板、蚀刻板、压花板等。

室内用的铝塑复合板一般厚 2.5~3 mm。铝塑复合板简称铝塑板,以塑料为芯层,2 面为铝材的 3 层复合板材,并在产品表面覆以装饰性和保护性的涂层或薄膜作为产品的装饰面,玻璃面板在装饰中常作为一种点缀艺术,与其他面板配合使用,包括普通玻璃、钢化玻璃、喷砂玻璃、压花玻璃、夹丝玻璃、中空玻璃、夹层玻璃等。

1. 出大样图

在饰面板作业之前,应根据设计图纸及现场实际尺寸进行放样,确定饰面板分格、排列、安装方法等。

2. 墙基层处理

基层必须垂直、平整、坚硬、整洁,用托线板检查墙面的垂直度和平整度。如墙面平整度误差在 10 mm 以内,可采取垫补砂浆修整的办法加以解决;如误差大于 10 mm,可通过在墙面与木龙骨之间加垫木解决,以保证木龙骨的平整度和垂直度。

3. 弹线

按翻样图的尺寸,将木龙骨的安装中心线弹到基层上,确定龙骨的安装位置。

4. 钻孔、扎榫

用直径为 12~16 mm 的冲击钻头,在基层面上按弹线位置钻孔,孔深不小于 40 mm,孔距一般小于或等于 500 mm,在孔眼中打入直径略大于孔径的木榫。如在潮湿地区或墙面易潮湿的部位,木椰可用柏油浸泡,待干后打入孔眼,并将木榫表面与墙面削平。

5. 固定骨架

木龙骨的间距一般为300 mm，且一般不大于400 mm。根据设计要求，制成木龙骨架、整片或分色拼装。全墙面饰面的房间应根据四角和上、下龙骨先找平，找直，按面板分块大小由上到下做好木标筋，然后在空当内根据设计要求钉横竖龙骨。木龙骨与木榫用钉子连接，钉子的长度一般为木龙骨厚度的2～2.5倍，竖向龙骨要垂直。

6. 防潮、防火处理

在潮湿的区域，基层上需做防潮处理，一般可用水性高分子防水涂料涂2遍。木龙骨都要做防火处理，方法是在木龙骨上涂刷防火漆。

7. 基层板安装

隐蔽工程验收合格后，可固定基层板。基层板一般采用细木工板，厚度在10 mm左右。固定基层板钉子的长度为板厚的2～2.5倍。厚度在10 mm以上的基层板常用30～35 mm长的铁钉固定。铁钉的钉帽要砸扁，并送入板内。钉子的数量和间距要适中，间距一般为200 mm，防止木板表面翘曲。

8. 饰面板安装

设计施工图要求在已制作好的木基层上弹出水平标高线、分格线，检查木基层表面平整度和立面垂直度、阴阳角套方。木基层所选用的骨架料必须烘干，选用优质胶合板，其平整度、胶着力必须符合要求。选花色木夹板时，分出不同色泽、纹理的木夹板，按要求下料、试拼，将色泽相同或相近、木纹一致的饰面板拼装在一起，木纹对接要自然协调，毛边不整齐的板材应将四边修正刨平。微薄板应先做基层板再粘贴，清水油漆饰面的饰面板应尽量避免顶头密拼连接。饰面板应在背面刷3遍防火漆，同时下料前必须用油漆封底，避免开裂，便于清洁。饰面板施工时避免表面摩擦、局部受力，严禁锤击。对于高档夹板，施工工人应戴白手套操作。在下好的板材背面及基层板面上各涂刷一层强力胶水，胶水必须涂刷均匀，胶水及作业面应整洁。涂刷胶水后，应待胶水不粘手后再粘贴，并用木块做垫块，用榔头间接敲实。饰面板块边缘用纹钉钉牢，钉头不得露出面层。钉头处在油漆施工前用色粉找补。

9. 收口处理

木饰面收口处理是用装饰线条压边或嵌边，使得木饰面边缘部位美观、整齐。

(二) 石材饰面板施工

石材饰面板施工方法分湿贴法和干挂法2种。内墙饰面石材有各种大理石、花岗石、砂岩、人造石材等。外墙受自然条件限制，只能采用花岗岩作为饰面材料。

1. 湿贴法

根据设计要求,确定石材品种、颜色、花纹和尺寸规格,石材的各种性能必须符合现行国家标准和行业标准。其使用前必须经质量鉴定部门检验合格,同时必须进行试拼,对板材安装的位置必须编号。现场安装时按编号就位,不得换位。水泥一般采用 32.5 级或 42.5 级的普通硅酸盐水泥,应有合格证和复验单。砂子采用中砂或略微粗一些的砂子,使用前要过筛。

湿贴法施工工艺流程:清理基层→钻孔开槽→放镀锌铅丝或铜丝→绑扎钢丝网→试拼→弹线→安装固定→灌浆→擦缝→清理墙面。

清理基层。对基层表面进行清理,保证其表面平整、干净,主要是清洗湿润基层、凿毛特别光滑的墙面。

钻孔开槽。将饰面板的上、下两侧用电钻各打 2 个孔径为 5 mm,深 15 mm 的直孔,也可钻牛鼻子孔,将金属丝穿入。在板块侧面的孔壁剔 1 道深 5 mm 的槽,以便穿金属丝。板采用防锈的金属丝绑扎。对于大规格的板材,中间还必须增加锚固点。

放镀锌铅丝或铜丝。一端用木楔、环氧树脂将镀锌铅丝紧固在孔内,另一端镀锌铅丝顺槽弯曲并卧入槽内,使大理石或花岗石板上、下端没有镀锌铅丝突出,以保证相邻石板接缝严密。

绑扎钢丝网。清理基层,凿出基层内钢筋使其裸露,按施工排板图要求焊接或绑扎钢筋骨架。如果墙上未预埋钢筋,需在墙上钻孔埋膨胀螺栓来固定钢筋。

试拼。为使安装后的板材无明显色差,饰面板材安装前必须进行试拼,板与板之间纹理、接缝通顺,颜色协调,并编号备用。

弹线。将墙面用大线坠从上至下吊垂直,一般石材板面距外墙面 50 ~ 70 mm。找出垂直线后,在地面上顺墙弹出石板的安装基准线。编好号的板材在弹好的基准线上画出就位线,每块留 1 mm 缝隙。

安装固定。板材必须采取按编号就位的方法固定。固定时先固定石板下口钢丝,并且不可使钢丝绑扎太紧,石板与基层之间的厚度一般为 30 ~ 50 mm,用靠尺检查使其达到质量标准时方可栓紧金属丝。

灌浆。灌配合比为 1 : 2.5 的水泥砂浆,其稠度为 80 ~ 150 mm。灌砂浆时应边液边轻轻敲打石板(或用钢筋轻捣),同时注意灌浆应分层进行,砂浆应分层徐徐灌入(每层砂浆高度一般不超过 150 mm,最多不超过 200 mm)。常用规格的石板材一般分 3 层灌浆,上一层灌浆 1 ~ 2 h 后砂浆初凝,检查无移动后再灌下一层砂浆。灌最后一层砂浆时注意其上表面一般应低于板上口 50~80 mm。

擦缝。板材安装前应刮 1 道素水泥浆。石板安装完毕后,必须清理缝隙,用与板颜色相同的水泥浆擦缝,使缝隙密实、干净、颜色一致。

清理墙面。安装时石材表面会被水泥浆污染,所以安装完毕后应先用酸洗,再用清水冲洗干净,必要时应抛光上蜡。

质量要求。饰面石材的品种、规格、颜色和图案必须符合设计要求,并且有产品合格证,产品质量应经质量鉴定部门检验合格。面层与基层应安装牢固,无重斜、缺楞掉角现象,不得有空鼓、裂缝等缺陷。连接件需做好防锈处理。应确保表面清洁、平整,拼花正确,纹理清晰、通顺,颜色均匀一致。非整板部位安装适宜:缝格均匀,板缝通顺,接缝嵌塞密实、宽窄一致,阴阳角处的石板压向正确;整板套割吻合,边缘整齐、平顺,墙裙、贴脸等上口平顺,突出墙面部分的厚度一致;流水坡向正确,滴水线顺直。

2. 干挂法

干法铺贴工艺通常称为干挂法施工,即在饰面板材上直接打孔或开槽,用各种形式的连接件与结构基层用膨胀螺栓或其他架设金属连接而不需要液注砂浆或细石混凝土。饰面板与墙体之间留出 40~50 mm 空腔。该种方法适用于 30 m 以下的钢筋混凝土结构基层不适用于砖墙和加气混凝土墙。

干挂法的主要优点:允许产生适量的变位,避免出现裂缝和脱落;冬季照常施工,不受季节限制;没有湿作业的施工条件要求,既改善了施工环境,又避免了浅色板材透底污染的问题以及空鼓、脱落等问题的发生;可以采用大规格的饰面石材铺贴,从而提高了施工效率;可自上而下拆换、维修,对板材和连接件无损害,使饰面工程拆改翻修方便;具有保温和隔热作用,节能效果显著。

干挂法分为有骨架干挂法和无骨架干挂法 2 种。无骨架干挂法是利用不锈钢连接件将石板材直接固定在结构表面上。此法施工简单,但抗震性能差。有骨架干挂法即先在结构表面安装竖向和横向钢龙骨,横向钢龙骨安装要水平,然后利用不锈钢连接件将石板材固定在横向钢龙骨上。

当采用干挂法施工时,先按设计要求对板材进行钻孔,安装时先在板材的孔内注入石材结构胶,插入钢针连接件,利用螺栓将钢针连接件固定在墙上的挂件或横向钢龙骨上。

板块的安装顺序是自下而上,在墙面最下一排板材安装位置的上下口拉 2 条水平控制线,板材从中间或墙面阳角处开始就位安装。先安装好第一块板材作为基准,其平整度以事先设置的灰饼为依据,用线锤吊直,经校准后加以固定。一排板材安装完毕后,再进行上一排扣件的固定和安装。板材安装时要求四角平整,纵横对缝。

为保证饰面板不出现渗漏,在板材背面涂刷一层丙烯酸防水涂料,在接缝处进行防水处理。嵌缝之前先在缝隙内嵌入衬底,以控制接缝的密封深度和加强密封胶的黏结力。

二、饰面砖施工

饰面砖施工是指将陶瓷锦砖(马赛克)、釉面砖(陶瓷砖)、水泥花砖等板块料铺设在水泥砂浆、沥青胶结料或胶黏剂结合层上。饰面砖施工有传统砂浆镶贴法和胶黏剂粘贴法2种。

(一) 施工准备

按设计要求的品种、规格、颜色预先订货,将材料运至现场后,应取样检查材料是否方正,并量出几何尺寸。准备好施工工具,包括切割机、钢卷尺、水平尺、方尺、墨斗、锦纶线、靠尺、木刮杠、橡皮锤、木抹子、铁抹子、小灰铲、喷水壶、刷子、擦布、棉纱等。

楼地面垫层、结构层已验收合格。基层表面要求坚实、平整,并应清扫干净。若基层不符合要求,要进行处理。管道、电路等隐蔽层已安装并经验收合格。

(二) 釉面砖施工

其施工工艺流程:基层抹灰→结合层抹灰→弹线分格→做饰面砖灰饼→贴饰面砖→勾缝。

基层为砖墙,应清理干净墙面上残余的砂浆块、灰尘、油污等,并提前1 d浇水湿润;基层为混凝土墙,应剔凿胀模的地方,清洗油污,太光滑的墙面要凿毛,或用掺107胶的水泥细砂浆做小拉毛墙或刷界面处理剂。

基层抹灰要分层进行,每层厚度宜为5 ~ 7 mm。

底层灰六七成干时,按图纸要求,结合实际情况和砖规格进行预排砖。

正式镶贴前应用废饰面砖贴标准点,将做灰饼的混合砂浆粘在墙上,用以控制整个镶贴饰面砖表面的平整度。灰饼间距一般为1.5 ~ 1.6 m。

垫底尺,计算好最下一皮砖下口标高,底尺上皮一般比地面低1 cm左右,以此为依据放好底尺,要求水平、平稳。

釉面砖施工前应先进行挑选,使其规格、颜色一致。面砖应浸泡2 h以上,然后取出晾干待用。

粘砖应自下向上粘贴,要求灰浆饱满。亏灰时,要取下重粘,要求随时用靠尺检查平整度,随粘随检查,同时要保证缝宽一致,接缝平直。

(三) 陶瓷锦砖施工

陶瓷锦砖(马赛克)是用优质瓷土烧制而成的小块瓷砖,有挂釉与不挂釉2种,目前以不挂釉者居多。马赛克尺寸有 19 mm×19 mm、39 mm×39 mm、39 mm×19 mm、25 mm 六角形及其他,能拼接成不同花色的图案。

马赛克尺寸较小,不宜分块铺贴。故出厂前按所需各种图案组合后反贴在 314 mm 见方的护面纸上。

陶瓷锦砖镶贴施工工艺流程:绘制施工大样图→基层处理→弹线分格→粘贴陶瓷锦砖→嵌缝。

绘制施工大样图。陶瓷锦砖镶贴前,应按照施工图要求核实墙面实际尺寸,根据砖模数和分格要求,绘制大样图,加工好分格条,并对砖进行统一编号,便于镶贴时对号入座。

基层处理。基层处理是用配比比例为 1:3 的水泥砂浆打底,抹灰厚 10～12 mm,压实抹平后划毛,洒水养护。

弹线分格。镶贴陶瓷锦砖前根据大样图弹出水平垂直分格线,找好间距。

粘贴陶瓷锦砖。在铺贴陶瓷锦砖前,先使基层湿润,然后刷 1 道水泥浆,再抹 1 层厚 2～3 mm 的配比比例为 1:0.3 的水泥纸筋灰或厚 3 mm 的配比比例为 1:1 的水泥浆黏结层,用靠尺刮平,随后将陶瓷锦砖底面朝上铺在木垫板上,缝隙里灌配比比例为 1:2 的水泥砂浆并用软毛刷刷净底面浮砂,再在底面上薄涂 1 层黏结灰浆,然后逐张拿起,按平尺板上口沿线由下向上对齐接缝粘贴于墙上。粘贴时应仔细拍实,使其表面平整。待水泥砂浆初凝后,用软毛刷将纸刷水润湿,约 0.5 h 后揭纸,并检查缝的平直大小,校正拨直。

嵌缝。粘贴陶瓷锦砖 48 h 后,除了取出分格条后留下的大缝用配比比例为 1:1 的水泥砂浆嵌缝外,其他缝均用素水泥浆嵌平。待嵌缝材料硬化后用稀盐酸溶液刷洗,随即用清水冲洗干净。

第三节　涂饰与裱糊工程

一、涂饰工程

涂饰工程包括油漆涂饰和涂料涂饰。涂饰工程即将胶体的溶液涂敷在物体表面,使之与基层黏结,并形成 1 层完整而坚韧的薄膜,借以达到装饰、美观和保护基层免受外界侵蚀的目的。

(一) 油漆涂饰

建筑工程中常用的油漆有清油、厚漆、调和漆、清漆和聚醋酸乙烯乳胶漆。此外,还有磁漆、大漆、硝基纤维漆(即蜡克)、耐热漆、耐火漆、防锈漆、防腐漆等。

清油又称鱼油、熟油,干燥后漆膜柔软,多用于调配厚漆和红丹防锈漆,也可单独涂于金属、木材表面或打底子及调配腻子。

厚漆又称铅油,有红、白、黄、绿、灰、黑等颜色。使用时需加清油、松香水等稀释。其漆膜柔软,与面漆黏结性好,但干燥慢,光亮度、坚硬性较差。厚漆可用于各种涂层打底或单独做表而涂层,也可用来调配色油和腻子。

清漆分油质清漆和挥发性清漆两类。油质清漆又称凡立水,常用的有酯胶清漆、酚醛清漆、钙酯清漆、醇酸清漆等。油质清漆漆膜干燥快、透明光泽,适用于木门窗、板壁及金属表面罩光。挥发性清漆又称泡立水,常用的有漆片,其漆膜干燥快、坚硬光亮,但耐水、耐热、耐候性差,易失光,多用于室内木材面层的油漆或家具罩面。

聚醋酸乙烯乳胶漆是1种性能良好的新型涂料和墙漆,适用于高级建筑室内抹灰面、木材面的面层涂刷,也可用于室外抹灰面。其优点是漆膜坚硬平整、附着力强、干燥快、耐暴晒和水洗,新墙面稍干燥即可涂刷。

油漆涂饰施工工艺流程:基层处理→打底子→抹腻子→涂刷油漆。

基层处理。基层处理即将基层表面的灰尘、污垢、毛刺、结疤、凸起、金属表面焊渣清除干净,将表面缝隙、凹坑等用腻子填补刮平,把粗糙的表面打磨平整。木材基层要求含水率不得大于12%。

打底子。打底子是在处理好的基层表面刷1道底子油,并使其厚薄均匀一致,以保证整个油漆面色彩均匀。打底子是为了加强基层与饰面的黏结作用,以防面层脱落。

抹腻子。腻子即油料与填料(石膏粉、大白粉)、水或松香水拌制而成的膏状物。抹腻子的目的是表面平整。基层必须刮腻子数遍予以找平,并在每遍所刮腻子干燥后用砂纸打磨,以保证基层表面平整光滑。基层腻子应平整、坚实、牢固,无粉化、起皮和裂缝。

涂刷油漆。涂刷油漆时,应做到横平竖直、纵横交错、均匀一致。在涂刷顺序上应先上后下、先内后外、先浅色后深色,按木纹方向横平竖直。涂刷混色油漆一般不少于4遍;涂刷清漆一般不少于5遍;当涂刷清漆时,在操作上应当注意色调均匀、拼色一致,表面不可显露刷纹。

(二) 涂料涂饰

建筑涂料从化学组成上可分为有机高分子涂料和无机高分子涂料;按涂膜层状态分为薄质型涂料(如苯丙乳胶漆)、厚质型涂料(如乙丙乳液厚涂料)、砂壁状涂层涂料(如彩砂苯丙外墙涂料、彩色复层凹凸花纹涂料)等;按自身的特殊性能分为防火涂料、防水涂料、防霉涂料、防结露涂料等;按使用部位分为内墙涂料、外墙涂料、地面涂料、顶棚涂料、门窗涂料、屋面防水涂料等。

建筑涂料的施工工艺过程:基层处理→刮腻子与磨平→涂料施涂。

1. 基层处理

混凝土及抹灰面的基层处理:为保证涂膜能与基层牢固地黏结在一起,基层表面必须干燥、洁净、坚实,无疏松、脱皮、起壳、粉化等现象,基层表面的泥土、灰尘、污垢、黏附的砂浆等应清扫干净,疏松的表面应予以铲除。

木材与金属基层的处理及打底子:为保证涂膜与基层黏结牢固,木材表面的灰尘、污垢和金属表面的油渍、鳞皮、锈斑、焊渣、毛刺等必须清除干净。木料表面的裂缝等在清理和修整后应用石膏腻子填补密实,刮平收净,并用砂纸磨光以使表面平整。木材基层的缺陷处理好后,表面应做打底子处理。木材基层含水率不得大于12%。金属表面应刷防锈漆。

2. 刮腻子与磨平

基层必须刮腻子数遍予以找平,并在每遍所刮腻子干燥后用砂纸打磨,以保证基层表面平整光滑。基层腻子应平整、坚实、牢固,无粉化、起皮或裂缝。

3. 涂料施涂

一般规定,涂料在施涂前及施涂过程中,必须充分搅拌均匀。用于同一表面的涂料,应注意保证颜色一致。涂料黏度应调整合适,使其在施涂时不流坠,不显刷纹,如需稀释,应用该种涂料所规定的稀释剂稀释。

涂料的施涂遍数应根据涂料工程的质量等级而定。

施涂的基本方法有刷涂、滚涂、喷涂、刮涂、弹涂等。

(1)刷涂

刷涂即用油漆刷、排笔等将涂料刷涂在物体表面上的一种施工方法。此法操作方便、适应性广,除极少数流平性较差或干燥太快的涂料不宜采用外,大部分薄涂料或云母片状厚质涂料均可采用。刷涂顺序是先左后右、先上后下、先边后面、先难后易。

(2)滚涂(或称辊涂)

滚涂即利用滚筒(或称辊筒,涂料辊)蘸取涂料并将其涂布到物体表面的一种施工方法。

（3）喷涂

喷涂即利用压力或压缩空气将涂料涂布于物体表面的一种施工方法。涂料在高速喷射的空气流带动下,呈雾状小液滴喷到基层表面上以形成涂层。喷涂的涂层较均匀,颜色也较均匀,施工效率高,适用于大面积施工。

（4）刮涂

刮涂即利用刮板将涂料厚薄均匀地批刮于饰涂面上,形成厚度为1~2 mm的厚涂层,常用于地面厚层涂料的施涂。

（5）弹涂

弹涂即利用弹涂器转动的弹棒将涂料以圆点形状弹到被涂物体表面的一种施工方法。

二、裱糊工程

(一) 裱糊材料及要求

裱糊工程即将壁纸、墙布用胶黏剂裱糊在结构基层的表面上。裱糊工程中常用的材料有普通壁纸、塑料壁纸、玻璃纤维墙布、无纺墙布及胶黏剂。

普通壁纸是纸面纸基,透气性好、价格便宜、但不耐水,易断裂,现已很少采用。塑料壁纸是以纸为基层,用高分子乳液涂布面层,再进行印花、压纹等工艺制作而成的。玻璃纤维墙布是以玻璃纤维布为基层,表面涂上耐磨的树脂,印压成彩色的图案、花纹或浮雕。无纺墙布是采用棉、麻等天然纤维,或涤纶、腈纶等合成纤维,经过无纺成型、上树脂、印压彩色花纹和图案制作而成的一种高级装饰墙布。

(二) 裱糊施工

裱糊施工的工艺程序因基层裱糊材料的不同而不同。

一般裱糊施工工艺流程:基层处理→吊直、套方、找规矩、弹线→计算用料、裁纸→刷胶、糊纸→清理修整。

1. 基层处理

清理混凝土顶面,满刮腻子。首先将混凝土顶上的灰渣、浆点、污物等清刮干净,并用扫帚将粉尘扫净,将腻子涂抹到整个墙面上。腻子的体积配合比为1:5:3.5(聚醋酸乙烯乳液:石膏或滑石粉:2%羧甲基纤维素溶液)。腻子干后用砂纸磨平,满刮第2遍腻子,待腻子干后再用砂纸磨平、磨光。

2. 吊直、套方、找规矩、弹线

首先应将顶子的对称中心线通过吊直、套方、找规矩的办法弹出,以便从中间向两边对称控制。墙顶交接处的处理原则为凡有挂镜线的按挂镜线,没

有挂镜线的则按设计要求弹线。

3. 计算用料、裁纸

根据设计要求确定壁纸的粘贴方向,然后计算用料、裁纸。裁纸时应按所量尺寸每边留出2~3 cm余量。如采用塑料壁纸,应将其在水槽内先浸泡2~3 min,拿出并抖出余水,用洁净毛巾沾干纸面。

4. 刷胶、糊纸

在纸的背面和顶棚的粘贴部位刷胶,应注意按壁纸宽度刷胶,不宜过宽,铺粘时应从中间开始向两边铺粘。第1张纸一定要按已弹好的线找直粘牢,应注意纸的两边各甩出1~2 cm不压死,以满足与第2张纸铺粘时的拼花压槎对缝的要求。然后依照上面方法铺粘第2张纸,两张纸搭接1~2 cm,用钢板尺比齐,两人将尺按紧,一人用壁纸刀裁切,随即将搭槎处两张纸条撕去,用刮板带胶将缝隙压实刮牢。随后将顶子两端阴角处用钢板尺比齐、拉直,用刮板及辊子压实,最后用湿温毛巾将接缝处辊压出的胶痕擦净,依次进行。

5. 清理修整

壁纸粘贴完后,应检查是否有空鼓不实之处,接槎是否平顺,有无翘边现象,胶痕是否擦净,有无鼓包,表面是否平整,多余的胶是否清擦干净等,直至符合要求为止。

第四节　幕墙与门窗工程

一、门窗工程

门窗一般由门(窗)框、门(窗)扇、玻璃、五金配件等部件组成。门窗种类很多,按材料分为木门窗、钢门窗、铝合金门窗、塑料门窗、塑钢门窗;按开启方式,门分为平开门、推拉门、自由门、折叠门,窗分为平开窗、推拉窗、上悬窗、中悬窗、下悬窗、固定窗等;按用途分,门分为防火门、隔声门、保温门、冷藏门、安全门等。本门窗应用最早且最普通。本节主要讨论术门窗铝合金门窗的施工方法。

(一) 木门窗

木门窗的安装一般有立框安装和塞框安装2种方法。

木门窗施工工艺流程:门窗框安装→门窗扇安装→玻璃安装。

1. 门窗框安装

（1）立框安装

墙砌到地面时立门框，砌到窗台时立窗框。立框时应先在地面（或墙面）画出门（窗）框的中线及边线，然后按线将门（窗）框立上，用临时支撑固牢，并校正门（窗）框的垂直度及上、下槛水平度。

（2）塞框安装

塞框安装是在砌墙时先留出门窗洞口，然后塞入门窗框，门窗洞口每边尺寸要比门窗框每边尺寸大20 mm。门窗框塞入后，先用木楔临时塞住，要求横平竖直。校正无误后，将门窗框钉牢在砌于墙内的木砖上。木砖中心距不大于1.2 m，并应满足每边不少于2块木砖的要求。单砖或轻质砌体应砌入带木砖的预制混凝土块中。

2. 门窗扇安装

安装前要先测量一下门窗框洞口净尺寸，根据测得的准确尺寸修刨门窗扇。扇的两边要同时修刨。门窗扇安装时，应保持冒头、窗芯水平，双扇门窗的冒头要对齐，开关灵活，但不允许出现自开或自关的现象。

3. 玻璃安装

清理门窗裁口，在玻璃底面与门窗裁口之间，沿裁口的全长均匀涂抹1～3 mm厚的底灰，用手将玻璃摊铺平正，轻压玻璃使部分底灰挤出槽口，待油灰初凝后，顺裁口刮平底灰，然后用1/3～1/2寸（1寸=1/30米）的小圆钉沿玻璃四周固定玻璃，钉距为200 mm，最后抹表面油灰即可。油灰与玻璃、裁口接触的边缘应平齐，四角呈规则的八字形。

（二）铝合金门窗

铝合金门窗是用经过表面处理的型材，通过下料、打孔、铣槽、攻丝、制窗等加工过程制成的门窗框料构件与连接件、密封件和五金配件一起组装而成。

1. 准备工作及安装质量要求

铝合金门窗表面应清洁，无裂纹、起皮和腐蚀存在，装饰面不允许有气泡。型材经表面处理后，其氧化膜厚度应不小于10 μm。如果发现门窗各部件变形，应予以校正和修理；同时还要检查洞口标高线及几何形状，预埋件位置、间距是否符合规定，埋设是否牢固。对不符合要求者，应纠正后才能进行安装。安装质量要求位置准确，横平竖直，高低一致，牢固严密。

2. 门窗组装

下料：根据设计要求下料（开料），是铝合金门窗制作的第一道工序，下料采用铝合金切制机进行，刀口应在画线之外，留出画线痕迹。

组装:处理切口、安装滑轮、打孔、安装横角码和窗扇钩锁、上密封条。

窗框及上亮的制作:上亮部分的扁方管型材通常采用铝角码和自攻螺钉连接。

3. 安装工艺流程

铝合金门窗的安装工艺流程:弹线→门窗框就位和固定→填缝→门窗扇安装→玻璃安装→清理。

弹线:在结构施工期间,应根据设计将洞口尺寸留出。门窗框的加工尺寸应比洞口尺寸略小,门窗框与结构之间的间隙,应视不同的饰面材料而定。

弹线时应注意:①同一立面的门窗在水平与垂直方向应做到整齐一致,安装前应先检查预留洞口的尺寸偏差,对于尺寸偏差较大的部位,应进行剔凿或填补处理。②在洞口弹出门、窗位置线。安装前一般是将门窗立于墙体中心线部位,也可将门窗立在内侧。③门的安装,需注意室内地面的标高,地弹簧表面的标高应与室内地面饰面的标高一致。

门窗框就位和固定:按弹线确定的位置将门窗框就位,先用木楔临时固定,拉通线进行调整,待检查立面垂直度,左右间隙、上下位置等符合要求后,按设计规定的门窗框与墙体或预埋件的连接固定方式进行射钉连接、焊接固定。

铝合金门窗常用的固定方法有预留洞燕尾铁脚连接、射钉连接、预埋木砖连接、膨胀螺栓连接和预埋铁件焊接连接。

填缝:铝合金门窗安装固定后,应按设计要求及时处理窗框与墙体缝隙。

门窗扇安装:平开窗的窗扇,安装前应先固定窗,再将窗扇与窗铰固定在一起;推拉式门窗扇,应先安装室内侧门窗扇,后安装室外侧门窗扇;固定扇应安装在室外侧,并固定牢固,确保使用安全。

玻璃安装:平开窗的小块玻璃用双手操作就位。若单块玻璃尺寸较大,可使用玻璃吸盘就位。玻璃就位后,即用橡胶条固定。

清理:铝合金门窗交工前,将型材表面的保护胶纸撕掉,用香蕉水清理胶迹,擦净玻璃。

二、幕墙工程

建筑幕墙是指由金属构件与各种板材组成的悬挂在主体结构上,不承受主体结构荷载与作用的建筑外围护结构。建筑幕墙按其面层材料的不同可分为玻璃幕墙、石材幕墙、金属幕墙等。本节主要介绍玻璃幕墙的构造及施工工艺。

玻璃幕墙主要部分由饰面玻璃和固定玻璃的骨架组成。其特点是建筑艺术效果好,自重轻,施工方便,工期短,造价高,抗风、抗震性能较差,能耗较大,对周围环境可能造成光污染。

(一)玻璃幕墙分类与材料要求

1. 玻璃幕墙分类

玻璃幕墙按支撑方式分为框式幕墙、全玻璃幕墙与点支承玻璃幕墙。

(1)框式幕墙

框式幕墙分为明框玻璃幕墙、隐框玻璃幕墙和半隐框玻璃幕墙。

明框玻璃幕墙。其玻璃板镶嵌在铝框内,组成四边有铝框的幕墙构件,幕墙构件镶嵌在横梁上,形成横梁、主框均外露且铝框分格明显的立面。

隐框玻璃幕墙。隐框玻璃幕墙是将玻璃用结构胶黏结在铝框上,大多数情况下不再加金属连接件。因此,铝框全部隐蔽在玻璃后面,形成大面积全玻璃镜面。

半隐框玻璃幕墙。半隐框玻璃幕墙是将玻璃两对边嵌在铝框内,另两对边用结构胶黏结在铝框上,形成半隐框玻璃幕墙。立柱外露、横梁隐蔽的称为竖框横隐幕墙,横梁外露、立柱隐蔽的称为竖隐横框幕墙。

框式幕墙通常采用悬挂体系。每层立柱上端通过连接件与预埋件进行连接,上立柱下端通过芯柱与下立柱上端进行连接,上下层间立柱在芯柱外断开,并由芯柱连接,形成悬挂体系。该种体系可使每层立柱在竖向移动,具有很好的抗震性能。

(2)全玻璃幕墙

为满足游览观光需要,在建筑物底层、顶层及旋转餐厅的外墙使用玻璃板,其支承结构采用玻璃肋,该类幕墙称为全玻璃幕墙。

高度不超过4.5 m的全玻璃幕墙,可以用下部直接支承的方式进行安装;超过4.5 m的全玻璃幕墙,宜用上部悬挂方式安装,玻璃肋通过结构硅酮胶与面玻璃黏合。

(3)点支承玻璃幕墙

点支承玻璃幕墙采用四爪式(两爪或单爪)不锈钢挂件与立柱焊接,挂件的每个爪与1块玻璃的1个孔相连接,即1个挂件同时与4块玻璃相连接,角部采用单爪,边缘采用两爪。

点支承玻璃幕墙骨架体系可分为杆式体系、索杆体系和玻璃体系3种。

2. 玻璃幕墙材料要求

框式玻璃幕墙的主要材料包括玻璃、铝合金型材、钢材、五金配件、结构胶、密封材料、防火材料、保温材料等。点支承玻璃幕墙的主要材料包括玻璃、钢材、钢索、驳接部件、密封材料等。全玻璃幕墙材料包括玻璃面板、玻璃肋条、结构胶、密封胶、U形槽钢、吊挂件等。因为幕墙不仅要承受自重荷载,还要承受风荷载、地震荷载和温度变化作用,所以幕墙必须安全可靠,使用的材料必须符合国家或行业标准规定的质量要求。

(二)玻璃幕墙安装

玻璃幕墙的施工方式除挂架式和无骨架式外,还分为构件式安装(现场组装)和单元式安装(工厂组装)2种。构件式安装是将立柱、横梁、玻璃等材料分别运到施工现场,进行逐件安装就位。构件式安装不受层高和柱网尺寸的限制,因此是目前应用较多的安装方法。构件安装适用于明框玻璃幕墙、隐框玻璃幕墙和半隐框玻璃幕墙。单元式安装是将立柱、横梁和玻璃板材在工厂拼装为1个安装单元(一般为1层楼高度),然后在现场整体吊装就位。

玻璃幕墙的施工工艺流程:检查主体结构幕墙面基层→测量放线→预埋件检查→骨架安装→玻璃安装→耐候胶嵌缝→清洁维护。

1. 检查主体结构幕墙面基层

建筑物主体结构的质量,在安装玻璃幕墙前,应按施工规范要求进行验收。凡立面垂直度和平整度偏差过大或混凝土柱、梁,板、墙等构件有蜂窝、麻面、孔洞等缺陷,应及时进行研究和补强处理,不得留有隐患。

2. 测量放线

玻璃幕墙的测量放线应与主体结构测量放线相配合,其中心线和标高点由主体结构单位提供并校核准确。放线应沿楼板外沿弹出墨线或挂线定出幕墙平面基准线,从基准线测出一定距离确定幕墙平面。以此线为基准确定立柱的前后位置,从而确定整片幕墙的位置。

3. 预埋件检查

幕墙与主体结构连接的预埋件应在主体结构施工过程中按幕墙骨架设计所规定的连接铁件的锚固位置要求进行埋设。在幕墙安装前检查各预埋件位置是否正确,数量是否齐全。若预埋件遗漏或位置偏差过大,则应会同设计单位采取补救措施。补救方法为采用植错栓补设预埋件,同时应进行拉拔试验。

4. 骨架安装

骨架安装在放线后进行。骨架的固定是用连接件将骨架与主体结构相连。其固定方式一般有2种:①在主体结构上预埋铁件,将连接件与预埋铁件焊牢;②在主体结构上钻孔,然后用化学锚栓将连接件与主体结构相连。连接件一般用型钢加工而成,其形状可因不同的结构类型、不同的骨架形式,不同的安装部位而有所不同,但无论采用何种形状的连接件,均应固定在牢固可靠的位置上,然后安装骨架。骨架一般是先安装竖向杆件(立柱),待竖向杆件就位后,再安装横向杆件。

(1)立柱的安装

立柱安装前先连接好连接件,再将连接件(角铁)点焊或用连接螺栓连在主体结构的预埋钢板上,然后调整位置。立柱的垂直度可用锤球控制,位置调整准确后,将支撑立柱的角铁焊牢(或用螺栓拧紧)在预埋件上,角铁与立柱间要加锦纶垫片或橡胶垫片,以防止角铁与镀锌立面间发生电化学腐蚀。上下立柱接头间应有一定空隙,采用芯柱连接法连接。

(2)横梁的安装

横向杆件的安装,宜在竖向杆件安装后进行。

将横梁两端连接在立柱的预定位置,并应安装牢固,接缝应严密。

相邻2根横梁的水平标高偏差应小于或等于1 mm。同层标高偏差,当一幅幕墙宽度小于或等于35 m时应小于或等于5 mm,当一幅幕墙宽度大于35 m时应小于或等于7 mm。

同一层横梁的安装应由下向上进行。安装完1层高度后,应进行检查、调整、校正、固定,使其符合质量要求。

5. 玻璃安装

玻璃在安装前应进行清洁,四边铝框上的污物也要清除,以保证嵌缝耐候胶可靠黏结。玻璃的镀膜面应朝室内方向。当玻璃面积在3 m² 以内时,一般可采用人工安装;当玻璃面积过大、质量很大时,应采用真空吸盘等机械安装。

6. 耐候胶嵌缝

玻璃板材或金属板材安装后,板材之间的间隙必须用耐候胶嵌缝予以密封,防止气体渗透和雨水渗漏。打胶前,应使打胶面清洁,干燥。

7. 清洁维护

玻璃安装完后,应从上向下用中性清洁剂对玻璃幕墙表面及外露构件进行清洁。清洁剂使用前应进行腐蚀性检验,证明其对铝合金和玻璃无腐蚀作用后方可使用。

第五节　建筑节能施工技术

一、建筑节能材料

建筑节能材料分为自保温节能材料、保温绝热材料、节能玻璃等。

(一) 自保温节能材料

1. 加气混凝土

加气混凝土是以钙质材料和硅质材料为基料，以铝粉为发气剂，经配料、搅拌、浇筑成型、切割和蒸压养护而成的一种多孔轻质材料。加气混凝土按原材料分为水泥、矿渣、砂，水泥、石灰、砂，水泥、石灰、粉煤灰3大类；按强度分为10、25、35、50和75共5级；按密度分为03、04、05、06、07和08共6级；按尺寸偏差、密度范围分为优等品（A）、等品（B）和合格品（C）3个等级。

常用的加气混凝土产品有加气混凝土砌块和蒸压加气混凝土板。

2. 保温砌模

保温砌模根据用途可分为梁模、窗台砌模、柱模、内墙砌模和外墙砌模5种。

保温砌模由EPS混凝土制成，具有优良的物理性能和突出的保温隔热功能。网格剪力墙现浇墙体模板由保温砌模砌筑而成，模内空腔为网格状，浇筑自密实混凝土形成网格墙，保温砌模起模板和模具双重作用。选用机械化生产的、规格尺寸准确的砌模，是保证网格墙结构截面正确的先决条件，也可减少墙体表面处理工作，降低人工材料费。北京地区用保温砌模砌筑成现浇墙体模板是国内外首次使用保温砌模，采用胶浆小灰缝砌筑模板整体稳定性强，施工操作简便，不需要任何支撑就能连续浇筑混凝土，能做到不跑冒、不漏浆。保温砌模保温、保水，网格墙浇筑完成后不需要浇水养护，在冬季也不用保温，在模内养护，易于保证混凝土质量。保温砌模阻断模内混凝土与大气接触，空气中的二氧化碳不能进入混凝土毛细孔而与水结合生成碳酸钙，避免碳化，防止钢筋锈蚀。模内混凝土受外界气候影响很小，温度变化不大，可减小混凝土热应力和变形裂缝，并可加大伸缩缝设置间距。保温砌模与混凝土黏结牢靠，形成一体，使用寿命和结构同步，内在强度和表面强度优于聚苯板外墙保温，可直接粘贴面砖和装饰线条，安全可靠。保温砌模生产充分利用工业废料粉煤灰和废弃的聚苯垃圾，资源再利用，减少环境污染，又降低生产成本，是1种新型绿色建材。

砌模是组成现浇墙体模板的基本部件,外形尺寸和混凝土小型空心砌块基本相同。砌模规格尺寸遵循2 m制,和网格墙的结构网格相一致,采用砌模砌筑墙体时严禁使用非2 m尺寸模块,避免造成网格墙的墙肢错位,减小截面,严重影响结构受力,造成安全隐患。砌模分内墙砌膜和外墙砌模两类。内、外墙砌模的主规格长度约为4 m(395 mm),高约为2 m(195 mm)。内墙砌模厚度为2 m(200 mm),外墙砌模厚度依据不同地区的保温、隔热需要确定。砌模上口有水平通槽,槽深75 mm,槽底有2个竖孔,孔距为200 mm,孔的宽度和槽宽相同,内墙砌模槽宽120 mm,外墙砌模槽宽150 mm。内墙砌模空心率为47.4%,外墙砌模空心率为30%～47%。砌模除主规格外,在门窗洞口及组合柱端头上下层错缝需要配有1/2、1/4和3/4辅助砌模,辅助砌模可利用主规格砌模锯成。

3. 保温节能砌块

保温节能砌块是集承重、保温、装饰于一体的新型墙体材料。310型节能砌块的主要规格为390 mm×310 mm×190 mm。其主要原料为砂子、水泥、石子,聚苯板、金属拉钩和无机颜料。其从功能上分为内叶承重部分、外叶装饰部分和中间保温部分,由金属拉钩将这3部分连为一体。从排砖上来说,保温节能砌块和传统的混凝土小型空心砌块没有根本的区别。保温节能砌块遵循的排砖原则为对孔错缝。

(二) 保温绝热材料

保温绝热材料一般均是轻质、疏松、多孔和纤维材料。其按成分可分为有机材料和无机材料2种。前者的保温绝热性能较后者好,但后者的耐久性较前者好,其按形态可分为纤维状、微孔状、气泡状及层状4种。

(三) 节能玻璃

常用的节能玻璃有热反射玻璃、低辐射镀膜玻璃、中空玻璃等。

1. 热反射玻璃

热反射玻璃属于镀膜玻璃,是用物理或者化学的方法在玻璃表面镀1层金属或者金属氧化物薄膜,对太阳光具有较高的反射比和较低的总透射比,可较好隔绝太阳辐射能,并对可见光具有较高透射比的1种玻璃。对来自太阳的红外线,其反射率可达40%,甚至高达60%。该种玻璃具有良好的节能和装饰效果。

2. 低辐射镀膜玻璃

低辐射镀膜玻璃又称Low-E玻璃,是在玻璃表面镀上多层金属或其他化合物组成的膜系产品。其镀膜层具有对可见光高透过及对中远红外线高反射的特性。Low-E玻璃不仅具有极为优良的节能性,还具有多种颜色的装饰性效果。

根据低辐射镀膜玻璃的性能特点,可分为高透型Low-E玻璃和遮阳型Low-E玻璃;根据功能层层数(即金属银的层数),可分为单银Low-E玻璃、双银Low-E玻璃、三银Low-E玻璃等;而根据膜层的可加工性能,可分为普通Low-E玻璃、可异地加工Low-E玻璃等。

(1)高透型Low-E玻璃

高透型Low-E玻璃具有较高的可见光透射率,采光自然,效果通透,能有效避免光污染危害;具有较高的太阳能透过率,冬季太阳热辐射透过玻璃进入室内增加室内的热能;具有极高的中远红外线反射率,优良的隔热性能和较低的U值(传热系数)。其适用地区为寒冷的北方地区。若制作成中空玻璃,其节能效果更加优良。

(2)遮阳型Low-E玻璃

遮阳型Low-E玻璃具有适宜的可见光透过率和较低的遮阳系数,对室外的强光具有一定的遮蔽性;具有较低的太阳能透过率,能有效阻止太阳热辐射进入室内;具有极高的中远红外线反射率,限制室外的二次热辐射进入室内。其适用地区为南方地区。从节能效果看,遮阳型Low-E玻璃的节能效果不低于高透型Low-E玻璃。若制作成中空玻璃,其节能效果更加明显。

(3)双银Low-E玻璃

双银Low-E玻璃因膜层中有双层银层面而得名,其膜系结构比较复杂。双银Low-E玻璃突出了玻璃对太阳热辐射的遮蔽效果,将玻璃的高透光性与太阳热辐射的低透过性巧妙结合在一起。双银Low-E玻璃与普通Low-E玻璃相比,在可见光透射率相同的情况下,具有更低的太阳能透过率。其适用范围不受地区限制,适用于不同气候特点的广大地区。

(4)可异地加工Low-E玻璃

普通Low-E玻璃的膜系结构中,金属膜层是其主功能膜层,质地较软,与其他膜层的结合力较弱,因此要求在成膜后短时间内必须合成中空玻璃使用。通过改良Low-E玻璃的膜层结构,增强膜层的附着力与膜层结构的稳定性,制造出可异地加工Low-E玻璃与可钢化Low-E玻璃。

3. 中空玻璃

中空玻璃是由2片或多片性质与厚度相同或不相同的平板玻璃切割成预定尺寸,中间夹层为充填干燥剂的金属隔离框,用胶黏结压合后,四周边部再用耐候胶密封而制成的玻璃构件。可以根据要求选用各种不同性能的玻璃原片,如透明浮法玻璃钢化玻璃、Low-E玻璃等。

中空玻璃按层数分类,有2层、3层、多层等;按所使用的玻璃种类分类,有普通中空玻璃、吸热中空玻璃、热反射中空玻璃、钢化中空玻璃、夹层中空玻璃、扣空玻璃、压花中空玻璃等;按颜色分类,有无色、茶色、蓝色、灰色、紫色、金色、复合式等多种;按隔离框厚度分类,有6 mm、9 mm、12 mm、16 mm、18 mm等。

二、建筑节能施工

自保温墙体是用加气混凝土砌块,保温砌模或保温节能砌块砌成的墙体,具有轻质、保温性能好和可加工等优点,是我国推广应用最早、使用最广泛的轻质墙体材料。其施工工艺流程较为简单,包括准备工作、拌制砂浆、抄平、弹线、排砖、砌筑等。

外墙保温系统分为外墙内保温系统和外墙外保温系统2种。

内墙保温系统是在外墙结构施工完成之后,在内部加做保温层,故施工速度快,操作方便。但是内墙保温系统会占用一定的使用面积,热桥问题不易解决,易引起墙体开裂,影响二次装修。墙内悬挂和固定件容易对保温层造成伤害。

内墙保温系统常用的材料有增强石膏复合聚苯保温板、保温棉、聚合物砂浆复合聚苯保温板、增强水泥复合聚苯保温板和内墙贴聚苯板抹粉刷石膏。

本节将主要讲解外墙外保温系统和屋面保温系统。

(一) 外墙外保温系统

与外墙内保温系统相比,外墙外保温系统有较大的优越性,其施工技术较为合理,效果较好,是目前大力推广的一种建筑节能保温技术。

外墙外保温系统包在主体结构外侧,不占用使用空间,且能保护墙体,并有效减少了热桥问题,消除了冷凝,提高了人居住的舒适度。目前,外挂式聚苯保温板与墙体一次浇筑成型保温是外墙外保温的主要成熟技术。

膨胀聚苯板薄抹灰外墙保温系统是以模塑聚苯乙烯(EPS板)为保温材料,玻璃纤维网格布增强抹面层和外饰面层为保护层,采用黏结方式固定,保护层厚度小于6 mm的外墙外保温系统。该系统在冬季可起保温作用,在夏季可起隔热作用,因此节能效果较好。

1. 主要施工机具

其主要施工机具有刀锯、手刨、不锈钢抹子、托板、橡皮锤、钢丝刷、卷尺等。

2. 材料准备

膨胀聚苯板选择阻燃型,导热系数不大于 0.041 W/(m·K),垂直于板面方向的抗拉强度不小于 0.10 MPa,表观密度为 18~22 kg/m³。耐碱网布 1m³ 质量不小于 130 g,经向及纬向的耐碱断裂强力不小于 750 N/50 mm,断裂应变不大于 5%。金属螺钉应用不锈钢或经过表面防腐处理的金属制成,塑料钉和带圆盘的塑料膨胀套管就采用聚酰胺、聚乙烯或聚丙烯制成,制成塑料钉和塑料套管的材料不得使用回收的再生材料。锚栓有效锚固深度不小于 25 mm,塑料圆盘直径不小于 50 mm。涂料必须与薄抹灰外保温系统相容。在薄抹灰外保温系统中所采用的附件,包括密封膏、密封条、包角条、包边条、盖口条等,应分别符合相应的标准要求。

3. 施工工艺

膨胀聚苯板薄抹灰外墙保温系统的施工工艺流程:基层处理→粘贴或锚固聚苯板→表面扫毛→薄抹一层抹面胶浆→贴压玻璃纤维网布→细部处理→加贴玻璃纤维网布→抹面胶浆找平→面层装饰工程。其施工要点如下。

基层处理。基层墙体墙面应无油污、灰尘、污垢、涂料等污染物。并应剔除墙面的凸出物,再用水冲洗墙面,使之清洁、平整。

弹线。根据建筑立面设计和外墙保温技术要求,在墙面弹出外门窗水平、垂直控制线及伸缩缝线、装饰缝线等。

挂基准线。在建筑外墙大角及其他必要处挂垂直基准线,每个楼层在适当位置挂水平线,以控制聚苯板的垂直度和平整度。

配制砂浆。高强建筑胶黏剂与水按 4:1 配制,搅拌均匀,配制用量以在 1 h 内用完为宜。配制的胶黏剂注意防晒与避风。超过可操作时间不准再加水使用。

粘贴翻包聚苯板。凡在粘贴的聚苯板侧边外露处(如伸缩缝、沉降缝、温度缝两侧、门窗口处),都应做网格布翻包处理。在需翻包部位涂抹 70 mm 宽、2 mm 厚的聚合物砂浆,迅速将网格布的一端 70 mm 段用钢抹压入聚合物黏结砂浆中,压至泛出的聚合物黏结砂浆盖住网格布不外漏为止,余下的部分包出备用,甩出部分的长度绕过板端露于板面的部分不小于 100 mm,已粘贴完的网格布应采取翻转或遮盖等成品保护措施。

粘贴聚苯板。聚苯板标准尺寸一般为 600 mm×900 mm,操作人员通过木工刀锯或电热丝切割改变其尺寸。粘贴时,用抹子在待贴聚苯板的周边涂抹

50 mm宽的胶黏剂,然后在聚苯板同侧中部抹6块直径约为100 mm的黏结点,黏结点应分布均匀,粘贴面积不小于聚苯板面积的30%。排板时应按水平顺序排列,上下错缝,阴阳角处应做错槎处理。粘板时应用专用工具轻柔、均匀地挤压聚苯板,随用2 m靠尺和托线板检查平整度及垂直度。拼缝高差应不大于1.5 mm,否则应用砂纸或专用打磨机具打磨平整。

抹抗裂砂浆。在聚苯板面抹底层抗裂砂浆,厚度为2~3 mm,同时将翻包网格布压入砂浆中。将网格布绷紧后贴于底层抗裂砂浆上,用抹子从中间向四周把网格布压入砂浆的表层,要平整压实,严禁使网格布皱褶。在底层抗裂砂浆凝结之前再抹一道抗裂砂浆罩面,厚度为1~2 mm,仅以覆盖网格布,微见网格布轮廓为宜。

面层装饰。待抹灰面层达到涂料施工要求时即可进行涂料施工,其施工方法与普通墙面涂料相同。当设计要求局部外饰面为面砖时,面砖的黏结面积所占比例不小于50%。

4. 质量要求

外墙外保温系统的抗风压值不小于工程项目的风荷载设计值。其表面应无裂纹、粉化剥落现象。试样防护层内侧应无水渗透。

(二)屋面保温系统

屋面保温系统是建筑节能工程的重要组成部分,建筑屋面与墙体同属于建筑围护结构。屋面保温系统包括非上人屋面、上人屋面、倒置式屋面、坡屋面、架空屋面、种植屋面等。屋面保温系统的构造、材料与屋面防水密切相关。构造不合理、选材不当会直接影响防水层的寿命及整个屋面保温系统的寿命。因此,屋面保温系统的设计,保温材料的选择、施工,都必须予以重视。

1. 技术要求

保温材料不宜选用吸水率大的材料,屋面湿作业时,避免保温材料大量吸水,降低热工性能。保温材料最好选用表观密度小、导热系数小、蓄热量大的材料(如挤塑聚苯板、喷涂硬泡聚氨酯等),使屋面保温效果好,且荷载不会过大。保温材料厚度应根据热工要求确定。当屋面同时使用2种保温材料的复合材料时,应注意保温材料的排列。当选用加气混凝土砌块及聚苯板保温材料时,加气混凝土砌块宜铺设在聚苯板上面。

要确保防水层质量,若防水层产生渗漏,将不易维修。倒置式屋面应选用防水性、耐霉烂性和耐腐蚀性好的防水材料,不得采用纤维或含植物纤维作为胎体的防水材料。坡屋面的防水层,当选用彩色沥青时,应设置在最上面;当采用西班牙瓦、小青瓦、水泥瓦等时,宜选用耐水性、耐腐蚀性优良的防水涂料,如聚氨酯防水涂料、丙烯酸防水涂料等。

架空屋面的进风口宜设在炎热季节最大频率风向的正风压区,出风口宜设在负压区。架空屋面的坡度不宜大于5%,架空屋面隔热层的高度按屋面宽度或坡度大小的变化确定,一般为100～300 mm。支座底部的防水层,应采取加强措施。架空屋面宜在通风良好的建筑物和寒冷地区采用。

种植屋面宜为平屋面。当有采暖要求时,种植屋面应设保温层,保温层应采用吸水率低、导热系数小,并具有一定强度的保温材料,如挤塑聚苯板、硬质泡沫聚氨酯板、喷涂硬泡聚氨酯等。种植屋面四周应设置足够高的实体防护墙和一定高度的内挑防护栏杆。

种植屋面应采取冬季防冻胀保护措施。在女儿墙及山墙周边应设置缓冲带,当建筑物的排水系统设在屋面周边时,周边的排水沟可以作为防冻胀缓冲带。

2. 聚苯板保温普通屋面(XPS、EPS板)施工

(1)施工准备

技术准备:应对施工图中的细部构造及有关技术要求进行公审;应针对工程特点及保温材料特性,编制具体的施工方案,并经监理(建设)单位批准;应对施工操作人员进行技术,安全交底。

材料要求:进场的保温材料应有出厂合格证、材料性能检测报告及现场抽样复验报告。聚苯板的厚度、规格、外观质量应符合设计要求;聚苯板的表观密度、导热系数、压缩强度、尺寸稳定性、吸水率、燃烧性能等技术性能应符合设计要求;应根据设计要求,按面积计算各种材料的总用量,保温材料抽检合格后方准许使用。

主要机具:手推车、水平尺、抹子、开刀、线盒等。

作业条件:铺设保温层的基层应平整、干燥、干净;现场施工时严禁吸烟和使用明火,施工前应配备消防器材;穿过屋面结构层的管根部位,应用细石混凝土填塞密实,使其固定牢固。

(2)工艺流程

基层处理→弹线→保温层铺设→质量验收。

工艺流程的主要操作要点如下。

基层处理:钢筋混凝土屋面表面灰浆、杂物应清理干净,基层应干燥。

弹线:普通屋面在基层上应弹线铺设找坡层、保温层。弹线时应按设计坡度及流水方向确定找坡层的厚度范围。

保温层铺设:聚苯板可直接铺设在找坡层上,铺设时应铺平、垫稳,缝对齐;干铺聚苯板时应分段、分块进行保温,并及时做找平层;分层铺设时,上下2层板的接缝应相互错开,相邻聚苯板板边厚度应一致并挤严。

粘贴保温层:采用黏结法铺设时,聚苯板应用黏结材料平粘在屋面基层上,并应贴严、粘牢;黏结材料宜采用DEA保温板黏结砂浆,不应采用溶剂型黏结材料。

(3)注意事项

保温层在施工中及完工后,应采取保护措施。

保温层完工,经质量验收合格后应及时铺抹找平层。

聚苯板保温层施工现场严禁明火,并配备消防器材和灭火设施。

粘贴聚苯板保温层宜在5℃以上温度条件下施工。

雨天、雪天、5级以上风天气条件下不得进行保温层施工。

3. 加气混凝土砌块保温屋面层施工

(1)施工准备

技术准备:同聚苯板保温普通屋面(XPS、EPS板)施工。

材料要求:加气混凝土砌块应进行抽样复验。检验项目包括尺寸偏差、外观质量、立方体抗压强度、干密度。保温材料应有出厂合格证,材料性能应符合设计要求。

主要工具:手推车、平锹、抹子、线盒、云石机等。

作业条件:同聚苯板保温普通屋面(XPS、EPS板)施工。

(2)工艺流程

基层处理→保温层铺设→质量验收。

工艺流程的主要操作要点如下。

基层处理:同聚苯板保温普通屋面(XPS、EPS板)施工。

保温层铺设。

干铺保温层:加气混凝土砌块可直接铺设在基层上,紧靠需保温的基层表面,逐行铺设、铺平、垫稳、缝对齐;相邻2行的加气混凝土砌块接缝应错开,厚度一致,分层铺设,上下2层加气混凝土砌块的接缝应错开。

粘贴保温层:采用粘贴法铺设时,加气混凝土砌块应用黏结材料平粘在屋面基层上,粘严、粘平,块与块的缝间或缺棱掉角处用碎加气混凝土砌块加黏结材料搅拌均匀后填补严密,黏结加气混凝土砌块宜采用黏结砂浆粘贴。

复合保温层的铺设:聚苯板与加气混凝土砌块复合保温时,聚苯板应在下层,加气混凝土砌块应铺在聚苯板上面;硬泡聚氨酯板与加气混凝土砌块复合保温时,硬泡聚氨酯板在下层,加气混凝土砌块铺在硬泡聚氨酯板上面。

（3）注意事项

冬期施工时，保温层完工后，加气混凝土砌块中不得含有冰雪、冻块；施工中如遇下雨、下雪天气，应采取遮盖措施，防止雨淋和砌块吸水。

加气混凝土砌块搬运时应轻拿轻放，防止损伤断裂、缺棱掉角。

干铺加气混凝土砌块保温层可在5℃以下温度条件施工，粘贴保温层宜在5℃以上温度条件下施工。

雨天、雪天及5级以上风天气条件下不得进行加气混凝土砌块保温层施工。

4. 喷涂硬泡聚氨酯保温屋面施工

喷涂硬泡聚氨酯材料可以用以保温为主的做法（Ⅰ、Ⅱ型），也可用集防水、保温于一体的做法（Ⅰ型）。喷涂硬泡聚氨酯防水保温工程应使用专用喷涂设备，在现场作业面上连续喷涂完成施工。喷涂施工完成后，在施工作业面上形成1层无接缝的连续壳体。

（1）施工准备

技术准备：根据工程特点编制施工方案，并进行安全、技术交底。喷涂硬泡聚氨酯防水保温层厚度应按设计要求厚度施工。操作人员应经过技术培训。

材料要求：在喷涂施工时，发泡剂等添加剂不应含有氟利昂等对环境有害的物质。

主要机具：专用喷涂设备、清理基层工具等。

作业条件：屋面找坡层或找平层应坚实、平整、干燥，表面不应有浮灰和油污。平屋面的排水坡度不应小于2%，天沟、檐沟的纵向排水坡度不应小于1%。屋面与山墙、女儿墙、天沟、檐沟，以及突出屋面结构的连接处应为圆弧形。屋面上的设备、管线等应在保温层喷涂施工前安装就位。

管根部位应用细石混凝土填塞密实。坡屋面喷涂施工应设有专用架，喷涂人员应有安全防护措施。喷涂施工现场环境温度不应低于10℃，空气相对湿度宜小于85%，风力宜小于3级。

（2）工艺流程

清理并找平基层→喷涂硬泡聚氨酯防水保温层施工→保护层施工→质量验收。

工艺流程的主要操作要点如下。

清理并找平基层：应将基层表面的灰浆、油污、杂物彻底清理干净，基层不平处应用同质材料找平。

喷涂硬泡聚氨酯防水保温层施工：喷涂硬泡聚氨酯防水保温层施工应用专用的喷涂设备。在喷涂施工前，两组分液体原料(多元醇和异氰酸酯)与发泡剂等添加剂必须按工艺设计配合比准确计量，投料顺序不得有误，混合应均匀，热反应应充分，输送管路不得渗漏，喷涂施工应连续、均匀。根据防水保温层厚度，1个施工作业面可分几遍喷涂完成，每遍喷涂厚度宜为 10 ~ 15 mm。当日的施工作业必须当日连续喷涂完成。屋面上的异形部位应按细部构造进行附加层喷涂施工。

喷涂施工后 20 min 内严禁上人行走。喷涂硬泡聚氨酯防水保温层验收合格后，方可进行保护层施工。防水保温层施工同时应喷涂 1 组 3 块 500 mm×500 mm、厚度不小于 50 mm 的试块，用于材料的性能检测。

保护层施工：喷涂硬泡聚氨酯防水保温层表面在无后续保护工序时，应设置 1 层防紫外线照射的保护层。保护层可选用耐紫外线的保护涂料或聚合物水泥砂浆保护层。当采用聚合物水泥砂浆保护层时，应分 3 次将聚合物水泥砂浆刮涂在保温层表面，保护层厚度宜在 5 mm 左右，每遍刮涂间隔时间不应少于 24 h。

(3)注意事项

保温层完工后，应及时做保护层。保护层上料、施工时应避免破坏保温层。

喷涂施工时，操作人员应佩戴防护用品，并应站在上风方向。

两组分材料在喷涂加热过程中应注意防火，材料储存应远离火源，防止发生火灾。

5. 架空屋面施工

(1)施工准备

技术准备：熟悉设计图纸，掌握架空屋面的具体设计及构造要求。编制架空屋面施工方案，并进行技术、安全交底。

材料要求：预制纤维水泥板凳，板面常用规格尺寸为 498 mm×498 mm，凳腿规格尺寸为 45 mm×55 mm。

施工机具：清理基层工具，垂直、水平运料机具及抹灰工具。

作业条件：屋面保温层、防水层或保护层均已完工，并已通过质量验收。屋面管道、设备等均已安装完毕。

(2)工艺流程

清理基层→弹线分格→安装预制纤维水泥垫板→安装预制纤维水泥板凳→勾缝→安装周边通风钢算子或活动盖板→表面处理→质量验收。

工艺流程的主要操作要点如下。

清理基层:应将屋面的杂物、灰浆清理干净。

弹线分格:屋面纤维水泥预制板应按设计要求设置分格。

安装预制纤维水泥垫板:屋面防水层如无刚性保护层,预制纤维水泥板凳下应增铺纤维水泥垫板。

安装预制纤维水泥板凳:应按要求安装预制纤维水泥板凳,安装时应使其平整、垫稳。预制纤维水泥凳安装完毕后应进行养护,待黏结砂浆强度达到上人要求时,可进行预制纤维水泥板凳表面处理。

安装周边通风钢箅子或活动盖板:在靠女儿墙的预制纤维水泥板凳与相邻板凳间安装预制通风钢箅子或活动盖板。

表面处理:上人屋面纤维水泥架空板凳表面应做 DS 砂浆,内配镀锌钢丝。表面宜粘贴一定厚度的防滑地砖。预制纤维水泥板凳表面缝隙应用弹性密封膏填塞,并应对勾缝进行湿养护。

(3)注意事项

原材料运输、搬运时应避免损伤。

对无刚性保护层的普通屋面,在进行架空层施工时应对防水层采取有效保护措施,严禁损伤防水层。

预制纤维水泥板凳组砌完毕后,不得再在其上进行具有破坏性的其他施工。

应注意高空作业安全,防止高空坠落。施工时应由外向内。屋面作业人员严禁从高空向下抛物。

屋面施工宜在 5 ℃以上温度条件下进行。4 级以上风天气条件下不得进行高空作业。

第六节　建筑装饰工程计量

一、楼地面工程

(一) 楼地面工程工程量计算规则

地面垫层:地面垫层按设计规定厚度乘以楼地面面积,以 m³计算。

整体面层、找平层:楼地面整体面层、找平层按主墙间净面积计算,应扣除凸出地面的构筑物、设备基础及室内铁道等所占的面积(无须作面层的地沟盖板所占的面积也应扣除),不扣除柱、垛、间壁墙、附墙烟囱及 0.3 m² 以内孔洞所占的面积,但门洞、空圈、暖气包槽、壁龛的开口部分也不增加。

块料面层、橡塑面层和其他材料面层。块料面层、橡塑面层和其他材料面层按设计图示尺寸以净面积计算,不扣除 0.1 m² 以内的孔洞所占的面积,门洞、空圈、暖气包槽和壁龛的开口部分的工程量并入相应的面层计算。块料面层拼花部分按实贴面积计算。

踢脚线。踢脚线按不同用料及做法,以 m² 计算。整体面层踢脚线不扣除门洞口及空圈处的长度,但侧壁部分也不增加,垛、柱的踢脚线工程量合并计算。其他面层踢脚线按实贴面积计算。

成品踢脚线按实贴延长米计算。

楼梯面层。阶梯教室整体面层地面,按展开面积计算,套用相应的地面面层项目,人工乘以系数 1.08。

整体楼梯面层以楼梯水平投影面积计算(包括踏步和休息平台)。楼梯与楼面分界以楼梯梁外边缘为界,无楼梯梁时,算至最上一层踏步边沿加 300 mm,不扣除宽度小于 500 mm 的楼梯井面积。

楼梯防滑条按设计规定长度计算,如设计无规定者,按踏步长度两边共减 15 cm 计算。

楼梯栏杆、栏板、扶手。栏杆、栏板、扶手、成品栏杆(带扶手)均按其中心线长度以延长米计算。如设计无规定,按全部投影长度乘以系数 1.15 计算。

(二) 楼地面工程定额相关说明

砂浆、石子浆的厚度、强度等级,混凝土的强度等级,设计与定额取定不同时,可以进行换算。

垫层项目如用于基础垫层,人工、机械乘以系数 1.20(不含满堂基础)。

地板采暖房间垫层,按不同材料套用相应定额,人工乘以系数 1.80,材料乘以系数 0.98。

楼梯找平层按水平投影面积乘以系数 1.37,台阶乘以系数 1.48。

楼地面块料面层水泥砂浆结合层厚度每增减 1 mm,每 100 mm 增减相应人工 0.276 工日,砂浆 0.102 m³,水 0.012 m³,灰浆搅拌机(200 L)0.012 台班。

整体面层和块料面层使用的白水泥、金属嵌条、颜料等,如设计与项目取定不同时,可以调整。

水泥砂浆地面如压线时,每 100 m² 增加 1.58 工日。

块料面层现场切割为弧形、异形、拼花及斜铺时,按相应项目人工乘以系数1.50,块料损耗率可按实际调整。

平铺陶瓷地砖,如设计有波打线,周长小于或等于2 400 mm时,其损耗率调整为2.5%;周长大于2 400 mm时,损耗率调整为4%,波打线执行零星项目。

本项目石材楼地面干粉型胶粘剂厚度取定4 mm。陶瓷地砖楼地面干粉型胶粘剂厚度取定2.5 mm。干粉型胶粘剂厚度与定额取定不同时,每增减1 mm厚度,每100 m²增减干粉型胶粘剂169 kg,水增减0.042 m³,其他不变。

同一铺贴面采用不同种类、材质的材料,应分别按相应项目计算。

大理石、花岗岩楼地面拼花是按成品考虑的,镶拼面积小于0.015 m²的石材,执行点缀定额项目。

楼地面块料面层、整体面层(现浇水磨石楼地面除外)均未包括找平层,如设计要求时,另行计算。

块料楼地面面层均不包括酸洗、打蜡,发生时可按相应项目计算。

整体面层、块料面层的楼地面项目和楼梯面层(除水泥砂浆及水磨石楼梯外),均不包括踢脚线工料。

楼地面块料零星项目适用于楼梯侧面、台阶侧面、小便池、蹲台、池槽,以及每个平面面积在1 m²以内定额未列出项目的工程。

金刚砂耐磨地面基层混凝土厚度调整执行混凝土地面每增减5 mm的项目。

木地板填充材料,可按有关项目计算。

设计规定龙骨的间距、规格和型号如与定额取定不同,可按设计调整,但人工、机械不变。

防静电活动地板子目中已包括各种附件、配件。

楼梯基层板按水平投影面积套用相应地面基础板乘以系数1.37。

扶手、栏板、栏杆的主要材料用量,其设计与定额不同时,可以调整,但人工、机械不变。

二、墙柱面工程

(一)一般抹灰工程量计算规则

1. 内墙抹灰

内墙面抹灰面积按主墙间的图示净长尺寸乘以内墙抹灰高度计算。内墙抹灰高度:有墙裙时,自墙裙顶算至天棚底或板底面;无墙裙时,其高度自室内地坪或楼地面算至天棚底或板底面。应扣除门窗洞口、空圈所占的面积,不扣除踢脚线、挂镜线、墙与构件交接处及0.3 m²以内的孔洞面积,洞口侧壁和顶面面积也不增加。不扣除间壁墙所占的面积。垛的侧面抹灰工程量应并入墙面抹灰工程量内计算。

天棚有吊顶者,内墙抹灰高度算至吊顶下表面另加10 cm计算。

2. 外墙抹灰

外墙面、墙裙(是指高度在1.5 m以下)抹灰,以m²计量,应扣除门窗洞口、腰线、挑檐、门窗套、遮阳板和大于0.3m²孔洞所占面积。附墙柱的侧壁应展开计算,并入相应墙面抹灰工程量内。

不增加:洞口侧壁和顶面面积。

注意:栏板、栏杆、窗台线、门窗套、扶手、压顶、挑檐、遮阳板、凸出墙外的腰线等,另按相应规定计算。

外墙抹灰分格、嵌缝按相应抹灰面积计算。

女儿墙顶及内侧、暖气沟、化粪池的抹灰,以展开面积按墙面抹灰相应项目计算,凸出墙面的女儿墙压顶,其压顶部分以展开面积,按普通腰线计算。

内外窗台板抹灰工程量,如图纸无规定,按窗外围宽度共加20 cm乘以展开宽度计算。

3. 独立柱抹灰

独立柱、单梁的抹灰,应另列项目按展开面积计算,柱与梁或梁与梁的接头面积不予扣除。

4. 块料面层

墙面贴块料面层工程量均按图示尺寸以实贴面积计算。

5. 其他

抹灰项目中的界面处理剂涂刷,可利用相应的抹灰工程量计算。

钉钢丝网,按实钉面积计算。

墙面毛化处理按毛化面积计算,扣除洞口、空圈,不扣除0.3 m²以内的空洞面积。

窗口塑料滴水线按设计长度计算,如设计无规定者,按照洞口宽度两边共减7 cm计算。

大模板穿墙螺栓堵眼按混凝土墙面单面面积计算,扣除洞口、空圈,不扣除0.3 m²以内的空洞面积。

6. 隔断、间壁墙

隔断、间壁墙按净长乘以净高,以m²计量,扣除门窗洞口及0.3 m²以上的孔洞所占的面积。浴厕隔断中门的材质与隔断相同时,门的面积并入隔断面积内。

全玻璃隔断的不锈钢边框工程量按边框展开面积计算。

玻璃幕墙、铝塑板以框外围面积计算。

（二）墙柱面工程定额相关说明

石灰砂浆抹灰分普通、中级、高级，其标准如下。

普通抹灰：1遍底层，1遍面层。

中级抹灰：1遍底层，1遍中层，1遍面层。

高级抹灰：1遍底层，1遍中层，2遍面层。

石灰砂浆抹灰定额项目按中级抹灰标准取定，如设计不同，普通抹灰按相应项目人工乘以系数0.8，高级抹灰人工乘以系数1.25，其他不变。

石灰砂浆、混合砂浆墙柱面抹灰项目内均已包括水泥砂浆护角线的工料，工程计价时不另增加。

梁面、柱面抹灰项目，是指独立梁、独立柱。

普通腰线是凸出墙面1或2道棱角线，复杂腰线是指凸出墙面3或4道棱角线（每凸出墙面1个阳角为1道棱角线）。

天沟、泛水、楼梯或阳台栏板、内外窗台板、飘窗板、空调板、压顶、楼梯侧面和挡水沿、厕所蹲台、水槽腿、锅台、独立的窗间墙及窗下墙、讲台侧面、烟囱帽、烟囱根、烟囱眼、垃圾箱、通风口、上人孔、碗柜、吊柜隔板及小型设备基座等项目的抹灰，按普通腰线项目计算。

楼梯或阳台栏杆、扶手、池槽、小便池、假梁头、柱帽及柱脚、方（圆）窨井圈、花饰等项的抹灰，按复杂腰线项目计算。

挑檐、砖出檐、门窗套、遮阳板、花台、花池、宣传栏、雨篷、阳台等项目的抹灰，凡突出墙面1或2道棱角线的按普通腰线项目计算：凸出墙面3或4道棱角线的按复杂腰线项目计算。

抹灰及镶贴块料面层项目中，均不包括基层面涂刷素水泥浆或界面处理剂。设计有要求时，应按设计另列项目计算。抹TG胶砂浆项目内已包括刷TG胶浆1道，不再另计。

墙面贴块料、饰面高度在300 mm以内者，按踢脚板项目计算。

圆弧形、锯齿形（每个平面在6 m²以内）等不规则墙面抹灰、镶贴块料面层按相应项目人工乘以系数1.15，材料乘以系数1.05。

除已列有柱（梁）面层项目外，未列项目的柱（梁）面层执行墙面相应项目，人工、机械乘以系数1.05。

设计的墙柱（梁）面轻钢龙骨、铝合金龙骨和型钢龙骨型号、规格和间距与定额项目取定不同时，其材料用量可以调整，人工、机械不变，材料弯弧费另行计算。

幕墙：①玻璃幕墙中的玻璃按成品考虑，幕墙中的避雷装置、防火隔离层项目中已综合，但幕墙的封边、封顶的费用另行计算。②弧形幕墙人工乘以系数1.1，材料弯弧费另行计算。

三、门窗工程计量计价

(一)门窗工程工程量计算规则

1. 普通门窗

普通木门窗框及工业窗框，分制作和安装项目，以设计框长每100 m为计算单位，分别按单、双裁口项目计算。余长和伸入墙内部分及安装用木砖已包括在项目内，不另计算。若设计框料断面与附注规定不同时，项目中烘干木材含量，应按比例换算，其他不变。换算时以立边断面为准。例如，普通木窗为带亮三开扇，每樘框外围尺寸为宽1.48 m，高1.98 m(当中有中立槛及中横槛)，边框为双裁口，毛料断面为64 cm²，项目规定断面为45.6 cm²，烘干木材为0.553 m³/100 m，计算规则如下。

每樘框料总长：(1.48 m + 1.98 m)×3 = 10.38m

断面换算比例：64 cm²/45.6 cm²×100% = 140.35%

烘干木材换算：0.553 m³/100 m×140.35% = 0.776 m³/100 m

普通木门窗扇、工业窗扇等有关项目分制作及安装，以100 m²扇面积为计算单位。如设计扇料边梃断面与附注规定不同，项目中烘干木材含量，应按比例换算，其他不变。

对于普通木门窗、工业木窗，如设计规定为部分框上安装玻璃者，扇的制作、安装与框上安玻璃的工程量应分别列项计算，框上安玻璃的工程量应以安装玻璃部分的框外围面积计算。

木百叶窗制作、安装按框外围面积计算，项目中已包括窗框的工、料。

门连窗的窗扇和门扇制作、安装应分别列项计算，但门窗相连的框可并入木门框工程量内，按普通木门框制作、安装项目执行。

窗台板按实铺面积计算。如图纸未注明窗台板长度和宽度，可按窗框的外围宽度两边共加10 cm计算，凸出墙面的宽度按抹灰面外加5 cm计算。

钢门窗安装按框外围面积计算

2. 装饰门窗

铝合金门窗制作、安装，成品铝合金门窗、彩板门窗、塑钢门窗安装均按洞口面积以m²计量。纱扇制作、安装按纱扇外围面积计算门窗工程量 = 洞口宽×洞口高。

卷闸门安装按其安装高度乘以门的实际宽度,以"m²"计量。安装高度按洞口高度增加600 mm计算。带卷筒罩的按展开面积增加。电动装置安装以套计算,小门安装以个计算,若卷闸门带小门,小门面积不扣除。不锈钢、镀锌板网卷帘门执行铝合金卷帘门子目,主材换算调整,其他不变。

卷闸门安装工程量 = 卷闸门宽×(洞口高度 + 0.6 cm)。

防盗门、防盗窗、百叶窗、对讲门、钛镁合金推拉门、无框全玻门、带框全玻门、不锈钢格栅门按框外围面积,以m²计量。

成品防火门以框外围面积计算,防火卷帘门从地(楼)面算至端板顶点乘以设计宽度。

实木门框制作、安装以延米计量。实木门扇制作、安装及装饰门扇制作按扇外围面积计算。装饰门扇及成品门扇安装按扇计算。

木门扇皮制隔声面层和装饰板隔声面层,按单面面积计算。

成品门窗套按洞口内净尺寸分别按不同宽度,以延米计量。

不锈钢板包门框、门窗套、花岗岩门套、门窗筒子板按展开面积计算。

门窗贴脸按门窗框的外围长度以m计量。双面钉贴脸者应加倍计算。

窗帘盒和窗帘轨道按图示尺寸以m计量。如设计无规定,可按窗框的外围宽度两边共加30 cm计算。

电子感应自动门、全玻转门及不锈钢电动伸缩门,以樘为单位计算。

门扇铝合金踢脚板安装以踢脚板净面积计算。

窗帘按设计图示尺寸以m²计量。

(二)门窗工程定额相关说明

1. 普通门窗

本项目木材断面或厚度均以毛料为准。如设计注明断面或厚度为净料,应增加刨光损耗:板方材一面刨光加3 mm,两面刨光加5 mm,圆木刨光按每1 m³木材增加0.05 m³计算。

门窗玻璃厚度和品种与设计规定不同时,应按设计规定换算,其他不变。

木百叶窗制作、安装适用于矩形或多角形,但不适用于圆形或半圆形。

普通木门扇制作、安装,其名称区分如下:①全部用冒头结构,全镶板者,称"全镶板门扇"。②全部用冒头结构,每扇2或3个中冒头,镶1块玻璃、2块木板或镶1块玻璃、3块木板者,称"玻璃镶板门扇"。③全部用冒头结构,全部钉企口木板,板面起三角槽或门扇带木斜撑者,称"全拼板门扇"。④全部用冒头结构,每扇2或3个中冒头或带木斜撑,上部装1块玻璃,下部钉2或3块企口木板,板面起三角槽者,称玻璃拼板门扇。⑤全部用冒头结构,每扇1个中冒头,中冒头以上装玻璃,以下装木板者,称"半截玻璃门扇"。

门窗扇安装项目中未包括装配单、双弹簧合页或地弹簧、暗插销、大型拉手、金属踢、推板、铁三角等用工。计算工程量时应另列项目按门窗扇五金安装相应项目计算。

普通成品木门窗需安装时,按相应制安项目中安装子目计算,成品门窗价格按实计入,其他不变。

各种木门窗框、扇制作安装项目,不包括从加工厂的成品堆放场至现场堆放场的场外运输。

2. 装饰门窗

铝合金门窗制作、安装项目不分现场或施工企业附属加工厂制作,均使用本项目。

铝合金地弹门制作型材(框料)按 101.6 mm×44.5 mm,厚1.5 mm方管取定,单扇平开门、双扇平开窗按38系列取定,推拉门窗按90系列(厚1.5 mm)取定,如实际采用的型材断面及厚度与项目取定规格不符,可按图示尺寸乘以线密度加6%的施工损耗计算型材质量。

装饰板门扇制作安装按术骨架、基层、饰面板面层分别计算。

成品门窗安装项目中,门窗附件按包含在成品门窗单价内考虑:铝合金门窗制作、安装项目中未含五金配件,五金配件按规定选用。

参考文献

[1]《水利水电工程施工实用手册》编委会.混凝土工程施工[M].北京:中国环境科学出版社,2017.

[2]曹斌.深浅复合基坑关键施工技术[J].中国住宅设施,2022(3):151-153.

[3]陈刚.预制装配式混凝土结构施工技术研究[J].江西建材,2022(12):190-191,96.

[4]方鲁兵,范家茂,汪雪微.装配式建筑混凝土结构系统设计的研究[J].芜湖职业技术学院学报,2022,24(3):48-52.

[5]冯露超,李永卓.高层建筑施工中垂直运输的安全问题探究[J].居舍,2022(3):166-168.

[6]郭阳明,肖启艳,郭生南.建筑工程计量与计价[M].北京:北京理工大学出版社,2019.

[7]李国强.建筑工程项目模板工程施工技术要点[J].居业,2023(3):22-24.

[8]李莹,李茜.浅析建筑装饰工程投标报价的问题[J].现代物业(中旬刊),2019(6):158.

[9]李志明,张凯.涂料、裱糊工程在装饰工程中的应用[J].河南科技,2012(18):87.

[10]梁泳全.场地平整设计与思考[J].建筑技术开发,2022,49(15):20-22.

[11]罗进崇.砖、石砌体施工工艺要点的探讨[J].现代装饰(理论),2011(5):180-181.

[12]吕凯旋.基于大面积场平工程土方施工的机械优化配置研究与应用[D].合肥:安徽建筑大学,2018.

[13]毛桂余.建筑工程装饰装修施工的关键技术分析[J].居舍,2020(35):19-20,26.

[14]史慧芳.室内抹灰工程空鼓原因及防治措施探讨[J].居舍,2020(28):93-94.

[15]宋昱.房建工程项目墙体砌筑施工分析[J].工程技术研究,2023,8(1):

90-92.

[16]苏仁权.土方与地基基础工程施工[M].西安:西北大学出版社,2014.

[17]粟君.建筑门窗节能工程的施工技术探讨[J].住宅与房地产,2020(18):176-177.

[18]天津理工大学造价工程师培训中心,李毅佳.建设工程技术与计量(土木建筑工程)[M].北京:中国城市出版社,2019.

[19]汪友春.试析钢结构安装工程施工现场管理[J].四川水泥,2020(6):196.

[20]韦秋杰.钢筋工程量计算[M].北京:北京理工大学出版社,2019.

[21]吴汉美,邓芮.安装工程计量与计价[M].重庆:重庆大学出版社,2021.

[22]吴祺.建筑工程施工中灌注桩后注浆施工技术的应用[J].科技资讯,2023,21(4):84-87.

[23]徐建全,朱艳菊.水利工程施工中土方填筑施工技术分析[J].科技资讯,2022,20(21):99-102.

[24]闫玉红.某煤矿基础加固工程的计量与计价[J].建材技术与应用,2019(6):16-17.

[25]詹国富,李辉成.建筑屋面防水工程施工工艺[J].中华建设,2023(3):140-142.

[26]张坤,樊荣.简述建筑项目砌筑工程施工[J].中国住宅设施,2022(11):154-156.

[27]张琳.冬期施工砌筑工程质量通病及防治措施[J].中国建筑装饰装修,2023(1):159-161.

[28]张明明.浅谈建筑地下工程防水施工的技术要点[J].城市建设理论研究(电子版),2023(9):73-75.

[29]仇宏玮.建筑土建工程中节能施工技术分析[J].居业,2023(3):124-126.

[30]赵如金,张兆春.土木工程的施工工艺及新工艺的运用[J].门窗,2014(9):349.

[31]赵小云.混凝土与钢筋混凝土工程[M].郑州:河南科学技术出版社,2010.

[32]赵悦.建筑施工图设计过程中的防水研究[J].科技创新与应用,2022,12(17):80-82,87.

[33]钟汉华,董伟.建筑工程施工工艺[M].重庆:重庆大学出版社,2020.

[34]周艳丽.建筑工程地下防水施工工艺的应用探讨[J].居业,2022(6):40-42.